Besser mit Business NLP

Manuela Brinkmann (Hrsg.)

Besser mit Business NLP

Praxisbeispiele für positive Veränderungen

TRANSFER – Schriftenreihe des DVNLP

Band 1

Die Deutsche Nationalbibliothek verzeichnet diese Publikation in der Deutschen Nationalbibliografie; detaillierte bibliografische Daten sind im Internet unter http://dnb.ddb.de abrufbar.

Konzeption: Ralf Giesen, DVNLP, Vorstand für Öffentlichkeitsarbeit
Reihenbetreuung und Lektorat: Sabine Barz, www.write-now.de
Text-Layout-Gestaltung und Satz: Bernd Degener, www.textgaertnerei.de
Cover-Gestaltung: Boy Quedens
Druck und Bindung: Fuldaer Verlagsanstalt, Fulda

© DVNLP e.V., Berlin 2010
Deutscher Verband für Neuro-Linguistisches Programmieren e.V.
Lindenstraße 19
10969 Berlin
www.dvnlp.de
ISBN 978-3-9813959-0-7

DVNLP
Deutscher Verband für Neuro-Linguistisches Programmieren e.V.

Inhalt

4 Vertrieb und Projektmanagement

5 Change Management und Unternehmensberatung

6 Coaching und Einzeltraining

Autorinnen und Autoren

Manuela Brinkmann
Oberdorfweg 3
CH-8916 Jonen
+41 (0) 56-6 40 90 94
+41 (0) 79-2 16 23 28
m.b@nlpbiz.ch
www.nlpbiz.ch

Dr. Frank Görmar
Blankenheimer Straße 30 A
60529 Frankfurt
+49 (0) 69-48 00 56-38
+49 (0) 172-6 64 60 05
frank.goermar@explorers-
akademie.de
www.explorers-akademie.de

Markus Happersberger
Albrecht Dürer Straße 17
67292 Kirchheimbolanden
+49 (0) 6352-70 67 77
info@change-design.net
www.change-design.net

Richard Krebs
Kantstraße 7
67117 Limburgerhof
+49 (0) 6236-47 92 25
+49 (0) 173-4 42 86 79
Richard.Krebs@gmx.de
www.nlp-infos.de

Michael Lapp
Postfach 81 03 04
70520 Stuttgart
+49 (0) 711-7 15 66 85
+49 (0) 176-64 00 83 14
michael.lapp@memecon.com
www.memecon.de

Matthias Patzelt
Wertherstraße 12
80809 München
+49 (0) 89-27 35 96 52
+49 (0) 173-3 87 56 52
matthias.patzelt@gmx.de

Tatjana Radowitz
Graurheindorfer Straße 102
53117 Bonn
+49 (0) 228-6 84 96 83
+49 (0) 160-90 38 91 46
tatjana.radowitz@camina-cca.de
www.camina-cca.de

Vera Reithmeier
Martin-Behaim-Straße 6
91207 Lauf
+49 (0) 9123-98 64 80
+49 (0) 178-9 69 04 16
info@vera-reithmeier.de
www.vera-reithmeier.de

Annett Rosenblatt
Langendembach 39
07381 Langenorla
+49 (0) 3647-50 50 10
+49 (0) 173-4 87 80 44
anne@rosenblaetter.de
www.rosenblaetter.de

Thomas Schlüter
Stegerwaldstraße 39
48565 Steinfurt
+49 (0) 2551-9 34 20
+49 (0) 171-8 39 69 08
thomas.schlueter@korff-schlueter.de
www.korff-schlueter.de

Susanne Schulze
Am Jesuitenhof 10
53117 Bonn
+49 (0) 228-7 10 68 20
+49 (0) 151-16 51 50 26
susanne.schulze@camina-cca.de
www.camina-cca.de

Claudia Steinwartz
Rod am Berger Straße 7 B
61267 Neu-Anspach
+49 (0) 172-7 81 85 62
info@claudiasteinwartz.de
www.claudiasteinwartz.de
www.nlp4management.de

Dorit Waeber
Rheinuferweg 134
53332 Bornheim
+49 (0) 2236-92 39 25
+49 (0) 172-8 87 00 70
info@dw-consult.de
www.dw-consult.de

Dr. Jens Wilde
Im Mühlenfeld 3
41812 Erkelenz
+49 (0) 173-8 37 01 24
jens.wilde@institute4trainigs.com
www.institute4trainings.com

Ulrike Wörrle
Neven-Dumont-Straße 3 B
50667 Köln
+49 (0) 221-7 19 85 28
+49 (0) 178-2 54 05 00
woerrle@woerrle-und-
schneider.com
www.woerrle-und-schneider.com

Vorwort

»Alles geht besser mit Business NLP!« Mit Sicherheit gibt es Ausnahmen von dieser Regel und natürlich schwingt in diesem Satz die Begeisterung und Freude mit, die wir bei der Arbeit an diesem Buch erlebt haben. Neben unserer Motivation gibt es aber noch eine Reihe guter Gründe, NLP im Business anzuwenden. Fünfzehn Argumente dafür finden Sie in den folgenden Beiträgen, die überwiegend Beispiele aus der Praxis in den Mittelpunkt stellen.

Und warum ist es »besser«, die Strategien und Erkenntnisse des Business NLP in der Arbeitswelt zu nutzen?

1. Die Entwickler des NLP, John Grinder und Richard Bandler, haben den Unterschied zwischen durchschnittlicher menschlicher Kommunikation und herausragender Kommunikation beobachtet.
2. Dabei sind sie mit wissenschaftlicher Genauigkeit vorgegangen.
3. Die Ergebnisse ihrer Studien haben sie in gut strukturierte und einzeln trainierbare Teile aufgegliedert.
4. Mithilfe dieser einzelnen Elemente lässt sich die Komplexität aller möglichen menschlichen Verhaltens-, Fühl- und Denkweisen analysieren und verbessern.
5. Die Business-Welt besteht aus Menschen sowie aus Strukturen und Abläufen, die von Menschen entwickelt wurden. Daher ist das Wissen über exzellente Kommunikation in der Business-Welt von großem Nutzen.

6. In den Wirtschaftswissenschaften haben sich die Erklärungsmodelle von einem eher mechanischen oder maschinellen Verständnis hin zu organisch orientierten Sichtweisen verändert. Heute werden Unternehmen stärker als Organismen mit einem individuellen »Wesen« betrachtet statt als Maschine, die es zu kontrollieren und in Gang zu halten gilt. Vor diesem Hintergrund eignen sich die Interventionen und Modelle des Business NLP besonders gut, um Strategien zu entwickeln, Lösungen zu finden und Konflikte zu klären.

7. Zudem sind Menschen, die sich mit NLP beschäftigen, auch in der Geschäftswelt in der Regel an einem tieferen Verständnis von sich selbst, anderen Menschen und Strukturen interessiert. Das führt mittel- und langfristig dazu, dass Werte und ethisches Vorgehen in den Vordergrund rücken.

Die Vielfalt der Arbeitsmöglichkeiten mit NLP im Business wird in dieser Publikation von Autorinnen und Autoren dargestellt, die seit vielen Jahren als Berater, Coaches, Trainer oder Führungskräfte in Unternehmen oder anderen Organisationen tätig sind. So unterschiedlich wie die Autoren sind auch Inhalt und Stil der Beiträge. Es gibt weibliches, männliches, humorvolles, ernstes, emotional bewegendes, geschäftlich sachliches, intellektuell komplexes und pragmatisch knappes Vorgehen. Allen Beiträgen gemeinsam ist, dass sie die Lösung eines Problems oder das Erreichen eines Ziels beschreiben.

Die Beiträge mit realen, anonymisierten Business Cases sind in sechs Teile gegliedert:
1. Modell
2. Führung und Strategieentwicklung
3. Teamkonflikte und Teambildung
4. Vertrieb und Projektmanagement
5. Change Management und Unternehmensberatung
6. Coaching und Einzeltraining

Und in Zahlen gibt es:
- 1 Business NLP Modell (BNM)
- 14 Praxis-Beiträge
- 15 Autoren
- 18 »Buch-aktive« Mitglieder der Fachgruppe Business im DVNLP und
- ca. 300 Jahre versammelte Erfahrung mit NLP im Business

Und bevor es losgeht …

Danke sehr!

Ich danke allen Mitautoren, den Mitgliedern des Teilprojektes »Modell«, der Lektorin Sabine Barz, der Leiterin der Fachgruppe Business Conny Lindner, Holger Dieckmann von der DVNLP-Geschäftsstelle sowie dem DVNLP-Vorstand, besonders Ralf Giesen.

Manuela Brinkmann
Herausgeberin

Anmerkung: Wir erlauben uns, der Einfachheit halber für Personengruppen wie zum Beispiel »Mitarbeiter« oder »Teamleiter« grundsätzlich die männliche Bezeichnung zu verwenden. Dies schließt die weiblichen Vertreterinnen automatisch mit ein.

...... 1

Modell

Michael Lapp

Business NLP Modell

Abstract

Das Business NLP Modell ist eine grundsätzliche Struktur für den Einsatz von NLP in der Wirtschaft und in Institutionen. Das Modell basiert auf den drei Dimensionen Veränderungsdynamik, Zielgruppe und NLP. Es ermöglicht die Darstellung spezifischer Leistungen von NLP für den Business-Bereich. Dazu gehören Entwicklung von Leadership, Persönlichkeit, Kompetenz, Strategie, Organisation, Team sowie Gruppencoaching.

Sachwortindex

Modell Business NLP Modell Kontextmanagement Strategieentwicklung Organisationsentwicklung Timeline Standardisierung des eigenen NLP-Angebots Logische Ebenen Wahrnehmungspositionen Handlungsorientierung Symbole Teamentwicklung Vertriebsoptimierung Veränderungsdynamik Change Management

Meister und Schüler

Eines Tages sagte der Meister zu seinem Schüler: »Ell, hole mir das Moohah«.

Der Schüler sah seinen Meister fragend an: »Meister Mod, wo finde ich das Moohah?« Der Meister lächelte und gab ihm einen Grundriss: »Du findest das Moohah in dieser Wohnung, in dem roten Zimmer hier links.«

Der Schüler zog die Augenbrauen hoch und fragte wieder: »Meister, aber wo finde ich diese Wohnung?« Der Meister zog einen Stadtplan hervor und zeigte darauf: »Hier in dem Haus der frischen Brise in der dritten Etage findest du die Wohnung.«

Der Schüler beugte sich über den Stadtplan und legte seinen Kopf schief: »Meister, aber wo finde ich diese Stadt?« Der Meister rollte eine große Landkarte auf und sagte: »Siehst Du hier dieses Land zwischen Bergen und Meer? Ganz oben findest du die Stadt.«

Abb. 1: Der Meister und der Schüler

Der Schüler schaute sich die Karte an und sagte: »Aber Meister, auf welchem Kontinent liegt denn dieses Land?« Der Meister drehte sich um und zog einen Globus hervor. »Sieh her, das ist der Kontinent, auf dem du das Land findest.« Der Schüler schaute sich den Globus an und erkannte, dass der Moohah nicht weit entfernt zu finden war.

Er stand auf und verbeugte sich. »Meister, welches ist denn der richtige Weg dorthin?« Der Meister schloss die Augen und sagte mit ruhiger Stimme: »Der Weg mag strahlend oder düster, vor Lärm dröhnend oder dein Ohr mit Stille erfüllend, angenehm oder schmerzhaft, wohlriechend oder stinkend, mit fahlem Geschmack oder wohlschmeckend sein – *der* Weg ist der richtige, den du nimmst.«

Legende von Mod Ell

1 Was ist das Gebiet ohne Landkarte?

Motivation für ein Business NLP Modell (BNM)

Die Legende von Meister Mod und seinem Schüler Ell aus dem Fernen Osten beschreibt unseren alltäglichen Kampf um Orientierung. Die Wirklichkeit ist unüberschaubar detailreich. Am Rande eines Flusses stehend, erkenne ich die Einzelheiten der Uferlinie und den Flusslauf bis zur nächsten Biegung. Von der Spitze eines Berges aus sehe ich weiter, folge dem Fluss, wie er bis zum Horizont mäandert, kann jedoch die Einzelheiten des Ufers nicht mehr erkennen. Je nach Standort gewinne ich detaillierte Einblicke oder eine generelle Übersicht.

Über die Jahrtausende hat der Homo Sapiens die Fähigkeit, sich ein Bild von der Welt zu machen, immer weiter verbessert. Vor meinem inneren Auge sehe ich eine Gruppe von Steinzeitmenschen über eine Karte gebeugt, die vielleicht in den Sand, auf ein Stück Holz oder in den Steinboden geritzt wurde. Mit der Zeit wurde diese Art von Visualisierung in andere Bereiche übernommen. Dinge, die zum ersten Mal gebaut werden sollten, wurden vorab skizziert oder modelliert. Ohne eine solche Vorbereitung hätten wir vermutlich kein Stonehenge, keine ägyptischen oder aztekischen Pyramiden oder all die anderen gigantischen Bauten, die uns noch heute faszinieren – die Kathedralen, Burgen und Mühlen, aber auch Alltagsgegenstände, wie Wagen, Schränke oder Kannen.

Auch unsere abstrakten Vorstellungen und Vorgehensweisen werden durch modellhafte Skizzen und Symbole sichtbar, fassbar und erlebbar, wie zum Beispiel das Kreuz; die Kombination der Farben Schwarz, Rot, Gold; Hammer und Sichel; das Dollar-Symbol; der Plan einer U-Bahn; die Bedienungsanleitung meines neuen Telefons.

Um komplexe abstrakte Zusammenhänge möglichst einfach und strukturiert darzustellen, bedienen wir uns theoretischer Modelle. Auf diese Weise können wir beispielsweise wirtschaftliche Zusam-

menhänge aufzeigen oder Strategien darlegen (z.B. in Architektur-
modellen, Wirtschaftsmodellen, NLP-Strategien). Und alle diese
Modelle haben einen gemeinsamen Kern, der sich aus der Herkunft
des Wortes ableiten lässt. Es hat sich aus dem lateinischen *modu-
lus* (Maß, Maßstab), dem althochdeutschen *modul* (Regel, Muster,
Vorbild) und dem mittelhochdeutschen *model* (Maß, Form, Vorbild) entwickelt. Bis heute nutzen wir das Verb *modeln* (nach einem
Muster gestalten, formen). Ein Modell ist danach eine vereinfachte,
schematische Visualisierung der Realität oder einer Idee mithilfe
von Formen, Linien, Texten, Zahlen und Bildern (s. Abb. 2).

Modelle vermitteln das Wesentliche auf minimalem Raum.
Mein Tagesgeschäft der Bedeutungsgestaltung basiert immer auf
Modellen. Dadurch kann ich mich auf Inhalte konzentrieren, ohne
von formalen Aspekten gestört zu werden. Eine einheitliche Skalie-
rung verbessert dabei die Einsatzmöglichkeiten.

In der vorangestellten »Legende von Mod Ell« haben der Meister und sein Schüler sich durch die Ebenen der Geografie gearbeitet.
Beginnend auf der Detailebene, im roten Zimmer, immer gröber
werdend über die Stadt, das Land und den Kontinent. Das Ziel des

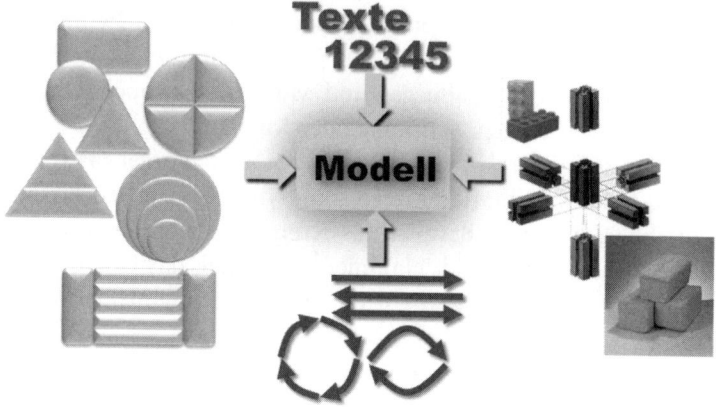

Abb. 2: Modellelemente

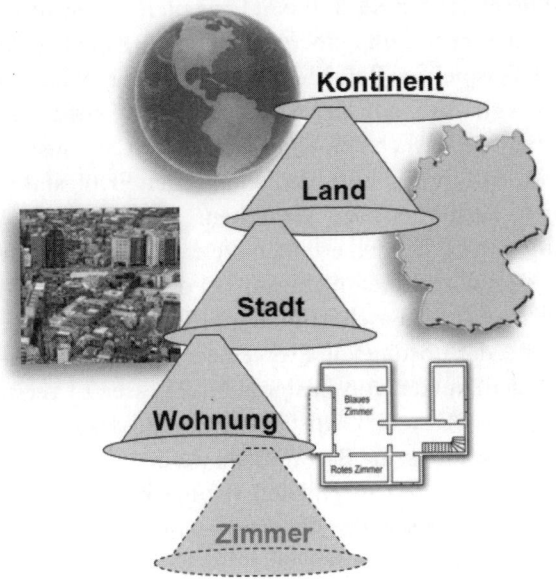

Abb.3: Detaillierungsgrad

Business NLP Modells ist es, die Kontinente zu beschreiben, ohne ins Detail zu gehen (Abb. 3).

Das Thema dieses Buches ist Business NLP. Das Wort *Business* löst sicher bei den meisten ähnliche Vorstellungen aus. Bei *NLP* kennen Sie vielleicht bereits eine typische NLP-Situation oder noch nicht, da Sie das erste Mal darüber lesen. Nach der Lektüre dieses Buches werden Sie über viele neue Bilder verfügen, die Ihnen eine neue Sicht auf das Business ermöglichen. Nehmen Sie sich eine Stunde Zeit und lassen Sie sich überraschen. Sie werden erfahren, was das Business NLP Modell Ihnen alles bietet.

Neuro-Linguistische Programmierung (NLP) beschäftigt sich mit Wahrnehmung und Kommunikation. Über Modelle und Veränderungstools ist es möglich, das eigene Denken und Verhalten

19

positiv zu beeinflussen. Diese Einflussmöglichkeiten bieten im geschäftlichen Umfeld effektive und effiziente Unterstützung bei Veränderungen, zum Beispiel im Bereich der Geschäftsprozesse und der Organisation (vgl. Abb. 4). Der wirtschaftliche Erfolg eines Unternehmens hängt wesentlich von den Mitarbeitern ab. Business NLP ist personenorientiert und hilft, den wichtigsten Erfolgsfaktor eines Unternehmens zu stärken: den Menschen.

Mit dem Business NLP Modell erhalten Sie einen Überblick aus 10.000 m Höhe. Dies wird Ihnen nicht nur bei der Lektüre dieses Buches und bei der weiteren Beschäftigung mit Business NLP helfen, sondern auch bei der Lösung von Problemen. Im folgenden Abschnitt lernen Sie, den Nutzen von Business NLP besser zu verstehen (Was ist die positive Absicht?). Anschließend wird das Business NLP Modell vorgestellt und seine Bestandteile werden erklärt (Wie sieht das Business NLP Modell aus?). Die Leistungen von Business NLP werden allgemein dargestellt (Welche Ressourcen bietet das Modell?). Schließlich wird die potenzielle Wirkung des Modells beschrieben und ein Blick in die Zukunft geworfen (Wie wirkt das Modell?).

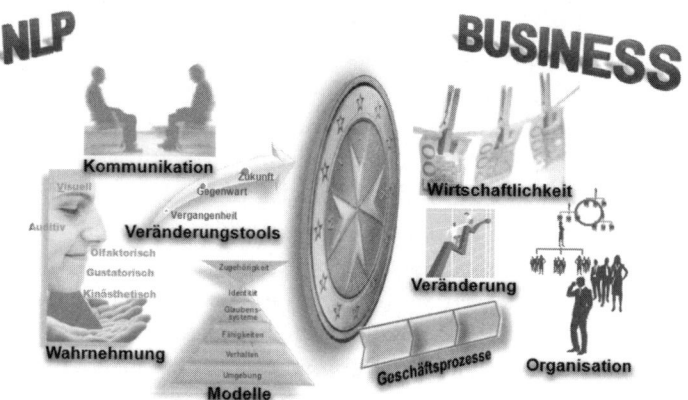

Abb. 4: Elemente von Business NLP

Die Erkenntnisse dieses Beitrags wurden im Rahmen eines Projektes der Fachgruppe Business im Deutschen Verband für Neuro-Linguistisches Programmieren e. V. (DVNLP) erarbeitet. Beteiligt waren daran neben mir Manuela Brinkmann, Sven-Uwe Büttner, Dr. Frank Görmar, Rolf Müller und Ulrike Wörrle. In unseren Gesprächen wurde mir schnell bewusst, dass die Detaillierung des Modells meine Interpretation des Modells ist. Aus diesem Grund möchte ich ausdrücklich darauf hinweisen, dass ich als Autor für alle ungeschickten, in die Irre führenden Aussagen oder Fehler allein verantwortlich bin.

2 Was ist die positive Absicht?
Nutzen für die Geschäftswelt sowie die NLP- und Coaching-Gemeinschaft

Brauchen wir eigentlich ein derartiges Modell? Schafft ein Modell vielleicht unnötige Formalisierung, die alle Beteiligten nur in ein Modellkorsett sperrt? Wer hat eigentlich einen Nutzen davon? Und welchen? Dabei kommen mir der Meister und sein Schüler in den Sinn. Der Schüler hatte immer wieder Fragen, da er das nächstgrößere Ganze nicht überschauen konnte. Ohne die Visualisierung der Karten wäre es dem Meister schwerer gefallen, das Ziel zu beschreiben. »Ein Bild sagt mehr als tausend Worte« – oder?

Das Business NLP Modell dient der Orientierung und Positionierung bei der Nutzung von Business NLP Leistungen wie zum Beispiel Strategie- und Organisationsentwicklung. Es ist so gestaltet, dass die Nutzung des Modells für NLP-Anbieter und Coaches genauso funktioniert wie für Geschäftsleute. Die offene, anpassbare Struktur bietet den Raum, weitere Ansätze zu integrieren. Die einzelnen Elemente sind möglichst allgemeinverständlich, das heißt frei von Fachjargon, und trennscharf formuliert, um Zweideutigkeiten zu vermeiden. Im NLP wissen wir, dass Zweideutigkeiten unvermeidbar sind, weil jeder seine eigene Wahrnehmung und Ausdrucksweise hat. Das liegt vor allem in der Natur der Sprache und an der Persönlichkeit, die durch die individuelle Geschichte und den Kontext geprägt ist.

Das Modell hilft schwerpunktmäßig zwei Zielgruppen. Einerseits unterstützt es die Anbieter von NLP, die als Master, Trainer, Coach oder mit ähnlichen Titeln NLP häufig im persönlichen Bereich anwenden und auch schon verstärkt im geschäftlichen Umfeld verkaufen. Andererseits ist das Business der Nutznießer von NLP. Machen wir uns bewusst, was *Business* eigentlich ist. Hierbei handelt es sich um jede Form von Aktivitäten, die in Organisationen durchgeführt werden. Dazu gehören nicht nur die »klassischen« Firmen wie zum Beispiel Einzelunternehmer, kleine/mittelständische Unternehmen (KMU) oder Konzerne, sondern auch Institutionen, die ohne Gewinnabsicht agieren, sogenannte Non-Profit-Organisationen (NPO), öffentliche Verwaltungen und nicht-staatliche Einrichtungen (NGO).

Für NLP-Anbieter liegt der Nutzen des BNMs in der Strukturierung und Standardisierung des eigenen NLP-Angebots sowie in der Möglichkeit, das Modell auf die eigene Angebotsstruktur anzupassen. Dabei profitieren die NLP-Anbieter wesentlich von dem Business-Nutzen. Durch das Modell ist das Business in der Lage, die angebotenen Leistungen besser zu verstehen und einzuordnen. Anforderungen sind leichter formulierbar und der wirtschaftliche Nutzen zuverlässiger bewertbar. Das Modell ermöglicht die Einordnung von Business NLP Services aus der Sicht des Business. Doch was hat das Business denn von Business NLP?

Der Nutzen für das Business umfasst folgende Aspekte:
› **Verbessertes Kontextmanagement**
   Besonders kleine und mittelständische Firmen müssen heute in einer immer komplexeren Umwelt mit wechselnden Partnern, manchmal sogar mit Wettbewerbern, zusammenarbeiten. Diese Kunden, Zulieferer, Behörden und Netzwerke

erfordern exzellente Kommunikation. Die Zusammenarbeit erledigen die Mitarbeiter. Um sie in die Lage zu versetzen, die eigene Firma zu jeder Zeit repräsentieren zu können, steigt der Bedarf an entsprechender interner Kommunikation. Ein wesentlicher Beitrag von Business NLP ist u. a. eine bewusstere Kommunikations- und Wahrnehmungskompetenz.

› **Effektivere Handlungsorientierung**
Durch die Informationstechnologie werden die Tätigkeiten immer umfangreicher und schneller. Die Abläufe bestimmen die Geschwindigkeit. Aus diesem Grund werden die Prozesse kontinuierlich weiterentwickelt und, wenn nötig, radikal umgestaltet. Prozesse werden nicht mehr vorgegeben, sondern Strategien. Ein motiviertes, leistungsbereites Team unterstützt Business NLP z. B. durch partizipative und motivierende Workshop-Ansätze.

› **Erweiterte Fähigkeiten**
Bei steigender Komplexität der Arbeit wird heute grober geplant. Aufgrund von wenigen Vorgaben müssen Mitarbeiter mehr Engagement aufbringen. Dafür brauchen sie fachliche sowie methodische und soziale Fähigkeiten. Neben der Gestaltung von Qualifzierungsmaßnahmen bietet Business NLP auf der Verhaltensseite eine breite Palette von Ausbildungen.

› **Wirksamere Strategien und Werte**
Der erweitere Spielraum bei der Arbeit verlangt eine klare Ausrichtung, die gemeinsam erarbeitet wird (z. B. Vision, Mission, Leitbild, Werte, Ziele). Business NLP bietet hervorragende Vorgehensweisen, um diese Elemente im Team zu erarbeiten und später in der Organisation wirksam zu verankern.

› **Fokussiertere Organisation**
Kleine und mittelständische Firmen richten ihre Organisation immer häufiger an Rollen aus, die durch Aufgaben, Kompe-

tenz und Verantwortung gekennzeichnet sind. Je nach Größe
des Unternehmens werden die einzelnen Rollen zu einer
formalen Aufbauorganisation zusammengestellt. Die resultie-
renden Organisationsstrukturen werden oft in der Geschäftsleitung entwickelt. Business NLP unterstützt zum Beispiel die
Formulierung und Einführung dieser Strukturen im Rahmen
von Change Management.

> **Verbessertes Zugehörigkeitsgefühl**
Die schwierigste Aufgabe der Führung ist die Förderung eines
positiven Arbeitsklimas. Hier geht es um die Vorbildfunktion
der Geschäftsleitung und um die Schaffung einer prägenden
Unternehmenskultur, die dem Mitarbeiter eine Zugehörigkeit
anbietet, die Spitzenleistungen ermöglicht. Schließlich sollen
die Mitarbeiter motiviert sein, ihre Leistung kontinuierlich in
den Dienst der Firma zu stellen. Business NLP nutzt unter
anderem die Logischen Ebenen und erarbeitet mit der Geschäftsführung Ziele und Wertehierarchien, die mit dem
Geschäftszweck verknüpft sind.

Grundsätzlich kann Business NLP in allen Funktionsbereichen eines
Unternehmens und auf jeder Hierarchiestufe eingesetzt werden.
Die Kernbereiche sind Strategie-Entwicklung, Organisations- und
Teamentwicklung, Change Management, Vertriebsoptimierung,
Gruppencoaching sowie die individuellen Bereiche der Leadership-,
Persönlichkeits- und Kompetenzentwicklung.

3 Wie sieht das Business NLP Modell aus?
Struktur und Elemente des Business NLP Modells

Welche NLP-Modelle gibt es denn? Welche Form passt am besten für das Business NLP Modell? Wie wird Business berücksichtigt? Welche NLP-Sicht wird eingenommen? Was steht eigentlich im Modell? Der Meister Mod hatte für seinen Schüler Ell immer die Karte mit dem richtigen Maßstab zur Hand. Die Karten vermittelten Ell den Überblick, der es ihm dann ermöglichte, die nächste Frage zu stellen. Dabei arbeitete er sich aus der Detailebene in die Übersichtsebene – heute nutzen wir Google Earth. Das Beispiel verdeutlicht, dass ein Modell navigierbar sein soll – in der Fläche *und* in der Tiefe.

Das vorliegende Business NLP Modell dient zur Orientierung. Es hat drei Dimensionen: Veränderungsdynamik, Zielgruppe und NLP. Jede Dimension ist aufgeteilt in einzelne Elemente, die die Dimension weiter detaillieren. Das Modell ergibt sich schließlich aus der Kombination der Dimensionen zu einem dreidimensionalen Würfel (s. Abb. 5). In dem Würfel befinden sich damit viele Würfel,

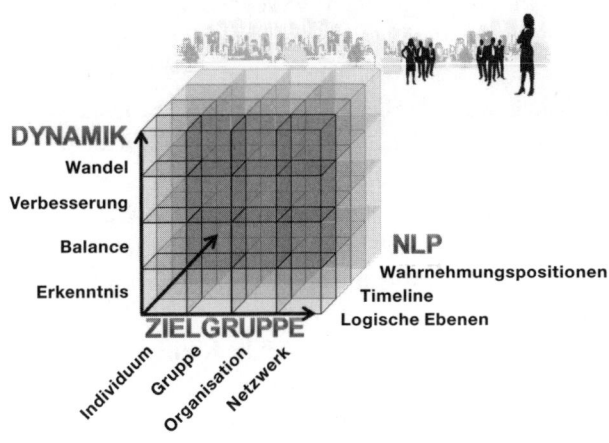

Abb. 5: Business NLP Modell

die durch die drei Dimensionen definiert sind. In Zukunft müssen diese Würfel mit Inhalt, d. h. mit konkreten Business NLP Anwendungen, gefüllt werden. In diesem Abschnitt erfolgt zunächst die Beschreibung der drei Dimensionen: Veränderungsdynamik, Zielgruppe und NLP.

Veränderungsdynamik

Um den Begriff *Veränderungsdynamik* zu skizzieren, möchte ich Ihnen ein Beispiel aus der Praxis vorstellen. Darin geht es um den Geschäftsführer eines mittelständischen Handyherstellers, der sich auf die Produktion von exklusiven Handys spezialisiert hat.

Die neueste Entwicklung war seit drei Monaten auf dem Markt und das Führungsteam traf sich zu einer Sitzung. Wie üblich kam der Chef eine Viertelstunde früher an den Sitzungstisch, checkte sein Handy und legte es vor sich auf den Tisch.

»So geht es nicht weiter!«, platzte es aus ihm heraus. Und während er in die Runde schaute, atmete er langsam und sehr lange aus. Die Anwesenden schauten sich gegenseitig fragend an und der Entwicklungsleiter übernahm als erster das Wort. »Wir haben eine Alternative entwickelt, die mehr Leistung bietet bei gleichen Produktionskosten.« Gelassen lehnte er sich zurück und lächelte.

»Super!«, honorierte der Geschäftsführer. »Wir geben jedoch nicht so schnell auf.« In den letzten Jahren hatte sich gezeigt, dass edle Handys von den Kunden gesucht wurden.

»Wir haben ein paar Ideen, wie wir die Konfiguration der Standardversion mit ein paar zusätzlichen Gimmicks schrittweise erweitern können.« Der Vertriebsmanager hatte in den vergangenen Monaten in wichtigen Lifestyle-Magazinen Anzeigen geschaltet, die die Aufmerksamkeit der Kunden erhöht hatte.

»Wir sind doch kein Ramsch-Laden. Unsere Kunden haben einen gewissen Anspruch und sind bereit, dafür zu zahlen.« Der Chef ging zur Tür und folgte dem Briefträger, der die Post brachte. Mittlerweile hatte sich der Besprechungsraum gefüllt. Die Anwesenden tuschelten miteinander. »Na, sind jetzt alle da?« Der Chef setzte sich wieder an seinen Platz.

»Wir können die Produktion anpassen, um die Situation zu stabilisieren.« Der Produktionsleiter war als Letzter gekommen. Die Augenbrauen des Chefs gingen hoch und er fragte überrascht: »Ist das denn nötig?«

In der Ecke des Raums saß lässig auf einem Tisch der Stratege und erhob sich jetzt, um zu seinem Platz zu gehen. »Wir sollten uns die aktuelle Situation erst mal anschauen.« Der Chef zeigte auf den Strategen und sagte: »Was ich sage. So geht es nicht weiter.« Er steckte sein Handy ein. »Wir brauchen Transparenz. Genau deswegen sind wir heute hier. Also ...«

So oder so ähnlich laufen viele Sitzungen ab. Und meistens geht es um Veränderungen.

In dem Beispiel wurden die verschiedenen Ausprägungen der Veränderungsdynamik (Erkenntnis, Balance, Verbesserung, Wandel) bereits sichtbar:
> Der Vorschlag des Strategen stellt eine wichtige Ebene der Veränderungsdynamik dar. Eigentlich findet überhaupt keine Veränderung statt. Die Frage nach Transparenz zeigt, dass Informationen bezüglich des aktuellen Zustandes fehlen. Die Situation zu erkennen, indem alle ihre Erkenntnisse miteinan-

der austauschen, ist ein wichtiger Startpunkt für Veränderung.
Solange diese Startlinie nicht definiert ist, bleibt Veränderung
nur schwer vermittelbar. Dieser Einstiegslevel der Veränderungsdynamik heißt **Erkenntnis.**

› Produktionsbereiche sind meistens praxisorientiert. Pragma-
tiker und Macher haben das Sagen. Entsprechend repräsentiert
der Produktionsleiter den nächsten Level der Veränderungsdynamik. Das Ziel seines Vorschlags, die Produktion anzupassen, sollte die aktuelle Situation stabilisieren. Die Anpassung
der Situation hält das System im Gleichgewicht, so wie ein
Thermostat die gewünschte Temperatur hält. Eigentlich handelt es sich immer noch nicht um Veränderung, sondern um
Stabilisierung des aktuellen Zustandes durch die Vermeidung
von Veränderung. Diese Ebene der Veränderungsdynamik
heißt **Balance.**

› Ein wichtiges Werkzeug des Verkaufs ist die Konfiguration
von Produkten. Der Vertriebsmanager schlug die schrittweise
Erweiterung des Angebots vor. Diese kleinen Anpassungen
werden im Kurzfristzeitraum nicht als Veränderung wahrgenommen, haben jedoch über einen langen Zeitraum große
Wirkung. So funktionieren japanische Firmen, die mit Kaizen,
der kontinuierlichen Verbesserung, eine Veränderungskultur
eingeführt haben, die viel Respekt gegenüber dem Bestehenden
zeigt und langfristig gewaltige Veränderungen erzeugt. Das
sind Veränderungen 1. Ordnung, die dadurch möglich werden,
dass die richtigen Dinge richtig oder besser getan werden. Damit haben wir jetzt einen Veränderungslevel mit Veränderung.
Diese Ebene heißt im Business NLP Modell **Verbesserung.**

› Der Entwicklungsleiter repräsentiert in unserem Beispiel die
letzte und stärkste Ebene der Veränderungsdynamik. Die
Ablösung eines Produktes durch ein anderes ist eine drasti-
sche Maßnahme. Dabei spielt es keine Rolle, ob es sich um die
Übernahme einer Lösung von anderen, die Erfindung neuer

Lösungen oder nur um den Wegfall handelt. Dieser Wandel
2. Ordnung ist der Bruch mit Bestehendem und fordert
am meisten heraus, da alles in Frage gestellt ist. Dies ist die
stärkste Veränderung. Diese Ebene heißt **Wandel.**

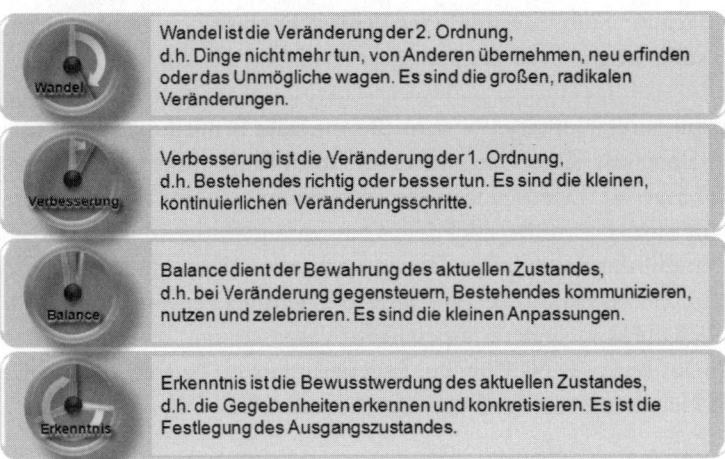

Wandel ist die Veränderung der 2. Ordnung,
d.h. Dinge nicht mehr tun, von Anderen übernehmen, neu erfinden
oder das Unmögliche wagen. Es sind die großen, radikalen
Veränderungen.

Verbesserung ist die Veränderung der 1. Ordnung,
d.h. Bestehendes richtig oder besser tun. Es sind die kleinen,
kontinuierlichen Veränderungsschritte.

Balance dient der Bewahrung des aktuellen Zustandes,
d.h. bei Veränderung gegensteuern, Bestehendes kommunizieren,
nutzen und zelebrieren. Es sind die kleinen Anpassungen.

Erkenntnis ist die Bewusstwerdung des aktuellen Zustandes,
d.h. die Gegebenheiten erkennen und konkretisieren. Es ist die
Festlegung des Ausgangszustandes.

Abb. 6: Veränderungsdynamik

**Die vier Ebenen der Veränderungsdynamik lassen sich wie folgt
zusammenfassen:**

> **Wandel**
> Veränderungen 2. Ordnung, bei denen Dinge nicht mehr
> getan beziehungsweise durch neue Ansätze abgelöst oder
> neu erfunden werden.

> **Verbesserung**
> Veränderungen 1. Ordnung, bei denen kontinuierliche
> Verbesserungen zu einer evolutionären Veränderung führen,
> die über lange Zeiträume viel verändern können.

29

> **Balance**
Bewahrung des aktuellen Zustandes, bei der Veränderung durch gezieltes Nachregeln unterdrückt wird.
> **Erkenntnis**
Bewusstwerden des aktuellen Zustandes, bei dem die Grundlage für Stabilisierung oder Veränderung erst einmal festgestellt wird.

Business NLP unterstützt zum Beispiel die Ermittlung des aktuellen Zustands eines Unternehmens mithilfe der Logischen Ebenen (Erkenntnis). Durch eine moderierte Diskussion der aktuellen Strategie werden zum Beispiel der Status quo gefestigt und die Aktivitäten auf das vereinbarte Ziel ausgerichtet (Balance). Regelmäßige fachliche, methodische und soziale Trainings verbessern kontinuierlich die Mitarbeiterkompetenzen (Verbesserung). Besondere Stärken hat Business NLP bei der Erneuerung, zum Beispiel der radikalen Neugestaltung der Geschäftsprozesse (Wandel).

Zielgruppe

Die **Zielgruppe** sind die Empfänger der Leistungen des Business NLP, also die Personen, die letztlich ihre Kommunikation und Wahrnehmung verbessern. Sie müssen nicht mit dem Auftraggeber identisch sein, zum Beispiel wenn der Bereichsleiter das Training der Mitarbeiter beauftragt.

Bei unserem Hersteller von Edel-Handys arbeitet Alva seit zwei Jahren im Vertrieb. Sie hat sich in dieser Zeit den Ruf einer kreativen Projektleiterin erworben. Deshalb hat sich der Vertriebsleiter entschieden, sie zu befördern und ihr die Verantwortung für ein Team zu geben. Bisher hatte sie ergebnisorientiert in verschiedenen Projekten gearbeitet. Bei ihren Einsätzen in Europa hatte sie es verstanden, die unterschiedlichen

Kulturen zusammenzuhalten. Regelmäßige Meetings, die stets in einem anderen Land stattfanden, konnte sie aufgrund ihrer Englischkenntnisse gut steuern. Ihre schwedischen Eltern haben ihr skandinavische Wertvorstellungen mitgegeben. Sie sah sich selbst immer als Europäerin. In schwierigen Situationen blieb sie stets locker und freundlich. Damit ist sie ein gutes Beispiel für eine Persönlichkeit, die ihren eigenen Stil pflegt. Im Business NLP Modell repräsentiert sie das *Individuum*, die erste Ebene der Zielgruppe.

Alva gehört in ihrem Unternehmen zu den Young Professionals, einem übergreifenden Team von jungen, zukünftigen Leistungsträgern. Alle kommen aus verschiedenen Funktionsbereichen. Das Unternehmen hat nur einen Auftrag für sie: »Macht besser, was immer ihr besser machen wollt.« Die Gruppe hat ein starkes Zusammengehörigkeitsgefühl, eine Solidarität, die sie sehr erfolgreich macht. Sie treffen sich regelmäßig, um den Stand von Projekten zu diskutieren. Young Professionals gibt es seit Bestehen der Firma. Die Hälfte der Führungskräfte sind Ehemalige. Dadurch hat das Programm über die Jahre seinen Schwung behalten und die langfristige Vernetzung über Bereichsgrenzen hinweg gesichert. Die Young Professionals sind ein Beispiel für eine *Gruppe*. Gruppen stellen den zweiten Level der Zielgruppe dar.

Der Vertriebsbereich ist ein großer Funktionsbereich. Insgesamt arbeiten hier 112 Mitarbeiter. Das Unternehmen baut auf flache Strukturen mit wenigen, weitgehend autarken Organisationseinheiten. Um die Zusammenarbeit zwischen den Funktionsbereichen zu fördern, hat sich die Firma in einer Matrixorganisation aufgestellt. In der Geschäftsleitung hat jeder zwei Zuständigkeiten: Leitung einer Funktion und eines Prozesses. Die derzeitige Struktur existiert seit fünf Jahren und scheint den Verantwortlichen in letzter Zeit Schwierigkeiten zu bereiten. Im Zuge der Globalisierung hat sich die Reichweite für alle weiter erhöht, da jetzt auch noch internationale Bereiche hinzugekommen sind. Die kulturelle Vielfalt hat in den letzten drei Jahren zu einigem Kopfzerbrechen geführt. Die Verteilung über Zeitzonen, unterschiedliche Kulturen und die großen Entfernungen haben das Geschäft zusätzlich belastet. Entsprechend bereitet das Unternehmen im Moment eine Reorganisation der Strukturen und Regelwerke unter Berücksichtigung der internationalen Gegebenheiten vor. Dies ist ein gutes Beispiel für die dritte Ebene der Zielgruppe, die *Organisation*.

Da die asiatischen Märkte einerseits durch Wettbewerber gekennzeichnet sind, die den Markt mit billigen Kopien überschwemmen, und andererseits durch Wachstumspotenziale, die in dieser Region vorliegen, hat sich die Unternehmensleitung entschieden, einem Joint-Venture beizutreten. Hier werden in gemeinsamen Projekten für den Weltmarkt die Handys der Zukunft entwickelt. Jeder bringt seine spezifischen Kompetenzen und den lokalen Marktzugang ein. Da es sich bei den Unternehmen jedoch um rechtlich selbständige Organisationen handelt, kommt es immer wieder zu Kommunikationsschwierigkeiten und Machtgerangel. Gleichzeitig stehen alle miteinander im Wettbewerb. Dies belastet schlussendlich die Konsensfindung. Das Joint-Venture ist ein Beispiel für den letzten Level der Zielgruppe, das *Netzwerk*.

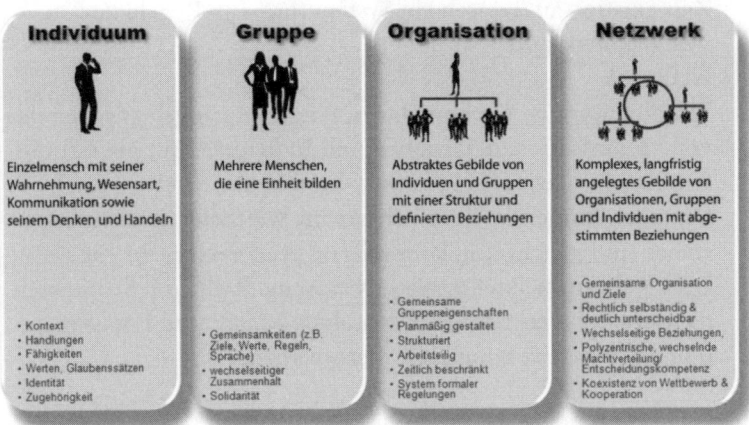

Abb. 7: Zielgruppe

Damit hat die Zielgruppe im Business NLP Modell vier Ebenen:

› Individuum

Das Individuum ist ein einzelner Mensch mit seiner Wahrnehmung, Wesensart, Kommunikation sowie seinem Denken und
Handeln. Es ist geprägt durch seinen Kontext, seine Handlungen, Fähigkeiten und Überzeugungen sowie über seine Identität und Zugehörigkeit zu einem größeren Ganzen.

› Gruppe

Eine Gruppe sind mehrere Menschen, die eine Einheit bilden
durch gemeinsame Ziele, Werte, Regeln, Sprache o. ä. Sie verfügen über einen wechselseitigen Zusammenhalt und Solidarität zueinander.

› Organisation

Eine Organisation ist ein abstraktes Gebilde von Individuen
und Gruppen mit einer Struktur und definierten Beziehungen.
In einer Organisation finden sich also gemeinsame Gruppen-
eigenschaften (z. B. gemeinsame Regeln) sowie eine arbeitstei-
lige Struktur, die planmäßig gestaltet wird, für eine bestimmte

Zeit existiert und durch ein System formaler Regeln zusammengehalten wird.

› **Netzwerk**
Ein Netzwerk ist ein komplexes, langfristig angelegtes Gebilde von Organisationen, Gruppen und Individuen mit abgestimmten Beziehungen. Das Netzwerk besteht aus rechtlich unabhängigen Einheiten, die einerseits im Wettbewerb zueinander stehen und gleichzeitig kooperieren. Andererseits ist ein Netzwerk gekennzeichnet durch gemeinsame Ziele und Strukturen, die durch polyzentrische, wechselnde Macht und Entscheidungskompetenz herausgefordert werden.

Business NLP bietet den Zielgruppen vielfältige Leistungen an. So erhält Alva als Individuum einen Kurs zur Vorbereitung auf ihre neue Verantwortung »Führung beginnt beim Vorgesetzten«. Da die *Young Professionals* ein wilder Haufen von Kreativen sind, die mit viel Schwung unterwegs sind, hat die Personalabteilung für diese Gruppe einen Business NLP Coach engagiert, der die regelmäßigen Sitzungen vorbereitet und moderiert. Im Zuge der Internationalisierung haben die Verantwortlichen der Organisation entschieden, mit Unterstützung eines Business NLP Instituts ein weltweit nutzbares Leistungsbeurteilungssystem mit dem Titel »Success for all« zu entwickeln. Vor kurzem fand in Shanghai das letzte Joint-Venture-Treffen statt. Dabei hatten sich die beteiligten Firmen darauf geeinigt, dass die CEOs des Netzwerks an drei Workshops zur Entwicklung einer gemeinsamen Strategie mitarbeiten. Durch den Einsatz eines Business NLP Teams haben die ersten beiden Workshops bereits weitreichende Ergebnisse erzielt. Aus diesem Grund treffen sich die CEOs zukünftig halbjährlich zu einer Strategiesitzung.

NLP

Die dritte Achse des Business NLP Modells ist offen gestaltet, das heißt nicht endgültig definiert. Die vielfältigen NLP-Aspekte lassen sich hier abbilden. Es bleibt Business NLP Anbietern überlassen, diese sogenannte Z-Achse nach ihren Bedürfnissen zu gestalten. In diesem Beitrag werde ich ein paar Beispiele skizzieren, die die Wirksamkeit dieses Ansatzes verdeutlichen. Hierfür belege ich die Achse mit drei Strukturen, die dem dreidimensionalen Workspace von Robert Dilts entsprechen: *Logische Ebenen, Wahrnehmungspositionen* und *Timeline*. In der folgenden Abbildung 8 ist bereits eine weitere Sicht eingebaut (z. B. S.C.O.R.E.).

Abb. 8: Neuro-Linguistische Programmierung

Logische Ebenen

Die **Logischen Ebenen**, auch Gestaltungsebenen genannt, sind ein ganzheitliches Modell, das besonders effektiv im geschäftlichen Umfeld funktioniert (vgl. Abb. 9). Die Navigation durch die Logischen Ebenen ist flexibel gestaltbar: von der untersten zur obersten Ebene oder umgekehrt. Es folgt eine Beschreibung des Entwicklungsleiters auf den einzelnen *Logischen Ebenen*, die von der obersten zur untersten Ebene verläuft.

- Aufgrund des exklusiven Images der Handys fühlt der Entwicklungsleiter sich den großen Modedesignern verpflichtet. Gleichzeitig kreiert er mit innovativen Ideen neue Technologien, die das Handy funktional erweitern. Die vielen Patente, die durch seinen Bereich entwickelt werden, geben ihm das Gefühl ein großer Erfinder zu sein. Darüber hinaus ist ihm außergewöhnliches Design wichtig. Damit fühlt er sich den Bereichen Design- und Technologie zugehörig. Diese Ebene bildet die Spitze der Logischen Ebenen und nennt sich **Zugehörigkeit**.

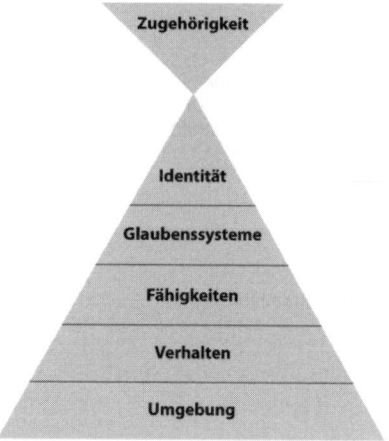

Abb. 9: Logische Ebenen

- Als Entwicklungsleiter ist er für die Entwicklung neuer Produkte zuständig. In diesem Zusammenhang hat er die Aufgabe technologische Entwicklungen im Handybereich frühzeitig zu erkennen und ihre Chancen im Hinblick auf Markt, Technologie und Kundenverhalten zu beurteilen. Darauf basierend bringt er Produkte zur Serienreife. Er hat die Kompetenz, entsprechende Forschungen zu betreiben und eine definierte Anzahl von Prototypen pro Jahr zu entwickeln. Er ist dafür verantwortlich, dass die neuen Produkte am Markt wettbewerbsfähig sind, fehlerfrei funktionieren und mit hoher Qualität produziert werden können. Mit der Beschreibung seiner Identität (Rolle) durch Aufgaben, Kompetenz und Verantwortung ist seine **Identität** umschrieben.
- Bei der Erfüllung seiner Rolle wird er von Überzeugungen geleitet, die Einfluss auf seine Arbeit haben. Sein Glaubenssystem beinhaltet Elemente wie Vision, Mission, Werte, Stärken/ Schwächen und Chancen/Risiken, kritische Erfolgsfaktoren und strategische Ziele, aber auch seine persönlichen Werte und Überzeugungen. Diese Elemente sind ihm teilweise bewusst, aber manche Bereiche wirken unbewusst in ihm. So hat er beispielsweise folgende Vision formuliert: »Wir werden das Chanel für Handys – sachliche Haute-Couture übertragen auf das Handy.« Eines seiner üblichen Beispiele ist sein »kleines Schwarzes«. Dabei handelt es sich um ein schwarzes Hochglanzhandy mit einem Diamanten und einem Lack, der jegliche Flecken von selbst entfernt. Seine Anforderungen irritieren häufig die Mitarbeiter, da er mal die Modefahne hisst, dann wieder die Technologie- und häufig auch die Sparflagge. Diese Ebene heißt **Glaubenssysteme.**
- Je tiefer eine Logische Ebene liegt, desto konkreter und sichtbarer wird sie. Zur nächsten Ebene gehört das Wissen, das er bezüglich des Handygeschäfts entwickelt hat. Daneben finden sich auch Fertigkeiten, die er immer wieder im Modellbau an-

wendet sowie seine Erfahrungen, die er bei einem der größten Handyhersteller gesammelt hat. Seine Karriere hatte er als Architekturstudent begonnen. Nach dem klassischen Studienabbruch, ist er im Softwareumfeld eines Telekommunikationsanbieters gelandet. Sein Know-how hat er sich über die Jahre praktisch und mit viel Einsatz erworben. Diese Ebene nennt sich **Fähigkeiten.**

• Aufgrund seines Werdegangs können Sie sich sicher vorstellen, dass die Arbeit des Entwicklungsleiters sehr vielfältige Tätigkeiten umfasst. Neben den Abstimmungssitzungen, die er innerhalb der Firma und zusammen mit den Joint-Venture-Partnern bewältigt, pflegt er einen sehr direkten Führungsstil. Er fällt nicht durch ein ausgeprägtes Mikromanagement auf. Was alle an ihm schätzen, ist, dass er nie aufbrausend ist oder laut wird – weder im Positiven noch im Negativen. Er taucht jedoch oft überraschend an Orten auf, an denen ihn keiner erwartet. Dort beteiligt er sich dann an den laufenden Aktivitäten. So kann er sehr schnell im Modellbau auftauchen und am Knetmodell mitarbeiten, bis die Form nach seinen Wünschen in der Hand liegt. Am nächsten Tag befindet er sich wiederum in Verhandlungen mit Designern, die Accessoires entwickeln. Und immer wieder sieht man ihn auf Flughäfen in einer Ecke stehen, seine E-Mails bearbeitend. Diese sichtbare Ebene nennt sich **Verhalten.**

• Die unterste Ebene umfasst den Kontext. Der Entwicklungsleiter verantwortet drei Entwicklungsstandorte – China, Deutschland und USA. Um die Zeitunterschiede zu bewältigen, hat er eine ausgeklügelte Kommunikationsinfrastruktur, die es ihm erlaubt, von früh morgens bis spät abends mit den Standorten in Kontakt zu sein. Seine wesentlichen Interessengruppen sind neben den Kollegen auch Zulieferer, Forschungseinrichtungen der Telekommunikation, Zukunftsforscher und staatliche Organe verschiedener Länder. Besonders drücken ihn die Innovationszyklen der Handybranche, die die Entwicklung von drei neuen Produkten pro Jahr erfordern. Zu seinem Umfeld gehören neben den geschäftlichen Bereichen auch die privaten Einflussgruppen: Familie, Freunde, die Schule seiner Kinder. Diese unterste Ebene heißt **Umgebung.**

Die Logischen Ebenen bestehen also aus sechs Ebenen:

> **Umgebung**
> Die Umgebung beschreibt externe Einflussfaktoren, zum Beispiel Interessengruppen, geografische Gegebenheiten, zeitliche Aspekte. Diese Einflussfaktoren behindern oder fördern die aktuelle Situation.

> **Verhalten**
> Das Verhalten beschreibt die sichtbaren Handlungen von Einzelnen oder einer Gruppe von Menschen. Dabei kann es sich um Aktionen oder Reaktionen handeln.

> **Fähigkeiten**
> Die Fähigkeiten sind Voraussetzungen, die das Verhalten ermöglichen oder behindern. Dies können fachliche, methodische oder soziale Fähigkeiten sein.

> **Glaubenssysteme**
> Die Glaubenssysteme beeinflussen die Fähigkeiten und das Verhalten, indem zu einer bestimmten Aktion motiviert wird, Erlaubnis bzw. Verbot erteilt wird. Elemente des Glaubenssystems können Vision, Mission, strategische Ausrichtung, Stärken/Schwächen, Chancen/Risiken, kritischen Erfolgsfaktoren usw. sein.

> **Identität**
> Die Identität beschreibt die Rolle mit ihrem Zweck. Dies kann durch Beschreibung der Aufgabe, Kompetenz und Verantwortung erfolgen. Ein einzelner Mensch kann über eine Vielzahl von Rollen verfügen, zum Beispiel Vater, Ehemann, Mitarbeiter, Vorgesetzter, Berater usw.

> **Zugehörigkeit**
Die Zugehörigkeit definiert das größere Ganze, dem sich der Einzelne oder die Gruppe zugehörig fühlt. Daraus ergeben sich Einflüsse auf alle darunterliegenden Ebenen. Aus diesem Grund ist die Ebene Zugehörigkeit in Abb. 9 grafisch hervorgehoben. Beispiele sind Religion, Ausbildung, Hierarchieebene, soziale Schicht usw.

Im Business NLP Modell bilden die Logischen Ebenen ein Kernelement, von dem sich vielfältige Maßnahmen herleiten lassen. Sie können zur Ermittlung der aktuellen Situation, zur Stabilisierung, als Grundlage für kontinuierliche Verbesserungen und bei der radikalen Neugestaltung zur Beschreibung des Soll-Zustands genutzt werden.

Wahrnehmungspositionen

Die **Wahrnehmungspositionen** sind ein weiteres, wesentliches Element von NLP. Hiermit werden Perspektiven von unterschiedlichen Beteiligten eingenommen. Dadurch verbessert sich das Verständnis für die eigene Position genauso wie für die Sicht von anderen oder die Perspektive aus neutraler Position.

• Der Stratege war vor kurzem frustriert aus Asien zurückgekehrt. Die asiatischen Joint-Venture-Partner hatten sich trotz anderer Absprachen in Tokyo getroffen. Dabei wurden Anforderungen für ein neues Modul auf ihre lokalen Bedürfnisse angepasst. Für die europäische Variante musste jetzt nachgerüstet werden. Aus europäischer Sicht hat sich damit der Nutzen des Joint-Venture reduziert. Persönlich verärgert war der Stratege, weil er übergangen wurde. Bisher hatte er sich kooperativ gezeigt und ist den Partnern immer entgegengekommen. Jetzt fragte er sich, ob es eine gute Entscheidung war, sich auf das Ganze einzulassen. Besonders der japanische Vertreter hatte wieder einmal seine Interessen durchgesetzt. Mittelfristig musste der Stratege entscheiden, ob seine Firma weiter Know-how in ein Projekt einbringen sollte, das wenige Vorteile zu bringen schien. Die eigene Sicht ist die *erste Position (Selbst)* der Wahrnehmungspositionen.

- Bei seinem letzten Japanbesuch hatte er einige intensive Abstimmungen mit den japanischen Kollegen durchmachen müssen. Tagsüber hatte er die Sitzungen als langweilig empfunden, da wenig erarbeitet wurden. Erst abends, beim Nomikai, dem Trinkmeeting, erfolgten die entscheidenden Fortschritte. Sein Gesprächspartner hatte ihm erklärt, dass über das Joint-Venture einerseits der japanische Massenmarkt versorgt würde, aber auch Nischen für ausländische Edelprodukte aufgebaut wurden. Deshalb fanden Verhandlungen mit großen Warenhausketten statt, die in ihren Renommieradressen in Ginza und anderen Zentren Boutiquen der Edelmarke errichten wollten. Nachdem der Stratege sich von seinem Frust erholt hatte und über das letzte Treffen nachdachte, versetzte er sich in den japanischen Kollegen und fragte sich, was dieser mit seiner Aktion bezweckte. Im letzten Meeting wurde über Spezifika der Benutzeroberfläche entschieden, die von besonderer Bedeutung für die Schriftzeichen von Japan, China und Korea gewesen waren. Damit hatte der japanische Kollege die Voraussetzung geschaffen, mit der Edelmarke überhaupt im japanischen Markt starten zu können – was ja genau im Interesse des Strategen lag. Die europäischen Funktionen waren davon gar nicht betroffen. Die Position, die der Stratege hier einnahm, ist die *zweite Position (Andere)* der Wahrnehmungspositionen.
- Am nächsten Tag sollte der Stratege im Führungsmeeting seinen Kollegen vorstellen, wie die aktuelle Situation im Joint-Venture war. Nachdem er Verständnis für den japanischen Kollegen entwickelt hatte, beschloss er das Joint-Venture aus einer neutralen Position heraus zu betrachten. Er stellte sich vor, er wäre ein Reporter, der bei seinen Recherchen auf die

Aktivitäten des Joint-Venture gestoßen wäre. Er verschaffte sich einen Überblick über die Beteiligten, beschrieb ihre sichtbaren Aktivitäten und spekulierte über deren Bedeutung. Dabei berücksichtigte er die bisherigen Erfolge genauso wie die Schwierigkeiten. So kam er zu dem Schluss, dass für die Edelmarke die Zusammenarbeit ein wichtiger Schritt in Richtung Asien war. Die Bündelung der Kräfte und die Freiheit eines jeden Partners im Interesse des Ganzen zu wirken, stellte sich als äußerst wirksame Strategie heraus. Am Ende hielt der Stratege eine Präsentation, die seinen Kollegen die Vorteile der schwierigen Zusammenarbeit klarmachte. Diese Perspektive ist die *dritte Position (Meta)* der Wahrnehmungspositionen.

Im Business NLP werden diese Perspektivenwechsel genutzt, um leichter die Standpunkte anderer einzunehmen und zu reflektieren (vgl. Abb. 10).

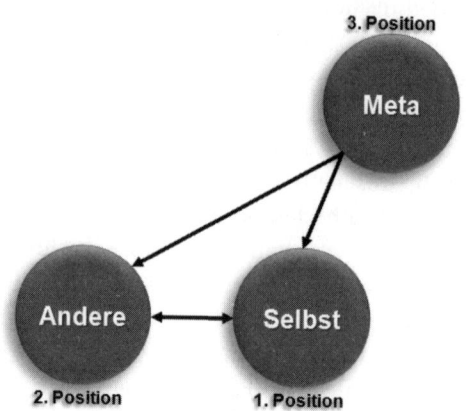

Abb. 10: Wahrnehmungspositionen

Die Wahrnehmungspositionen umfassen mindestens drei Positionen:

> Selbst (1. Position)
Die erste Position ist die eigene Sicht auf die Situation, die sich aus dem eigenen Kontext, den Aktivitäten, Fähigkeiten, Glaubenssystemen und Rollen ergibt.

> Andere (2. Position)
Die zweite Position ist die Sicht von Anderen auf die Situation, die bedingt ist durch ihren Kontext, ihre Aktivitäten, Fähigkeiten, Glaubenssysteme und Rollen.

> Meta (3. Position)
Die dritte Position ist eine neutrale Sicht auf die Situation, die idealerweise auf beobachtbaren Aspekten beruht.

Business NLP ermöglicht Einzelpersonen und Gruppen, diese Positionen in Workshops einzunehmen. Aus den Erkenntnissen lassen sich Maßnahmen mit der gewünschten Veränderungsdynamik ableiten und durchführen.

Timeline

Das dritte NLP-Element ist die **Timeline,** die den zeitlichen Betrachtungshorizont definiert. Im Business wird zumeist in Ist und Soll unterschieden. Die Timeline bietet zusätzlich den Rückblick. Die drei Abschnitte der Timeline sind Vergangenheit, Gegenwart und Zukunft.

• Unser Edel-Handyhersteller ist seit zehn Jahren am Markt. Dabei zeigten sich mehrere, wesentliche Entwicklungsbrüche. So brachten beispielsweise neue Netztechnologien mit immer größeren Bandbreiten neue Einsatzmöglichkeiten. Zusätzlich konvergierten Telefon und Computer zu einem handtellergroßen Multifunktionsgerät. Das Entwicklungsteam hatte die Trends zwar gesehen, aber nicht sofort darauf reagiert. Erst als bisherige Nischenanbieter mit umfassenden Serviceangeboten den Markt überschwemmten, wachten die Entwickler auf und suchten nach Möglichkeiten, entsprechende exklusive Angebote zu machen. Dabei wurden zu Beginn Lizenzen der neuen Services vom Wettbewerb gekauft. Parallel wurde eifrig an einem eigenen Standard gearbeitet. In einem Workshop mit dem Titel »Lessons learned« entwickelte ein Team neue Serviceangebote, die auf Erfahrungen mit der anspruchsvollen Klientel beruhten. Der dabei betrachtete Zeitraum ist ein Element der Timeline – die *Vergangenheit.*

- Derzeit arbeitet das Unternehmen an der fünften Generation, die sich an den Anforderungen des Luxussegments orientiert. Hierfür wurde das Entwicklungsteam neu aufgestellt. Aus jedem Funktionsbereich sind Mitarbeiter für das Projekt abgestellt. Ein kleines Team hat die Koordination nach außen übernommen. Neben den Kontakten zu Universitäten und Forschungsunternehmen hat dieses Team die Aufgabe, im Joint-Venture die Firmeninteressen wahrzunehmen sowie den Informationsaustausch sicherzustellen. Insgesamt stecken in dem neuesten Produkt bereits viele Ideen, die sich aus der Zusammenarbeit ergaben. Das Projekt liegt im Zeitplan. Der hier beschriebene Zeitraum ist das zweite Element der Timeline – die *Gegenwart.*

- In den nächsten Wochen findet ein Strategiemeeting mit dem Thema »Die sechste Generation« statt. Die Planung für die übernächste Generation erfolgt bereits, bevor die neuste Generation auf dem Markt ist. In einem Workshop, der bezeichnenderweise »Reise in die Zukunft« genannt wird, treffen sich die Top-Manager aus aller Welt und tauschen ihre Erwartungen aus. Dieses Mal sollen »Wildcards« zum Einsatz kommen, die Ereignisse beschreiben, die zu dramatischen, unvorhersehbaren Entwicklungen führen. Nach den Ereignissen der Immobilienkrise in den USA und den weltweiten Folgen hat sich das Team darauf geeinigt, die Veranstaltung von einem Business

NLP Institut entwickeln und moderieren zu lassen. Die Teilnehmer reisen dabei mental in die Zukunft und diskutieren unterschiedliche denkbare Szenarien. Der dabei betrachtete Zeitraum ist das dritte Element der Timeline – die *Zukunft*.

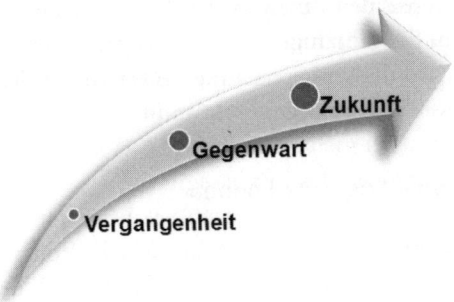

Abb. 11: Timeline

Die Timeline umfasst drei grundsätzliche Bereiche:
› Vergangenheit
  Die Vergangenheit ist ein Zeitraum, der vor der Gegenwart liegt. Der genaue Zeitraum ist jeweils zu bestimmen – vor hundert Jahren, vor zehn Jahren, vor einem Jahr, vorhin.
› Gegenwart
  Die Gegenwart ist der Zeitraum zwischen Vergangenheit und Zukunft. Auch hier ist der genaue Zeitraum zu bestimmen – seit heute, bis morgen, im Moment.
› Zukunft
  Die Zukunft ist der Zeitraum nach der Gegenwart. Auch hier sollte der genaue Zeitraum jeweils bestimmt werden – nachher, morgen, in einem Monat, in einem Jahr, im nächsten Jahrzehnt.

So wie die Wahrnehmungspositionen durch Business NLP eingenommen werden, ermöglicht es die Timeline, unterschiedliche Zeitabschnitte zu durchleben. Aus den Erkenntnissen lassen sich wieder Maßnahmen mit einer bestimmten Veränderungsdynamik ableiten und durchführen.

Nachdem die dritte Achse des Business NLP beschrieben ist, folgen einige Beispiele, um die Nutzung des Business NLP Modells zu verdeutlichen. Dabei wird die Positionierung innerhalb des Modells durch die Elemente der Dimensionen bestimmt.

Erkenntnis – Organisation – Logische Ebenen

Viele Unternehmen sind bereits geraume Zeit am Markt und verfügen über Kernkompetenzen, die der Markt, der Wettbewerb und die Kunden bewusst erkennen. Dabei zeigt sich bei näherer Betrachtung, dass diese Kompetenzen einfach da sind, ohne dass sie bewusst gestaltet wurden. In dem Segment Erkenntnis – Organisation – Logische Ebenen (s. Abb. 12) geht es beispielsweise um die Erarbeitung des aktuellen Zustandes. Dabei werden die Betrachtungsaspekte (Logische Ebenen) in einer vorbereiteten Sequenz

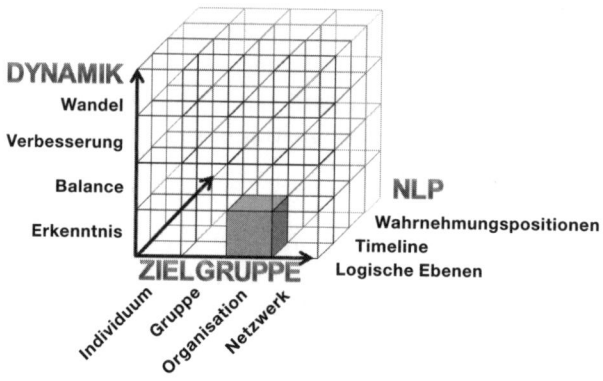

Abb. 12: Erkenntnis – Organisation – Logische Ebenen

vom Unternehmen (Organisation) betrachtet und ausformuliert (Erkenntnis). Die Ergebnisse bilden die Grundlage für zukünftige Veränderungen (Balance, Verbesserung oder Wandel).

Wandel – Gruppe – Wahrnehmungspositionen

In manchen Teams zeigt es sich, dass die Zusammensetzung nicht funktioniert. Im Würfel Wandel – Gruppe – Wahrnehmungspositionen (s. Abb. 13) werden die unterschiedlichen Wahrnehmungspositionen (Selbst, Andere und Meta) betrachtet. Die Verantwortlichen planen, das Team völlig neu aufzustellen. Die endgültige Auflösung erscheint jedoch nicht sinnvoll. Dabei ist noch nicht entschieden, ob man Ansätze aus anderen Teams übernimmt oder etwas ganz Neues ausprobiert. Business NLP unterstützt durch entsprechende Workshops, die es ermöglichen, Alternativen durchzuspielen. Alle Beteiligten wissen dabei von Anfang an, dass es für dieses Team um eine Veränderung 2. Ordnung geht.

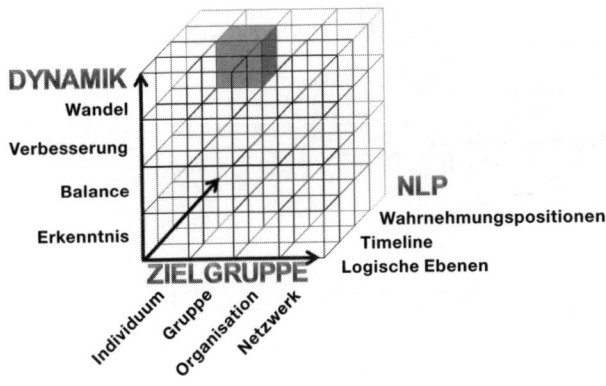

Abb. 13: Wandel – Gruppe – Wahrnehmungspositionen

Balance – Netzwerk – Glaubenssysteme

Bei unternehmensübergreifenden Projekten kommt es häufig zu einem Zusammenprall der Kulturen. Dabei wird wirtschaftlich einiges Porzellan zerschlagen. Ein Interesse könnte darin liegen, eine unternehmensübergreifende Zusammenarbeit zu stabilisieren, um die Vereinbarungen zu erfüllen. Dies findet im Würfel Balance – Netzwerk – Glaubenssysteme (s. Abb. 14) statt. Business NLP kann den Beteiligten helfen, sich das eigene Glaubenssystem und das der anderen bewusst zu machen, um schließlich für den Projektzeitraum einen für alle akzeptablen Kompromiss zu finden. Vor allem in den oberen Logischen Ebenen (Glaubenssysteme, Identität, Zugehörigkeit) leistet Business NLP einen großen Beitrag.

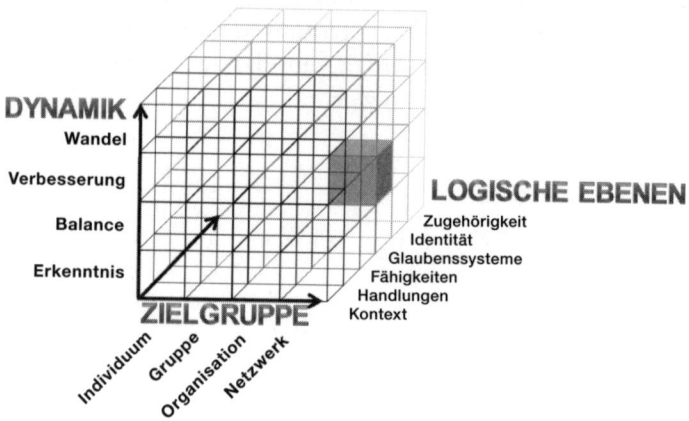

Abb. 14: Balance – Netzwerk – Glaubenssysteme

Verbesserung – Individuum – Wahrnehmungspositionen

Wir haben Alva kennengelernt, die dabei ist Führungsverantwortung zu übernehmen. Sie ist unsicher bezüglich ihrer zukünftigen Führungsposition. Da ihr Chef ihr voll vertraut, erleichtert er ihr den Einstieg durch eine Leadershipentwicklung (z.B. eine Führungswechsel-Beratung). Diese findet in dem Würfel Verbesserung – Individuum – Wahrnehmungspositionen (s. Abb. 15) statt. Dabei führt der Business NLP Coach Alva in die 1. Position (Selbst) und lässt sie ihre Situation aus ihrer Sicht wahrnehmen. Anschließend geht sie in die Position ihrer Kollegen und Mitarbeiter, die 2. Position (Andere), um schließlich aus der Sicht eines unbeteiligten Dritten, der 3. Position (Meta), zu schauen. Die dabei gemachten Erfahrungen verbessern Alvas Wahrnehmung und ermöglichen ihr neue Verhaltensweisen.

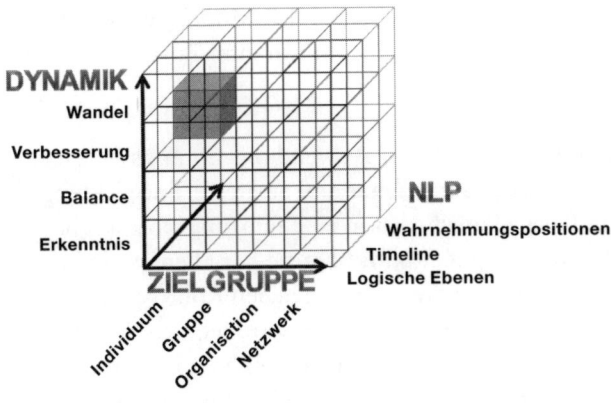

Abb. 15: Verbesserung – Individuum – Wahrnehmungspositionen

Die dritte Achse des Business NLP Modells ist offen gehalten. Auf dieser Achse können beliebige NLP-Strukturen oder NLP-Weiterentwicklungen abgebildet werden (z.B. Meta Programme, Success

Factor Modelling, Wing Wave Coaching, Spiral Dynamics, Coachment, Unternehmenspyramide, Unternehmensaufstellungen).

4 Welche Ressourcen bietet das Modell?
Leistungen von Business NLP

Betrachtet man das Modell, so zeigt sich, dass es sich nicht um eine Anhäufung von Methoden oder Strukturen oder irgendwelche betriebswirtschaftlichen Gliederungen handelt. Mit dem Modell können Maßnahmen bezüglich der Veränderung, der Zielgruppe und dem NLP-Bereich eingeordnet werden. Auf dieser Grundlage lassen sich dann nachvollziehbare Leistungen anbieten. Die Leistungen verteilen sich auf zwei Bereiche, nämlich die Bereiche der individuellen und kollektiven Anwendung von Business NLP. Im Zuge des Projektes wurden diese Bereiche *NLP im Business* und *Business NLP* genannt. Im Business NLP Modell werden die individuellen und kollektiven Anwendungen zum Business NLP zusammengefasst.

Die Leistungen der individuellen Anwendungen umfassen Leadership-, Persönlichkeits-, Kompetenz- und Strategie-Entwicklung.
- In unserem Beispiel wird Alva in eine Führungsposition befördert. Bis zu diesem Zeitpunkt hat sie vor allem praktische Resultate im Team erarbeitet. In der neuen Rolle soll sie Mitarbeiter fordern und fördern. Von Alva wird jetzt ein bestimmter Führungsstil erwartet. Leadershipentwicklung ist darauf fokussiert, die Aufmerksamkeit und Kommunikation bezüglich der Mitarbeiter so zu verbessern, dass das Team als Ganzes effektiver funktioniert. Zu Beginn einer neuen Aufgabe ist ein guter Moment, die Führungsqualitäten zu optimieren. Diese Leistungen gehören zur **Leadershipentwicklung.**
- Die Mitarbeiter sind vor allem Menschen, die über eine be-

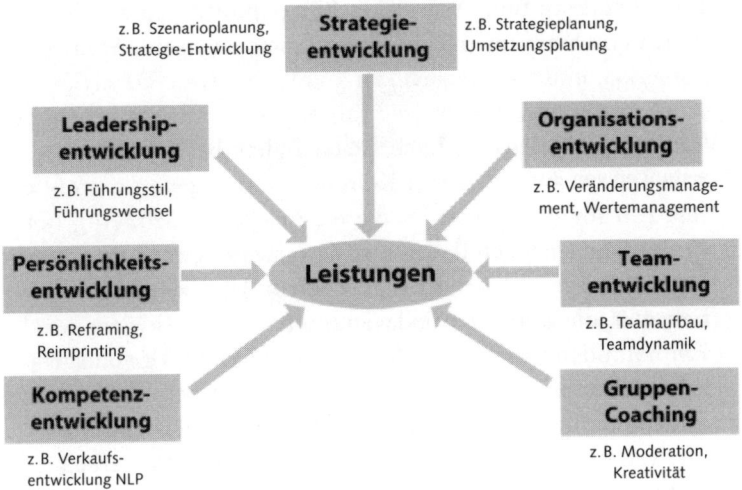

Abb. 16: Leistungen von Business NLP

stimmte Persönlichkeit mit Stärken und Schwächen verfügen. NLP bietet für die Auseinandersetzung mit sich selbst leistungsfähige Werkzeuge, die seit Jahrzehnten im Einsatz sind. Die Anwendung dieser Methoden im Rahmen der Personalarbeit stellt ein wichtiges Element für die Mitarbeiterzufriedenheit dar. Die Einsatzfelder reichen hier von Ängsten, Abhängigkeiten und Burn-out bis hin zu Problemen am Arbeitsplatz, familiären Schwierigkeiten und anderen Lebenssituationen. Die NLP-Strukturen, die dabei genutzt werden heißen Reframing, Reimprinting, Timeline und Modeling. Diese Leistungen lassen sich unter dem Begriff **Persönlichkeitsentwicklung** zusammenfassen.

• Ein besonderes Einsatzfeld sind die Bereiche, in denen eine bestimmte Fähigkeit entwickelt werden soll. Vor allem Fähigkeiten der Wahrnehmung und Kommunikation lassen sich mit NLP verbessern. Im Verkauf haben die Mitarbeiter regelmäßig mit Kunden zu tun. Dabei ist es hilfreich, den Kunden aufmerksam wahrzunehmen, sein Verhalten und seine Sprache zu bemerken und entsprechend zu kommunizieren. Derartige Verkaufsschulungen gehören seit Jahren zum Standardrepertoire von NLP. Mittlerweile haben auch andere Bereiche erkannt, dass sie von aufmerksamer Kommunikation genauso profitieren. Darum gibt es jetzt für diese Bereiche ähnliche Angebote. Einige Unternehmen lassen ihre Mitarbeiter daher sogar umfassend in Practitioner-Kursen schulen. Alle diese Leistungen betreffen die **Kompetenzentwicklung.**

• Ein besonderer Bereich umfasst die Unterstützung von Einzelpersonen bei der Gestaltung von persönlichen Zielen und Strategien. Unterschiedliche Modelle bieten Zielstrukturen, die sich systematisch erarbeiten lassen und dem Mitarbeiter helfen, seine Ziele zu formulieren. Dabei können persönliche Strategien aus bekannten Vorbildern abgeleitet (modelliert) werden. Die so erarbeiteten Szenarios sind dann auf verschiedene Weise beim Mitarbeiter zu verankern. Im Business NLP werden diese Ansätze besonders von Managern genutzt, die für sich und ihre Organisation eine Strategie entwickeln. Dies ist der Bereich der **Strategie-Entwicklung.**

Die Leistungen der kollektiven Anwendung umfassen Strategie-, Organisations- und Teamentwicklung sowie Gruppencoaching.

• Die Strategieentwicklung ist die Brücke von den individuellen Maßnahmen des NLP im Business hin zu Business NLP. Im Business NLP findet gemeinschaftliche Strategieentwicklung statt. Grundsätzlich werden ähnliche Ergebnisse erarbeitet, wie oben. Der Unterschied besteht in dem partizipativen Ansatz, der die Beteiligung und Einbindung mehrerer Mitarbeiter beinhaltet. In Unternehmen heißen diese Prozesse Strategieprozess, Strategieplanung oder Szenario-Entwicklung. Für Business NLP ist ein wichtiges Element die Gruppensteuerung. Alle Beteiligten sollen die Möglichkeit haben, sich einzubringen und gehört zu werden. Für die spätere Umsetzung der Strategien ist das Commitment (d. h. die Zustimmung und das Einverständnis) aller ein Kernelement. Dieser Bereich heißt **Strategie-Entwicklung.**

- Ein großes Feld des Business NLP ist die Organisationsentwicklung. Es geht um die Kultur der jeweiligen Organisation. Dabei werden Einzelpersonen berücksichtigt, die sich in dem Wertesystem einer Firma wiederfinden sollen. Unterschiedliche Arten von Veränderung werden unterstützt, z. B. Reorganisation, Geschäftsprozessoptimierung, Unternehmenszusammenschlüsse, Standortverlagerungen. Der übliche Begriff hierfür ist Change Management. Business NLP berücksichtigt dabei die Einzelperson mit ihren Zweifeln und Ängsten sowie die Gemeinschaft mit ihren Regeln und Werten. Alle diese Aspekte gehören zur **Organisationsentwicklung.**
- In jeder Art von Unternehmen sind es nicht die Superstars, die die Leistung erbringen, sondern Teams, die sich durch die Untiefen des Tagesgeschäfts arbeiten müssen. Hier finden bereichsübergreifende Abstimmungen statt, werden Themen ausgearbeitet und Konflikte ausgetragen. Auf dieser Ebene gibt es die meisten Angebote zur Verbesserung der Leistungsfähigkeit von Teams. Denken wir nur an Teambuilding (Informing, Storming, Norming, Performing) oder Konfliktmanagement. Business NLP verfügt über die ganze Bandbreite der Unterstützungsmaßnahmen. Was will ich? Was will der andere? Wie fühlt sich der andere? Wie kommunizieren wir miteinander? Alle diese Themen gehören zu **Teamentwicklung.**
- Der letzte Bereich der Leistungen beinhaltet die Prozessbegleitung von Gruppen jeglicher Art. Dabei geht es darum, Menschen, die sich zu einem Thema zusammengefunden haben, in die Lage zu versetzen, Spitzenleistungen zu erbringen. Hierfür stehen die Trainer-Kompetenzen des Business NLP zur Verfügung. Diese Moderationsfähigkeiten stellen sicher, dass die geplanten Ziele

effektiv und effizient erreicht werden. Zusätzlich stehen zur Aktivierung der Mitarbeiter Kreativitätsmethoden zur Verfügung. Business NLP bietet für diese Aspekte Workshop-Layouts und Moderationskompetenz. Dies ist der Bereich **Gruppencoaching.**

5 Wie wirkt das Modell?
Ökocheck und Future Pace

Wenn Sie noch einmal die letzten Seiten durchblättern und sich das Business NLP Modell anschauen, werden Ihnen sicher die ersten Ideen kommen, wie Sie das Modell nutzen werden. Der Coaching-Markt ist sehr groß und vielfältig. Das Business NLP Modell schafft eine Grundlage, auf der Business NLP Leistungen einfacher ausgewählt werden können. Dies ermöglicht den Unternehmen eine bessere Auswahl und den Anbietern eine konkretere Selbstdarstellung. In Zukunft finden sich die Business NLP Leistungen in diesem Modell, das den Einsatz optimiert und die Erwartungen konkretisierbar macht.

Das vorliegende Modell ist eine dreidimensionale Hülle mit mehreren Fächern, die die Angebote integriert. Auf dieser Grundlage können Schulungspläne aufgebaut und so die Ausbildung inhaltlich erweitert werden. Das Business NLP Modell demonstriert Beratungskompetenz von NLP-Trainern durch die Elemente der Veränderungsdynamik und der Zielgruppe. Sie bringen Verbindlichkeit in die Auftragsabstimmung mit dem Kunden. Geschäftsleute erhalten die Möglichkeit, ihre Anforderungen klarer zu formulieren.

Schränkt dieses Modell die bisherige Flexibilität von NLP-Anbietern ein? Ich glaube nicht. Vielmehr findet eine Erweiterung statt, von der alle profitieren. Business NLP wird dadurch von einer schwer greifbaren Disziplin zu einem nachvollziehbaren, wirtschaftlich bewertbaren Angebot. Sie werden gute Gründe finden, die dagegen sprechen, und bessere, die dafür sprechen. Im Business brauchen Sie und Ihre Mitarbeiter zukünftig mehr Motivation, mehr Kommunikation und mehr Persönlichkeit. Als Anbieter sind Sie dabei, ein Angebot zu entwickeln, mit dem Sie das Business erreichen wollen. Das Modell hilft Ihnen, kundenorientiert Angebote zu machen. Intern sollten Sie das Business NLP Modell zur Optimierung und Ausrichtung Ihres Geschäfts nutzen. Im Business sind alle Protagonisten wirtschaftlich ausgerichtet und berücksichtigen Effektivität (das Richtige tun), Effizienz (es richtig tun) und Produktivität (möglichst viel mit möglichst wenig). In diesem Sinn sollten Sie das Business NLP Modell betrachten.

Business NLP wird in fünf Jahren zum Alltag von Veränderung gehören. Es wird einige geben, die fragen, was eigentlich so besonders an dem Modell ist. Und andere, die das Modell als logisch empfinden. Es wird viele verschiedene Würfel geben, die Spitzenlösungen anbieten, die von Unternehmen nachgefragt werden. Und in den Würfeln wird sich viel wertvoller Inhalt finden, Methoden und Strukturen, die helfen, Unternehmen besser zu machen. Das ist der Grund, warum sich Unternehmen für Business NLP entscheiden. Das Modell kann nun weiter mit Inhalten gefüllt werden, um seine Stärken auszuspielen. Viele Anwender werden auf der NLP-Achse die Logischen Ebenen einbauen. Damit lassen sich zahlreiche Business-Aspekte abbilden. Im Rahmen des DVNLP wird sich das Modell weiterentwickeln (besonders die Z-Achse). Zum jetzigen Zeitpunkt ist das Business NLP Modell für alle neu. Es bietet eine Gliederung, aber noch wenige konkrete Inhalte. Die NLP-Achse ist offen und wird in naher Zukunft vielfältig ausgestaltet werden. Dies ist der Anfang.

Erinnern wir uns an den Meister und seinen Schüler. Bei jeder Frage zog der Meister eine Karte hervor. Und immer hatte der Schüler eine weitere Frage. Am Ende ist das Entscheidende der Weg, den sie gehen. Die Modelle sind nur Mittel zum Zweck. Sie können sich damit orientieren. Der Meister hat mich am Ende beruhigt »... *der Weg ist der richtige, den du wählst«.*

Literatur

Baumeler M (2005) Wahrnehmung und Kommunikation. NLP-Akademie Schweiz Pfungen-Wintherthur

Brinkmann M (2002) Strategieentwicklung für kleine und mittlere Unternehmen. Orell Füssli Zürich

Dilts R, DeLozier J (2000) Encyclopedia of Systemic Neuro-Lingusitic Programming and NLP – New Coding. NLP University Press Scotts Valley

Molden D (2009) NLP im Management. Wiley-VCH Weinheim

Smith R (2007) The Seven Levels of Change. Tapestry Press Reading

Stanjek K (2009) Sozialwissenschaften. Elsevier München

Winkelhofer G (2006) Kreativ managen. Springer Berlin/Heidelberg

Winkler I (2002) Steuerung zwischenbetrieblicher Netzwerke. In: Freitag M, Winkler I (Hrsg.) Kooperationsentwicklung in zwischenbetrieblichen Netzwerken. Deutscher Wissenschaftsverlag Würzburg

Kontaktadresse des Autors für Austausch und Anfragen:
michael.lapp@memecon.com

Führung und Strategie-Entwicklung

Claudia Steinwartz

Geht doch! Der Chef als Coach mit NLP im Business

Abstract

Die meisten Unternehmen legen die Verantwortung für Mitarbeiterführung und -entwicklung allein in die Hände der Personalabteilung. Dass es auch anders geht, beschreibt Claudia Steinwartz in diesem Beitrag. Durch individuelle Zielvorgaben und den Einsatz von NLP-Methoden können Führungskräfte wesentlich zur Personalentwicklung beitragen. Ein Beispiel aus der Praxis zeigt, wie sich eine fachlich gute Projektleiterin zu einer überzeugungsstarken Kommunikatorin entwickelt. Und das alles ganz nebenbei im Rahmen des jährlichen Review-Prozesses.

Sachwortindex

Führung   Coaching   Präsentationstraining   Zielvereinbarung
Mitarbeiterführung   Zielvorgaben   Personalentwicklung
Ankern   Präsentationen   Management by Objectives   Soft Skills
SMART-Kriterien   SPEZI-Kriterien   Wohlgeformtheitskriterien
Moment of Excellence   Entwicklungsmodell der »Roten Linie«
Rückfalltoleranz

1 Was wäre wenn?

Stellen Sie sich vor, Sie sind Führungskraft in einer Unternehmensberatung. Und als solche wissen Sie, dass die Qualifikation Ihrer Mitarbeiter nur zu einem Teil aus Fachwissen besteht. Einen anderen – nicht unwichtigen – Teil machen die so genannten Soft Skills aus. Sie wissen das. Aber wissen es auch Ihre Mitarbeiter? Und wie schärfen Sie bei Ihren Mitarbeitern das Bewusstsein für ihre Soft Skills?

Stellen Sie sich weiterhin vor, Sie haben in Ihrem Team eine hervorragende Projektleiterin. Sie hat umfangreiche Erfahrung darin, kleine und mittlere Projekte mit Bravour zu meistern: innerhalb des anvisierten Zeitrahmens, des zur Verfügung stehenden Budgets und der geforderten Qualität. Nun wird es Zeit für sie, den nächsten Schritt zu gehen: das Management von Großprojekten. Sie trauen es ihr zu, sie sich selbst aber nicht.

Denn sie weiß: Jedes Mal, wenn sie vor einer größeren Gruppe von mehr als zehn Personen reden, präsentieren oder gar vom Vorstand Entscheidungen einfordern soll, bekommt sie feuchte Hände. Ihre Stimme versagt und der rote Faden ihrer Argumentation geht verloren.

Wäre es jetzt nicht schön, dieser begnadeten Projektleiterin helfen zu können, den nächsten Karriereschritt zu gehen? Sie irgendwie zu einer souveränen und charismatischen Rednerin und Präsentatorin zu machen, die ihre Sache überzeugend vertritt und Entscheidungen einfordert? Immerhin könnte man als Unternehmensberatung dann auch höhere Tagessätze für die Mitarbeiterin erzielen.

»Dafür gibt es doch Schulungen«, lautet meist die schnelle Lösung von der Stange. Dabei gibt Ihnen NLP im Business weitaus flexiblere und wirksamere Möglichkeiten an die Hand. Ein ausführliches Beispiel aus der Praxis soll dies im Folgenden veranschaulichen.

2 Die Ausgangssituation – oder: »Wo liegt das Problem?«

Ich muss mir nicht vorstellen, Führungskraft in einer Unternehmensberatung zu sein. Ich bin es. Es handelt sich um eine internationale IT-Unternehmensberatung und ich bin für verschiedene Berater und Projektleiter verantwortlich. Unsere Aufgabe ist es, im Kundenauftrag innerhalb eines vorgegebenen Rahmens Projekte durchzuführen.

2.1 Die Situation auf Unternehmensseite

Wir hatten bei einem unserer Schlüsselkunden ein Angebot zur Durchführung eines großen Projektes abgegeben. Hoher Umsatz, gute Rendite, verbunden mit ein paar Risiken, die bei einer vernünftigen Projektsteuerung aber durchaus handhabbar waren.

Und die Chancen standen gut, sehr gut sogar, das Angebot auch zu gewinnen. Alles passte und wir waren zuversichtlich, das Projekt »stemmen« zu können. Allerdings: Es fehlte noch ein gestandener Projektleiter.

Eine Mitarbeiterin von mir, nennen wir sie Klara Müller, eine ausgebildete und zertifizierte Projektleiterin, hat in der Vergangenheit schon erfolgreich kleine und mittlere Projekte gemanagt. Sie war verfügbar, das anstehende Projekt entsprach ihrer fachlichen Neigung, sie kannte sowohl den Kunden als auch die designierten Projektmitarbeiter. Alles schien perfekt zu sein: Klara Müller wurde seitens unseres Unternehmens als Projektleiterin für das Projekt nominiert.

2.2 Die Situation auf Mitarbeiterebene

Die Aufgabe eines Projektmanagers ist es unter anderem, den Auftrag- und Geldgeber regelmäßig über den aktuellen Projektstand zu informieren und notwendige Entscheidungen konsequent einzufordern. Als entscheidendes Gremium hierfür dient der sogenannte »Lenkungsausschuss«, der bei diesem potenziellen Projekt mit mehreren Vorstandsmitgliedern des Kunden hochkarätig besetzt war.

Und genau hier lag das Problem. Klara Müller, ansonsten eine kommunikative und durchsetzungsstarke Frau, war der felsenfesten Überzeugung: »Ich kann nicht präsentieren.« Sie hatte die Erfahrung gemacht, dass sie, sobald sie vor einer größeren Personengruppe reden musste oder »hohe Tiere« im Meeting saßen, nervös wurde, den Zusammenhang verlor und glaubte, nur noch Unsinn zu reden. Ein Teufelskreis, der sich selbst nährte.

Undenkbar für den Projektmanager eines Auftrags von dieser Bedeutung. Das wusste auch Klara Müller. Sie lehnte die Projektleitung ab.

3 Das Ziel – oder »Wohin soll die Reise gehen?«

Klara Müller war fachlich bestens für die anstehende Aufgabe geeignet. Und da niemand sonst verfügbar war, musste sie die Leitung des Projektes übernehmen. Das hieß aber auch: Es musste ein Weg gefunden werden, um aus Klara Müller eine charismatische, souveräne und überzeugende Rednerin und Präsentatorin zu machen. Egal wie.

Ich selbst war von dieser Entscheidung und dem Auftrag meines Chefs nicht gerade hellauf begeistert und fragte mich, ob ich einen Arbeitsvertrag als Führungskraft oder als Zauberkünstlerin hatte. Der letzte Zauberer war mir im Kindergarten begegnet – keine rosigen Aussichten also.

4 Der Weg – oder »Wie wollen wir da hinkommen?«

4.1 Der Startpunkt – Das Jahres-Review-Gespräch.

Unternehmensberater sind bei ihrer Arbeit deutlich mehr auf sich allein gestellt als Angestellte in festen Organisationen und Strukturen. Sie bekommen ihre fachlichen Aufträge meist direkt vom Kunden, der eigentliche (aber räumlich ferne) Chef hat hingegen die disziplinarische Verantwortung. Vor diesem Hintergrund hat sich in Beratungshäusern das Führen durch Zielvereinbarungen (MbO – Management by Objectives) durchgesetzt. Einmal pro Jahr wird mit jedem Mitarbeiter ein Review-Gespräch inklusive einer Zieledefinition geführt. Der Weg zu diesen Zielen wird in der Regel dem Mitarbeiter überlassen.

Im regulären Jahresgespräch mit Klara Müller überlegten wir gemeinsam, wohin die Reise in den nächsten Jahren gehen könnte. Als sehr engagierte Mitarbeiterin wollte sie sich weiterentwickeln und war auf der Suche nach neuen Herausforderungen. Die Perspektive, große Projekte zu leiten, reizte sie sehr.

Aber – wie bereits festgestellt – sie konnte nicht präsentieren. So zumindest ihre Überzeugung und die bisher gemachten Erfahrungen bestätigten sie. Glücklicherweise war sie bereit, daran zu arbeiten und das Präsentieren vor großen Gruppen zu lernen. Genau das haben wir im Zielgespräch vereinbart.

4.2 »So wie immer?« – Der klassische Weg ohne Business NLP

Die klassische und immer noch sehr verbreitete Variante der Zielvereinbarung würde jetzt lauten: »Klara Müller sollte mal ihre Präsentations-Skills verbessern.« Fortschrittliche Unternehmen setzen inzwischen auf Ziele, die meist nach den SMART-Kriterien definiert und damit auch terminiert werden. Dann heißt es: »Klara Müller soll ihre Präsentations-Skills bis Ende diesen Jahres verbessern.«

Der weitere Weg folgt dem Motto: »Da gibt's doch was vom Anbieter XY«, und Klara Müller wird auf ein Präsentationsseminar
geschickt.

Dort beschäftigt sie sich zwei oder drei Tage lang mit der opti-
mierten Gestaltung von Powerpoint-Folien, lernt ganz viel Rhetorik kennen und übt in Rollenspielen, wohin mit den feuchten Händen während der Präsentation.

Die Wahrscheinlichkeit, dass Klara Müller danach und der-
maßen konditioniert, das Kick-off-Meeting vor hundert Projekt-
mitarbeitern und kritische Sitzungen des Lenkungsausschusses mit
Bravour meistert, ist gering. Ihre Folien mögen jetzt gut gestaltet
sein und die Hände befinden sich vielleicht auch an den richtigen
Stellen – an Überzeugungskraft, Ausstrahlung und Souveränität
fehlt es aber nach wie vor.

Das Ergebnis: Die Mitarbeiterin ist frustriert, ebenso wie der
Chef. Das Unternehmen wird Klara Müller nicht mehr als Leiterin
für Großprojekte einplanen und hat damit, selbst wenn sie in der
Firma bleibt, eine sehr gute Projektleiterin verloren.

4.3 »Wie war das mit dem Zauberer?« – Der Weg mit Business NLP

Klara Müller ist von ihrer Persönlichkeit her durchsetzungsstark
und kommunikativ. Sie kann im kleinen Kreis sehr gut erläutern,
begeistern und motivieren. Alle kommunikativen Fähigkeiten, um
vor Gruppen zu reden und zu präsentieren, sind somit vorhanden.

Im Laufe des Personalgesprächs und gezielter systematischer
Befragung stellte sich heraus, dass ihr »Problem« auf der menta-
len Ebene lag. Die Fähigkeiten waren vorhanden, das wusste sie.
Sie schaffte es aber nicht, sie punktgenau abzurufen und einzusetzen.

Klara Müller war bereit, etwas anderes, etwas Neues auszupro-
bieren. Wir vereinbarten in einem ersten Schritt das Problem noch

genauer herauszuarbeiten und die Lösung dann mit NLP-Methoden anzugehen.

4.3.1 Die tiefere Einsicht

Zielvereinbarungen mit meinen Mitarbeitern bestehen immer aus drei Komponenten: Vereinbart wird ein Ziel, das das gesamte Team weiterbringt, sowie ein fachliches und ein persönliches Ziel.

Die Basis für das persönliche Ziel bildet das Entwicklungsmodell der »Roten Linie« (Abb. 1). Es basiert auf der Annahme, dass sich das Spektrum unseres Handelns in drei flexible Felder einteilen lässt: in die Komfortzone, in eine Stretchzone und eine Panikzone.

Die **Komfortzone** ist der Handlungsbereich, in dem ich mich am besten auskenne. Die Aufgaben sind bekannt und ich weiß, was zu tun ist. Ohne nachzudenken, unbewusst und routiniert. Die Komfortzone bietet Sicherheit, Geborgenheit und Bequemlichkeit, gleichzeitig herrschen aber auch Stillstand und manchmal Langeweile vor. Hier findet keine Veränderung und kein persönliches Wachstum mehr

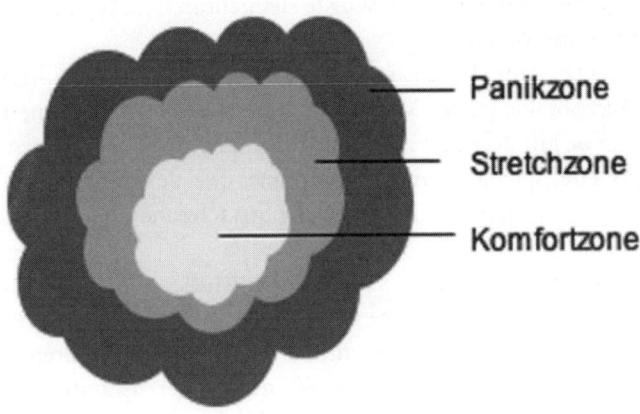

Abb. 1: Entwicklungsmodell der »Roten Linie«

statt. Klara Müllers Komfortzone bestand in der Leitung von kleinen und mittleren Projekten sowie in der Präsentation innerhalb der Jour-Fixe-Meetings mit fünf bis zehn Personen. Da bewegte sie sich auf sicherem Terrain. Da hatte sie alles im Griff.

Die **Stretchzone** ist beweglich und dehnbar. Es ist die Zone, in der Dinge ein bisschen neu oder ein bisschen anders sind, in der etwas Neues ausprobiert wird und bei deren Betreten es in den Fingern kribbelt. Neugierde, Herausforderung und Abenteuerlust sind Antreiber, um sich in der Stretchzone zu bewegen. Erinnern wir uns: Klara Müller reizte die Leitung des Großprojekts. Es war eine Weiterentwicklung, die sie als Herausforderung empfand.

In der **Panikzone** fühlt sich keiner wohl. Alles ist neu oder extrem anders, es besteht das Gefühl der Ohnmacht und des Ausgeliefertseins. Das Neue ist zu groß, zu mächtig und zu unbekannt. Es drohen Kontrollverlust und Handlungsunfähigkeit. Das überholte »Ins-kalte-Wasser-Schmeißen« mag in dem einen oder anderen Fall funktioniert haben, empfehlenswert ist es deshalb nicht. Für Klara Müller wäre es der direkte Weg in die Panikzone gewesen, wenn sie vor mehreren Hundert Zuhörern einen Vortrag hätte halten müssen. Ginge der Auftritt schief, würde sie nicht mal mehr vor kleinen Gruppen präsentieren.

Wichtig bei dem »Rote Line«-Modell ist, dass Komfort-, Stretch- und Panikzone bei jedem Menschen anders besetzt sind. Eine Präsentation vor hundert unbekannten Zuhörern zu halten, gehört für professionelle Speaker zur Komfortzone, für den ambitionierten Key Account Manager vielleicht in die Stretchzone und für manch anderen klar in die Panikzone.

Anhand dieses Modells wurde Klara Müller schnell bewusst, dass sie sich »strecken« musste. Schließlich wollte sie ja weiterkommen: raus aus der Komfortzone mit den kleinen und mittleren, aber irgendwie immer kuscheligen Projekten. Die Bereitschaft »es« zu tun, einen Schritt weiterzugehen und sich langsam an die Großpräsentationen oder die Lenkungsausschusssitzungen heranzuwagen, war geboren. Der erste Schritt zur Veränderung ist der Wille zur Veränderung. Der war jetzt gemacht.

4.3.2 Die Definition des Ziels

Klara Müller war nunmehr bereit und willens, sich zu bewegen. Und sie wusste auch, was sie nicht mehr wollte – dies ist ebenfalls ein wichtiger Punkt. Im nächsten Schritt wurde daher ein konkretes Ziel mit Unterzielen definiert.

Klara Müllers Ziel lautete, die Projektleitung des besagten Projektes zu übernehmen und es erfolgreich durchzuführen. Dieses Ziel war für die persönliche Zieldefinition der Mitarbeiterin zu allgemein und bezogen auf die Präsentationserfordernisse zu groß. Daher wurde das große Ziel, eine charismatische Rednerin und überzeugende Präsentatorin zu werden, in Teilziele zerlegt. Es wurden Teilschritte definiert und Situationen gesucht, in denen Klara Müller »drauflos« präsentieren konnte. Im konkreten Fall hatten wir Team-Meetings, Bereichs-Meetings und Mitarbeiterversammlungen ausgewählt. Bei diesem Vorgehen wurde die Latte immer ein wenig höher gelegt, die Stretchzone also immer mehr vergrößert.

Die einzelnen Teilziele ließen sich anhand der sogenannten SPEZI- oder Wohlgeformtheitskriterien (vgl. Abb. 2) schriftlich festhalten.

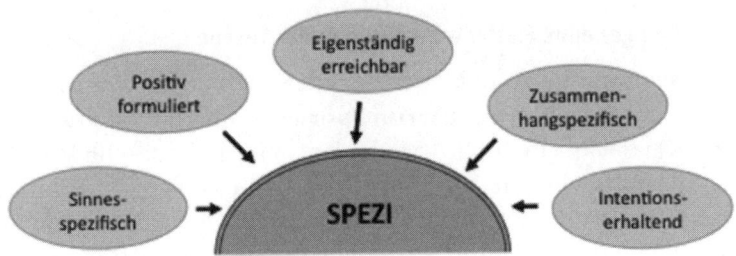

Abb. 2: SPEZI-Kriterien zum Erreichen von Zielen

Dies bedeutet, dass

- Klara Müller sich ganz konkret vorstellte, wie sie die neue Situation meistert, sie also sinnesspezifisch erlebbar macht
- das Ziel positiv formuliert wurde
- das Ziel eigenständig erreichbar war
- der Zusammenhang, in dem das Ziel erreicht werden sollte, so konkret wie möglich beschrieben wurde
- das Ziel zum sonstigen Leben von Klara Müller passte (intentionserhaltend)

Vieles am SPEZI-Vorgehen erinnert an die SMART-Kriterien. Ich persönlich bevorzuge das SPEZI-Vorgehen, da es das Ziel konkret erlebbar macht und wir durch die moderne Gehirnforschung wissen, dass jedes Erleben (egal, ob real oder erdacht) im Gehirn die gleichen Prozesse auslöst.

Ein konkretes Teilziel lautete beispielsweise: Klara Müller hält am 15. Mai 2008 im Bereichsmeeting vor 15 bis 20 Mitarbeitern einen 30-minütigen Vortrag über die Zertifizierung zum Project Management Professional PMP®.

Insgesamt wurden fünf Teilziele (oder projektdeutsch Meilensteine) auf dem Weg zum Gesamtziel definiert und im Jahres-Review schriftlich festgelegt.

4.3.3 Der geheime Helfer – der Stein in der Tasche

Die Definition und Konkretisierung des Ziels stellte den zweiten Schritt auf dem Weg zur charismatischen Rednerin und Präsentatorin Klara Müller mit NLP-Methoden im Business dar. Im Verlauf der Zielerarbeitung stellte Klara Müller fest, dass sie sich selbst als kraftvolle Person sieht, wenn sie sich vorstellte, ihr Ziel erreicht zu haben. Und dieses kraftvolle Gefühl hatte ihr bisher gefehlt, wenn sie Präsentationen vor großen Gruppen oder wichtigen Menschen gehalten hatte.

Was lag also näher, als ihr diese Kraft in die nächste Präsentation mitzugeben? Beispielsweise in Form eines visuellen oder haptischen Ankers. Klara Müller suchte sich einen Gegenstand, der für sie Kraft symbolisierte und der gleichzeitig klein genug war, um ihn im Hosenanzug oder in der Kostümjacke unterzubringen. Sie wählte einen kleinen Stein, der sie fortan in jede wichtige Präsentation begleiten sollte.

Nachdem sie den Stein ausgewählt hatte, überlegten wir gemeinsam, in welchen Situationen Klara Müller sich bisher sehr kraftvoll gefühlt hatte und was ihr die Kraft gegeben hatte. Es spielte dabei keine Rolle, ob es sich um eine Situation aus dem privaten oder geschäftlichen Umfeld handelte.

Klara Müller erinnerte sich an drei Situationen in ihrem bisherigen Leben, in denen sie sich sehr kraftvoll gefühlt hatte. Wir besprachen jede der drei Situationen und sie suchte die kraftvollste davon aus. Als begeisterte Mountainbikerin galt es, den Hausberg auf ihrer heimatlichen Trainingsstrecke zu bezwingen. Das letzte Stück zum Gipfel war besonders steil und ausgefahren. Die Situation, in der sie das erste Mal mit dem Mountainbike diese Strecke geschafft hatte und am Gipfel des Berges stand, wählte sie als kraftvollste aus.

Im nächsten Schritt unternahm sie eine kleine Gedankenreise, erinnerte sich ganz genau an das Ereignis und durchlebte die Situation in Gedanken noch einmal. Sie stand in ihrer Vorstellung mit dem Mountainbike auf dem Berg und spürte die Kraft der Situation wieder in sich. In diesem Moment nahm sie den Stein in die Hand und übertrug die reproduzierten Empfindungen des damaligen Augenblicks auf den Stein. So »programmierte« sie ihren persönlichen »Kraftstein« (vgl. Abb. 3). Und wann immer Klara Müller ihren Kraftstein umfasste, übertrug sich die gespeicherte Kraft auf ihre aktuelle Situation. Oder andersherum: Immer wenn Klara Müller Kraft braucht, umfasst sie ihren Kraftstein.

Was sich für einige Leser vielleicht nach Voodoo anhört, kennen

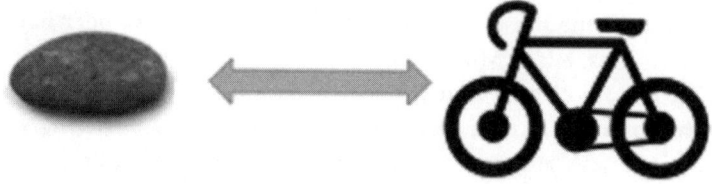

Abb. 3: Kraftvoller Zustand wird auf Anker übertragen

Psychologen und Soziologen seit Jahren aus der Verhaltensforschung. Die Idee hinter diesem Vorgehen wird im NLP als Ankern bezeichnet, die Methode nennt sich Moment of Excellence.

4.3.4 Das Commitment und die Rückfalltoleranz

Das vereinbarte Ziel war nicht wirklich neu für Klara Müller. Auch in der Vergangenheit hatte sie sich schon mehrfach selbst dieses Ziel gesetzt und versucht, Präsentationen souverän zu meistern. Leider oft ohne Erfolg. Nach jedem Scheitern stellte sich ein Frustgefühl ein. Im Grunde fühlte sich Klara Müller dann in dem bestätigt, was sie sowieso angeblich wusste: »Ich kann nicht präsentieren.«

Auch mit NLP gibt es keine Erfolgsgarantie. Und Zauberer gibt es ebenfalls keine mehr. Daher hatte sie sich diesmal eine Rückfalltoleranz eingeräumt (vgl. Abb. 4). Ihre Strategie: »Ich probiere das jetzt aus und überprüfe danach, ob es funktioniert hat. Wenn ja, prima. Wenn nicht, probiere ich etwas anderes.« Das entscheidende Commitment war, bereit zu sein, einen neuen Anlauf zu wagen und es eventuell mit einer anderen Vorgehensweise erneut zu versuchen. Viele Ziele, viele Änderungsvorsätze werden beim ersten kleinen Rückfall allzu schnell über Bord geworfen. Klara Müller hatte sich zugestanden, drei Präsentationen innerhalb eines Jahres »total zu versieben« – was auch immer das für sie genau bedeutet.

Die vereinbarte Rückfalltoleranz wurde übrigens nicht benötigt, sie machte den Weg aber um einiges stressfreier.

70

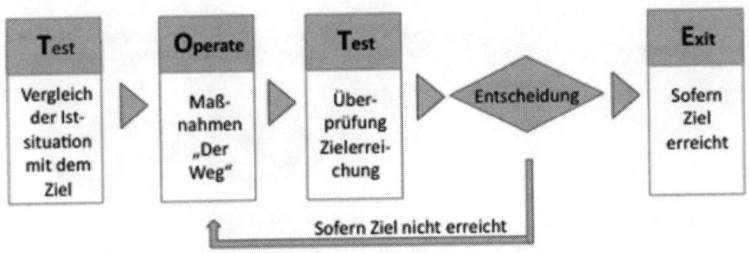

Abb. 4: TOTE, eine Strategie mit Rückfalltoleranz

5 Das Ergebnis – oder »Angekommen?«

Klara Müller hat innerhalb eines Jahres – und damit innerhalb des Beurteilungszeitraums – fünf Präsentationen gehalten, deren Schwierigkeitsgrad sich sukzessive erhöht hatte. Alle Präsentationen hat sie mit Bravour gemeistert.

Der Auftrag für das Großprojekt wurde zwischenzeitlich gewonnen und Klara Müller wurde zur Gesamtprojektleiterin ernannt. Der Beginn des Projekts hatte sich glücklicherweise so weit verzögert, dass sie zum Zeitpunkt des Kick-offs bereits vier Präsentationen abgehalten hatte. Sie verfügte somit über die notwendige Routine für diesen nächsten Schritt.

Die Kick-off-Veranstaltung verlief sehr gut. Klara Müller konnte alle Teilnehmer mit Charme und Kompetenz überzeugen und für das Projekt motivieren. Ihr Kraftstein hat mittlerweile einen festen Platz in der Aktentasche, um bei Bedarf in die Kostümjacke zu wandern.

Abbildung 5 gibt noch einmal eine Übersicht über den gesamten Prozess.

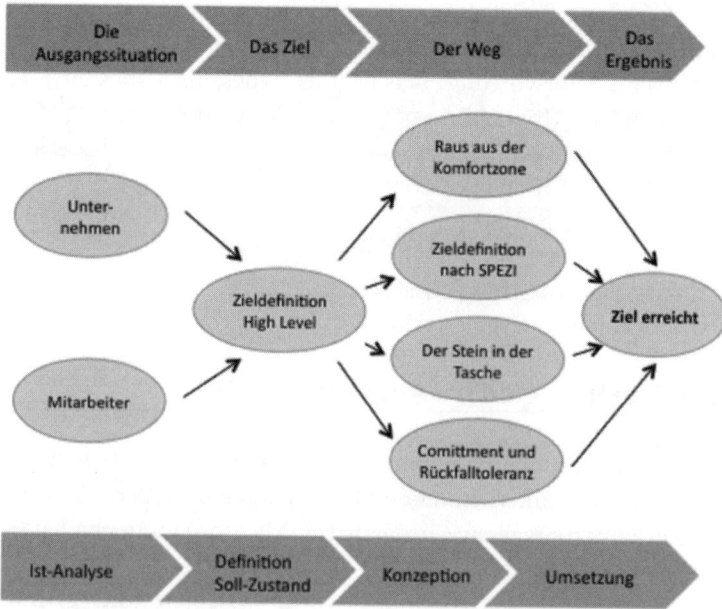

Abb. 5: Übersicht Coaching-Prozess

6 Ein Fazit – oder »Der Chef als Coach, geht das?«

»Was machst Du da?«, fragen mich Kollegen oder Bekannte immer wieder irritiert, wenn sie von der Arbeit mit meinen Mitarbeitern und der vielleicht etwas ungewöhnlichen Art der Führung durch Zielvorgaben hören. – Soll der Mitarbeiter doch selber schauen, wie er sich zum charismatischen Redner entwickelt.

Diese Einstellung teile ich nicht. Mein Motto in der Führungsarbeit lautet: fordern und fördern. Das heißt, ich erwarte eine bestimmte Leistung, lasse meine Mitarbeiter aber auch nicht im Regen stehen.

Als Chefin genieße ich – so mein Rollenverständnis – eine besondere Vertrauensposition bei meinen Mitarbeitern. Und ich trage eine soziale Verantwortung. Was liegt da näher, als Mitarbeiter im Rahmen meiner Möglichkeiten und zum Wohle des Unternehmens bei ihrer Weiterentwicklung zu unterstützen? NLP im Business hält viele Tools und Werkzeuge bereit, mit denen sich Menschen weiterentwickeln können. Und mir als Chefin ist die Weiterentwicklung meiner Mitarbeiter eine Herzensangelegenheit.

Ist das schon Coaching? Und: Der Chef als Coach – ist das überhaupt möglich oder droht ein Interessenkonflikt?

Meiner Erfahrung nach hängt die Antwort davon ab, wie ich Coaching definiere.

- Coaching im Sinne einer lösungs- und zielorientierten Begleitung – ja bitte, das kann auch der Chef.
- Coaching im Sinne einer ergebnisoffenen Begleitung in Veränderungsprozessen – nein danke, das kann und sollte der Chef nicht leisten.

Kontaktadresse der Autorin für Austausch und Anfragen:
info@claudiasteinwartz.de

Susanne Schulze und Tatjana Radowitz

»Konfliktkost leicht verdaulich« – Feedback geben im Business mit NLP; eine Seminarbeschreibung

Abstract

Die Fähigkeit, mit Konflikten konstruktiv umzugehen, ist ein Schlüsselfaktor für erfolgreiche Zusammenarbeit auf allen Ebenen: mit Mitarbeitern, Kollegen und Vorgesetzten. Feedback geben und nehmen mit NLP-Methoden ermöglicht es den Beteiligten, mit Wertschätzung und auf Augenhöhe klar zu sagen, was sie meinen, um das zu bekommen, was sie möchten.

Sachwortindex

Führung mittelständische Unternehmen Feedback Kritik Seminarbeschreibung Feedback-Sandwich Fokuslenkung Konflikte am Arbeitsplatz Selbst- und Fremdwahrnehmung Wahrnehmungsfilter lösungsorientiertes Fragen Meta-Modell Teilemodell blinder Fleck JOHARI-Fenster Tilgung VAKOG Generalisierung Verzerrung

1 Was kann man an einem Tag erreichen?

16 Teilnehmer/innen, zwei Trainerinnen, eine Frage: Wie gelingt es, innerhalb *eines Tages* zu lernen, mit interpersonellen Konflikten am Arbeitsplatz konstruktiver umzugehen? Und wie kann NLP im Business den Berufstätigen dabei helfen, Kritik leichter verdaulich

zu machen, deutlich auszusprechen, was sie sich anders wünschen, Feedback gar als Geschenk zu betrachten?

Genau das zeigt die Beschreibung dieses eintägigen Seminars mit Business-Fokus.

Die vermittelten NLP-Methoden waren konkret: Selbst- und Fremdwahrnehmung und Wahrnehmungsfilter, Fokuslenkung und lösungsorientiertes Fragen, Ausschnitte des Meta-Modells, Teile-modell.

1.1 Motivation und Erwartungen der Teilnehmer

Das Seminar fand im November 2009 im Rheinland statt. Teil-nehmer waren Fach- und Führungskräfte, unter anderem aus den Branchen Maschinenbau, Logistik, Bankwesen, IT sowie Chemie und Pharmazie.

In der Vorstellungsrunde wird schnell klar: Selbst gestandene Manager und erfahrene Fachkräfte erleben immer wieder, dass ihnen ein ungelöstes Problem mit einem Mitarbeiter, Kollegen oder Vorgesetzten »schwer im Magen liegt«. Viele von ihnen haben in Seminaren schon von entsprechenden Methoden zur Klärung ge-hört und verfügen über theoretisches Wissen – das *Was* – doch oft liegt die gewünschte Umsetzungskompetenz – das *Wie* – in weiter Ferne. Hierzu die folgenden beispielhaften Aussagen der Teilnehmer:

»Ich möchte besser mit Kritik umgehen können und sie fairer geben können.«

»Als Vorgesetzter habe ich schon einiges über *Feedback geben* gehört. Ich möchte das ausbauen, neue Sichtweisen auf das Thema kennenlernen und vor allem: umsetzen!«

»Ich möchte endlich einmal sehen: Wie funktioniert eigentlich Kommunikation?«

»Ich habe nichts gegen meinen Kollegen persönlich, aber er nervt mich. Wie kann ich meine Kritik äußern, ohne dass er sich persön-lich angegriffen fühlt?«

»Wie kann ich Kritik anbringen und trotzdem einen wertschätzenden Umgang pflegen?«

»Ich möchte meinem Chef meine Meinung klarer sagen, ohne ein schlechtes Gefühl dabei zu haben.«

1.2 Seminarziele

Wir stellen *Feedback als Methode* vor, die mehrere Techniken vereint, um folgende Ziele zu erreichen:

- Feedback schafft mehr Klarheit: in der Sache und der zwischenmenschlichen Beziehung am Arbeitsplatz.
- Feedback hilft, im Berufsalltag Kritik wertschätzend zu äußern und Lösungen zu finden.
- Feedback ist mehr als ein Kommunikationsinstrument: Es schafft ein Win-win-Ergebnis für die Feedback-Partner, denn beide gewinnen.

2 Feedback geben statt überkochen

Kennen Sie das? Wiederholt kommt ihr Kollege zu spät zu den wöchentlichen Projektbesprechungen. Er ist ja ein ganz netter Kerl, aber diese Unpünktlichkeit stört Sie.

Oder folgende Situation: Ihre Mitarbeiterin nimmt Ihre Arbeitsaufträge im Team gerne entgegen. Sie sagen ihr, was zu tun ist und stellen sicher, dass sie weiß, wie sie es tun soll und welche Kollegen sie unterstützen können. Trotzdem fragt sie alle fünf Minuten bei Ihnen nach. Dadurch kommen Sie selbst in Ihrer Arbeit nicht weiter.

Ihr Chef hat einen Führungsstil, der sich schon mal so äußert: »Mensch, Müller. Sie können auf keinen Fall mitkommen auf die Quartalstagung. Sie haben in ihren Projekten so viel zu tun, das schaffen Sie ja sonst alles nicht.«

Können Sie sich in solche Situationen hineinversetzen? Haben

Sie vielleicht schon mal ähnliche Situationen erlebt? Und wie ist das dann für Sie?

Im NLP sprechen wir davon, dass die Landkarte nicht das Gebiet ist. Es bedeutet: Jeder Mensch nimmt die Welt auf unterschiedliche Weise wahr – er hat seine persönliche Landkarte, an der er sich bzw. sein Verhalten orientiert. Über welche Filter dies geschieht und wie wir unsere Wahrnehmung mithilfe von Feedback erweitern können, zeigen wir im diesem Beitrag.

Selbst- und Fremdwahrnehmung

Feedback kann die Diskrepanz zwischen Selbstwahrnehmung und Fremdwahrnehmung verringern und so den sogenannten *blinden Fleck* erhellen: das, was uns selbst unbekannt ist, was anderen jedoch über uns bekannt ist. Die Sozialpsychologen Joe Luft und Harry Ingham haben dies 1970 im so genannten JOHARI-Fenster beschrieben. Wir haben dieses Schema um den Aspekt des Feedbacks erweitert (vgl. Abb. 1).

In den vorangegangenen Beispielen ist es vielleicht weder dem *unpünktlichen* Kollegen noch der *nachfragenden* Mitarbeiterin oder dem *bevormundenden* Chef bewusst, was ihr Verhalten bewirkt. Wenn Sie sich also in den Beispielen ein anderes Verhalten wünschen, ist *richtiges* Feedback eine geeignete Methode, dies zu äußern.

3 Klartext: Was ist Feedback?

Feedback ist die Rückkopplung in Systemen. Der Begriff stammt aus der Kybernetik und wurde von Kurt Lewin 1946 mit dem Menschen in Verbindung gebracht. Der Sozialpsychologe hatte folgende spannende Entdeckung gemacht: Er beobachtete in einem Training von Führungskräften, dass sich seine Teilnehmer positiv verändern, wenn sie erfahren, was die Trainer über sie denken. Jeden

	Mir selbst bekannt	Mir selbst unbekannt
Anderen bekannt	**Feedback** → ÖFFENTLICHE PERSON	BLINDER FLECK
Anderen unbekannt	PRIVATPERSON	UNBEKANNTES/ UNBEWUSSTES

Abb. 1: Feedback und JOHARI-Fenster

Abend hatte sich Lewin mit seinem Trainerstab getroffen, um über die Verhaltensweisen der Teilnehmer wertschätzend zu diskutieren. Diese konnten den Gesprächen lauschen, wenn sie das wollten. »*Die Menschen reagierten auf Daten, die ihr eigenes Verhalten betrafen [...]*«, notierte ein Mitarbeiter im Stab von Kurt Lewin. Sie veränderten ihr Verhalten aufgrund des Feedbacks, was das Seminar danach günstig beeinflusste.

Der Mensch, ob im Kontakt mit sich selbst, mit anderen oder mit seiner Umwelt gibt und erlebt Feedback. Und er erlebt bzw. gibt wiederum eine Rückmeldung *darauf*, indem er verbal oder nonverbal kommuniziert. »*Man kann nicht nicht kommunizieren!*« (Watzlawick et al. 1969). *Kommunikation ist Verhalten* und man kann sich nicht *nicht verhalten*.

Das bedeutet: Wir befinden uns, ob bewusst oder unbewusst, ständig in einem Feedback-Prozess. Und: Wir können Feedback aktiv so gestalten, dass es unsere Wirksamkeit erhöht. Im NLP trennen wir das Verhalten von der Person. So adressieren Feedback-Gespräche immer ein Verhalten – und dieses ist änderbar. Gleichzeitig konzentrieren wir uns im NLP auf das »Was stattdessen?« und lenken so auf die möglichen Lösungen.

4 Richtiges Feedback: Wirksam schenken

Was hat der Feedback-Geber davon, Feedback zu geben?
Richtiges und bewusst eingesetztes Feedback teilt einzelnen Menschen oder Teams mit, wie ihr Verhalten auf den Feedback-Geber wirkt und was es für ihn bedeutet. Genau dies ist im Business von hohem Wert: Die Information über Wirkung, Bedürfnisse und Gefühle hilft, Interpretationen von Verhalten zu vermeiden. Richtiges Feedback zeigt auf, welche Verhaltensänderungen beim anderen oder in der Gruppe die Zusammenarbeit verbessert.

Und was hat der Feedback-Nehmer davon, Feedback zu bekommen?

Feedback ist ein Geschenk! Für den Feedback-Nehmer ist es eine Wachstumschance. Ob er dieses Geschenk annimmt und sein Verhalten in der gewünschten Art ändert, entscheidet er allein. Durch die gewonnene Information kann er seinen »blinden Fleck« erhellen und sich aufgrund dieses Impulses weiterentwickeln. Es lohnt sich also, Feedback aktiv einzufordern, besonders im Berufsalltag.

Wann kann man Feedback anwenden, und wann sollte man es besser lassen?

Feedback können Sie grundsätzlich in allen Berufs- und Lebensbereichen anwenden, mit Kollegen, Mitarbeitern, Vorgesetzten, aber auch mit Freunden, in Partnerschaft und Familie. Vorausgesetzt, die Feedbackpartner sind auf Augenhöhe! Beim Feedback zwischen Mitarbeitern oder Vorgesetzten gibt es einige Besonderheiten in den Feedback-Regeln, dazu später mehr.

Wichtig: Richtiges Feedback funktioniert nicht als reines Instrumentarium oder Werkzeug. Nur wenn beide Feedback-Partner einander mit Wertschätzung, Achtung, Respekt und Vertrauen begegnen, kann für beide eine echte Win-win-Situation entstehen!

Damit das gelingt, ist es hilfreich, etwas darüber zu erfahren, wie Kommunikation funktioniert und wie wir das, was wir wahrnehmen, filtern.

5 Filter: Entscheidend ist, was ankommt!

Kommunikation findet zwischen Sender und Empfänger einer Nachricht statt. Dabei *senden* wir immer, auch dann, wenn wir nichts sagen. 80 Prozent unserer Kommunikation geschehen unbewusst, nur 20 Prozent geschehen bewusst. Bei der Kommunikation wirken immer Filter, und zwar auf der Sender- *und* auf der Empfängerseite.

5.1 VAKOG – ein Akronym als Fenster zur Welt

Wir nehmen die Welt über unsere Sinne wahr, von denen die meisten von uns fünf zur Verfügung haben. VAKOG ist das Kurzwort dafür und beschreibt sinnesbasierte Wahrnehmungsfilter.

V steht für *visuell*: das Sehen. *A* steht für *auditiv*: das Hören. *K* steht für *kinästhetisch*, das Fühlen. *O* steht für *olfaktorisch*, das Riechen. *G* steht für *gustatorisch*, das Schmecken. Je nachdem, mit welchem Sinn wir die Welt primär wahrnehmen, findet das auch Ausdruck in unserer Sprache: »Ich habe das Gefühl, dass dieses Geschäftsmodell gut funktioniert.« (kinästhetisch), »Ich sehe das Motiv schon groß auf

●●●●●● **Nur wenn beide Feedback-Partner einander mit Wertschätzung, Achtung, Respekt und Vertrauen begegnen, kann für beide eine echte Win-win-Situation entstehen!**

Plakatwänden vor mir!«	(visuell), »Wenn Sie dem Kunden genau zuhören, wird er Ihnen sicher sagen, was er braucht.« (auditiv), »Diese Kampagne stinkt zum Himmel!« (olfaktorisch), »Vielleicht kommen Sie bei diesem Angebot auf den Geschmack?« (gustatorisch). Achten Sie im Gespräch darauf, wie sich Ihr Gegenüber ausdrückt. Und senden Sie dann auf dem gleichen Kanal.

5.2 »Der General tilgt die Verzerrung« – auch im Business!

Zusätzlich zu unseren Sinneswahrnehmungen neigen wir als Sender und Empfänger von Nachrichten dazu, weitere Filter in der Kommunikation zu verwenden: Generalisierung, Tilgung, Verzerrung. Wir zeigen im Dialog mit den Teilnehmern einige Beispiele auf und verdeutlichen, wie man sie als Empfänger der Nachricht hinterfragen kann:

- *Generalisierung:* »Immer kommen Sie zu Besprechungen zu spät!« (Wirklich immer? Was genau meinen Sie mit »zu spät«? Beginn war 10.00 Uhr, jetzt ist es genau 10.00 Uhr.)
- *Verzerrung:* »Wenn ich schon die Stimme am Telefon höre, bin ich total genervt!« (Was genau an der Stimme nervt Sie denn?)
- *Tilgung:* »Bombengeschäft haben Sie da getätigt.« (Was genau meinen Sie mit »Bombengeschäft«? Oder, mit der Vorannahme, dass es positiv gemeint ist: Was genau hat Ihnen denn an meinem Geschäft besonders gut gefallen?)

Die einfachen Fragen aus dem Meta-Modell der Sprache (NLP-Methode) helfen, hinter den Filtern der Bedeutung des Gesagten schneller auf die Spur zu kommen.

5.3 »Ich weiß schon, was der Chef denkt!« – Erleuchtung im Berufsalltag

Bei der Flut von Informationen, die auf uns einstürmen, greift unser Gehirn nur zu gerne auf einen Trick zurück. Es interpretiert, frei nach dem Motto: »Das Signal kenne ich schon, es bedeutet ABC.« In Zeiten, in denen der Tiger hinter uns im Busch brüllte und das Brüllen schnell näher kam, mussten wir sehr schnell interpretieren, um am Leben zu bleiben. Damals war dies sicher sinnvoll. Aber ist das heute immer noch so, zum Beispiel, wenn ich eine Präsentation halte und mein Chef sich räuspert und gleichzeitig die Stirn runzelt?

Hierzu führen wir eine Partner-Übung durch: Partner 1 macht eine Geste bzw. nimmt eine bestimmte Haltung aus dem Berufsalltag ein. Partner 2 teilt seine Interpretation mit. Partner 1 sagt, was mit der Geste/Haltung gemeint war und welche Bedeutung sie hatte. Dann werden die Rollen getauscht. Schon nach der ersten Übung wird allen klar, wie sehr Selbst- und Fremdwahrnehmung auseinanderfallen können. Und wie schnell die Teilnehmer dazu neigen, das Wahrgenommene zu interpretieren: »Ich habe die Arme verschränkt. Interpretiert wurde dies von meinem Übungspartner als ablehnende Haltung ihm gegenüber. In Wirklichkeit war mir ein bisschen kalt, da ich am offenen Fenster saß. Das ist übrigens in unseren Projektbesprechungen auch öfter so.«

Wir bitten die Teilnehmer, erneut an eine typische Alltagssituation im Business zu denken und eine entsprechende Geste/Mimik dazu zu machen. Jetzt jedoch sollen sie sich gegenseitig sensorisch-definit befragen: »Ich sehe, dass Sie die Stirn runzeln. Was bedeutet das?« Nun wird deutlich, dass mit einer einfachen, sensorisch-definiten Feststellung und einer nachfolgenden Frage mehr Klarheit in die Bedeutung der Kommunikation gebracht wird. So wird die gerunzelte Stirn nicht mehr als Kritik interpretiert, sondern es wird auf Nachfrage hin klar: »Die Sonne hat den anderen geblendet!«

5.4 ES, ICH und DU melden sich zu Wort

Damit Feedbackgeben und -nehmen gut gelingt, schauen wir uns vor der nächsten Übung das Teilemodell von Virginia Satir an. Sie hat in ihren Forschungen herausgefunden, dass wir alle verschiedene Persönlichkeitsteile in uns tragen: DU, ICH und ES. Anknüpfend an Satirs Teile-Modell haben wir für das Feedback Folgendes formuliert: Wenn die drei Teile bei der Kommunikation frei und fließend agieren, sich zeigen und zu Wort kommen können, erreichen wir das Ziel unserer Kommunikation viel leichter: kongruent zu sagen, was wir uns *anders* wünschen (Abb. 2).

ES steht für die Sache, um die es geht. Im Feedback-Gespräch fällt es vielen Menschen leichter, das ES zu Wort kommen zu lassen: »Ich möchte gerne mit Ihnen über die Kreditvergabe im Privatkundenbereich sprechen.« Frage an die Teilnehmer: Wie sieht es bei Ihnen damit aus?

ICH steht für unsere Gefühle und Bedürfnisse. Wenn das ICH im Feedback-Gespräch mitspielt, sagen wir beispielsweise: »Ich bin verärgert.« Frage an die Teilnehmer: Inwieweit geben Sie Ihren Gefühlen im Business-Feedback Raum? Glauben Sie, dass es hilfreich sein könnte, dem anderen klar zu vermitteln, wie es Ihnen mit seinem Verhalten geht?

DU steht für unsere Haltung und Beziehung dem anderen gegenüber. Bezogen auf ein Feedback-Gespräch trifft es Aussagen wie: »Ich schätze Sie als kreativen Kollegen.« Frage an die Teilnehmer: Wie ist das bei Ihnen? Wie leicht kommt Ihnen ein solcher Satz über die Lippen?

Wir schließen eine Übung in Einzelarbeit an, in der die Teilnehmer sich in folgende Situationen versetzen sollen:

Situation A: Sie leiten eine Teamsitzung. Einer Ihrer Mitarbeiter meldet sich zu Wort: »Unsere Besprechungen sind einfach nicht effektiv!«

Situation B: In Ihrem Unternehmen herrscht Gleitzeit von 7:00

Abb. 2: ICH-DU-ES Teilemodell   © Tatjana Radowitz, Susanne Schulze

bis 9:00 Uhr. Sie hatten früh morgens einen Arzttermin und kommen um 9:00 Uhr an Ihren Arbeitsplatz. Ihre Kollegin begrüßt Sie mit »Mahlzeit!«.

Beantworten Sie nun bitte drei Fragen zu Situation A oder B: 1. Wie ist Ihre spontane Antwort? 2. Was hören Sie zuerst? Die Sache? Eine Äußerung der Gefühle? Eine Aussage zur Beziehung? 3. Notieren Sie bitte, wie jeder Teil aus Ihnen heraus (ES, DU, ICH) antworten würde.

In der Nachbesprechung zur Übung kommen von den Teilnehmern unterschiedliche Rückmeldungen: So fällt es beispielsweise einem Abteilungsleiter aus der Logistikbranche besonders leicht, seinem Ärger Ausdruck zu verleihen. Den DU-Satz zu formulieren, empfand er als schwierig. Die Personalreferentin eines Maschinenbauunternehmens hat hingegen mehr Mühe, klar zu notieren, wie es ihr in der Situation geht. Dafür hatte sie direkt einen DU-Satz parat.

Die Anwendung der Teile-Methode: Trainerdemonstration und Übung

Nach der Mittagspause zeigen die Trainerinnen in einer kurzen Demonstration, wie die Anwendung des Teile-Modells praktisch funktioniert. Der Rahmen: Beide arbeiten in einem Marketingprojekt, dessen Ziel ein erfolgreicher Firmenauftritt auf der Hannover-Messe ist.

Frau Radowitz schlüpft in die Rolle von Frau Mayer, der Projektmitarbeiterin. Sie ist ein sehr kreativer Kopf, der jedoch häufig viele Projekte gleichzeitig bearbeitet und schon mal in Lieferschwierigkeiten kommt. Frau Schulze geht in die Rolle von Frau Kernig, Leiterin des Marketingprojektes. Frau Kernig wünscht sich mehr Engagement von Frau Mayer, da ein wichtiger Meilenstein erreicht werden muss und Frau Mayer maßgeblich daran mitarbeitet. Es ist Freitagmorgen.

»Hallo Frau Mayer. Schön, dass ich Sie hier treffe. Haben Sie einen Moment Zeit für mich? Ich würde gerne mit Ihnen über das Marketingprojekt sprechen.« (ES-Botschaft)

»Ja, sicher.«

»Frau Mayer, Sie arbeiten nun schon seit sechs Monaten in unserem Projekt. Ich schätze besonders Ihre kreativen Ideen in der operativen Ausgestaltung des Messestandes.« (ICH und DU-Botschaft)

»Das freut mich!«

»Was mir jedoch im Moment schwer im Magen liegt, ist der Meilenstein Ende des Monats. Ich sehe derzeit nicht, dass wir das damit verknüpfte Zwischenziel fristgerecht erreichen. Und das beunruhigt mich sehr.« (ICH-Botschaft)

»Aha?«

»Daher bitte ich Sie, sich zeitlich so in unserem Projekt zu engagieren, dass wir den Meilenstein halten können.« (Absicht)

»Was bedeutet das konkret?« (Meta-Modell-Nachfrage)

»Dass ich Sie bitte, den Plan für den Messestand für die Hannover-Messe bis Montag um 10.00 Uhr fertigzustellen.« (Absicht)

»Mhm, das wird schwierig. Ich will am Wochenende mit meiner Familie eine Radtour machen.«

»Das verstehe ich. Es ist jedoch so, dass Sie diesen Standplan bereits diese Woche Mittwoch hätten vorlegen sollen. Solange Ihr Plan nicht vorliegt, können wir mit den Folgeschritten nicht weitermachen: Der Messebauer kann nicht beauftragt werden, die Kollegen aus der Grafik können die Poster nicht bereitstellen und so weiter. Und das gefährdet dann unseren Messeauftritt als Ganzes. Welche Lösung sehen Sie selbst?« (ES-Botschaft)

»Nun, es ist ja bereits Freitagmorgen. Ich werde den Plan übers Wochenende erstellen und Ihnen bis Montag zumailen.« (ICH, ES)

»Können Sie das verlässlich zusagen, Frau Mayer?« (DU)

»Ja, Sie können mir vertrauen, Frau Kernig.« (DU)

»Danke, Frau Mayer, das freut mich sehr!« (ICH)

Nach einer kurzen Nachbesprechung schließt sich die nächste Zweier-Übung an: Die Teilnehmer sollen sich an eine Konfliktsituation im Berufsalltag aus der jüngeren Vergangenheit erinnern, die sie mit der Teile-Methode noch einmal durchspielen möchten. Der erste Übungspartner (Feedback-Geber) schildert die Situation. Der zweite Partner schlüpft in die Rolle des Gegenübers und ist also Feedback-Nehmer. Partner 1 bereitet sein Feedback kurz schriftlich so vor, dass alle drei Teile zu Wort kommen. Zusätzlich formuliert er die Absicht, also das Ziel, das er mit dem Feedback erreichen möchte. Partner 2 spiegelt dem Feedback-Geber, wie das Feedback auf ihn gewirkt hat. Danach erfolgt ein Rollenwechsel.

In der Betreuung und in der Nachbesprechung der Übung wird deutlich, wie wichtig und hilfreich es ist, als Feedback-Geber alle Teile ins Feedback zu integrieren. Die Feedback-Nehmer schilderten, dass das Feedback für sie deutlich annehmbarer wurde:

»Ich nahm in der Übung, die einer realen Situation aus meinem

Berufsalltag entsprach, deutlich mehr Wertschätzung meiner Person, aber auch mehr Klarheit in der Sache wahr.«

Ein Feedback-Geber: »Dadurch, dass ich mir vorher Gedanken über die Formulierungen gemacht habe, ist mir meine Absicht – was *will ich erreichen* mit dem Gespräch? – viel klarer geworden. So konnte ich diese gut rüberbringen.«

6 Die Feedback-Rezeptur

Was macht eine Speise zu einem leckeren Gericht? Die Qualität der Zutaten und die Sorgfalt in der Verarbeitung. Damit das Feedback zu einer leichter verdaulichen Kost wird, haben wir die wichtigsten Regeln zusammengestellt.

6.1 Man gebe ... – Rezept für den Geber

Feedback sollte erwünscht sein!
Fragen Sie, ob Sie jemandem ein Feedback geben dürfen. Ausnahme: Sie sind Vorgesetzter. Dann dürfen Sie immer Feedback geben.

Beispiel: »Herr Meier, bei unserem Kundenbesuch gestern ist mir etwas aufgefallen. Hierzu möchte ich Ihnen gerne etwas sagen. Ist Ihnen das recht?«
Geben Sie Feedback im richtigen Moment!
Feedback sollte zeitnah zum auslösenden Ereignis sein. Der Feedback-Nehmer sollte für das Feedback bereit sein – geistig, emotional und körperlich. Das Feedback sollte in einem angemessenen Umfeld gegeben werden.

Konkret bedeutet das: Beziehen Sie sich auf Ereignisse, die beispielsweise vor fünf Tagen stattfanden, nicht vor fünf Monaten. Geben Sie Feedback immer unter vier Augen. Suchen Sie einen Platz, an dem Sie ungestört sind. Geben Sie Feedback niemals vor einer Gruppe von Kollegen im Flur, im Aufzug, in der Kantine usw.

7 +\- 2 Informationen

Die meisten Menschen können sieben plus/minus zwei Information verarbeiten. Wählen Sie die Informationsdichte so, dass der Feedback-Nehmer damit umgehen kann. Entscheiden Sie sich für die Aspekte, die Ihnen am wichtigsten sind, und konzentrieren Sie sich darauf. Die Aufnahmekapazität ist bei jedem Menschen unterschiedlich. Berücksichtigen Sie: Weniger ist oft mehr.

Feedback sollte positiv formuliert werden!

Zum einen soll Feedback den Feedback-Nehmer einladen, es anzunehmen und als Geschenk zu sehen. Zum anderen sagen Sie, wie Sie sich sein Verhalten wünschen und nicht, was Sie sich nicht wünschen. Beispiel: »Ich wünsche mir, dass Sie zu unseren Projektbesprechungen vorbereitet sind.« NICHT: »Ich will nicht, dass Sie bei Fragen zum Sachstand keine Antworten parat haben.«

Feedback ist beschreibend!

Beim Feedback geht es nicht um Interpretationen oder Bewertungen des Verhaltens Ihres Gegenübers. Beschreiben Sie, was Sie beobachtet haben, was Sie wahrnehmen und welche Reaktionen das in Ihnen auslöst. Und denken Sie daran: Feedback ist grundsätzlich nicht falsch, aber immer subjektiv! Beispiel: »Mir ist aufgefallen, dass Sie in den letzten Kundengesprächen dem Kunden ins Wort gefallen sind, als er Einwände erhoben hat.« NICHT: »Sie sind besserwisserisch.«

Geben Sie Feedback in »Ich-Aussagen«

Vermeiden Sie Aussagen, die mit »Sie sind/Du bist ...« beginnen. Solche Bemerkungen werden leicht als Beschuldigung oder Bewertung verstanden. Beispiel: »Ich habe gesehen, gehört ...« (Beziehen Sie sich auf sich selbst und Ihre Wahrnehmung.)

Benutzen Sie das Feedback-Sandwich!

Betten Sie Ihre Kritik in positive Aussagen ein. Wichtig ist dabei allerdings, dass Sie wirklich meinen, was Sie sagen. Hat Ihr Gegenüber den Eindruck, Sie schieben Ihr Lob nur vor, um ihm anschließend so richtig eins »überzubraten«, stößt das nicht unbedingt auf

Akzeptanz und Veränderungsbereitschaft. Eine authentische positive Rückmeldung fördert dagegen die gute Gesprächsatmosphäre zwischen Ihnen – und das ist die beste Ausgangsbasis für Ihr Feedback. Wie ein Feedback-Sandwich aufgebaut ist, erfahren Sie unten im Abschnitt »Das Feedback-Sandwich als leichte Kost«.

6.2 Man nehme ... – Rezept für den Nehmer

Beste Voraussetzung: Der Feedback-Geber hält die Feedback-Regeln ein.

Nehmen Sie das Feedback als Geschenk
Feedback ist eine Chance, die eigenen blinden Flecken zu beleuchten. Es gibt Ihnen die Möglichkeit zu wachsen, Ihr Verhalten zu überdenken und zu verändern.

Rechtfertigen Sie sich nicht, streiten Sie nichts ab, argumentieren Sie nicht
Lediglich falsche Zahlen, Daten, Fakten sollten Sie richtigstellen. Beispiel: »Es ist richtig, dass ich Freitag um 13.00 Uhr nach Hause gegangen bin. Dies war mit Herrn Dr. Meier so abgesprochen.«

Erst reflektieren, dann handeln
Nehmen Sie das Feedback auf, reflektieren Sie darüber. Entscheiden Sie dann, was Sie davon annehmen und was Sie ändern möchten/können.

Aktives Zuhören
Indem Sie aktiv zuhören, klären Sie für sich, ob sie den anderen richtig verstanden haben. Beispiel: »Wenn ich Sie richtig verstehe, meinen Sie, dass ...« (wortwörtliches Wiederholen des Gesagten)

6.3 Das Feedback-Sandwich als leichte Kost

Konstruktives Feedback zu geben mit dem Ziel, eine Verhaltensänderung bei einem anderen Menschen herbeizuführen, ist oft ein heikler Prozess. Deshalb ist es wichtig, dieser Aufgabe mit Finger-

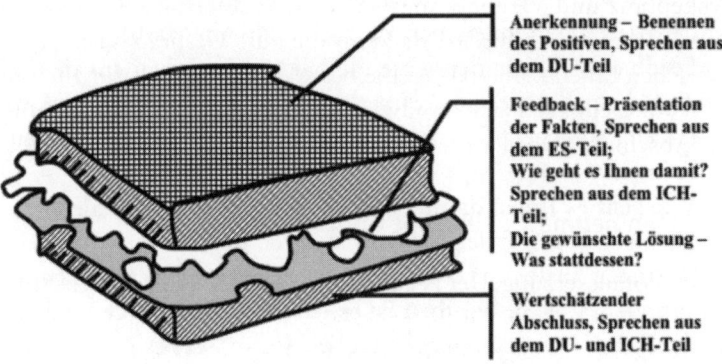

Anerkennung – Benennen
des Positiven, Sprechen aus
dem DU-Teil

Feedback – Präsentation
der Fakten, Sprechen aus
dem ES-Teil;
Wie geht es Ihnen damit?
Sprechen aus dem ICH-
Teil;
Die gewünschte Lösung –
Was stattdessen?

Wertschätzender
Abschluss, Sprechen aus
dem DU- und ICH-Teil

Abb. 3: Feedback-Sandwich   © Tatjana Radowitz, Susanne Schulze

spitzengefühl und Takt zu begegnen, um die Gefühle der anderen
Person nicht zu verletzen und eine Abwehr- und Rechtfertigungs-
haltung zu vermeiden. Wenn es richtig gemacht wird, kann der
Empfänger das Feedback als Geschenk annehmen und positive
Resultate können erfolgen. Ein effektiver Weg, um dieses Ziel zu
erreichen, ist die Verwendung des »Feedback-Sandwichs«: Die Kri-
tik wird eingebettet in positive Aussagen. Im Folgenden werden die
Schritte erläutert, wie ein Sandwich aufgebaut ist (Abb. 3).

1. **Vorbereitung:** Bevor Feedback gegeben wird, bedarf es einer
   sorgfältigen Planung und Vorüberlegung, *was* genau gesagt
   werden soll und *wie*. Wenngleich das Feedback möglichst zeitnah gegeben werden soll, ist es manchmal ratsam, die Situation
   für sich zu reflektieren, eine Nacht darüber zu schlafen oder
   vorher an die frische Luft zu gehen.
2. **Anerkennung – Benennen des Positiven, Sprechen aus dem DU-
   Teil:** Sagen Sie als Einleitung etwas Positives zum Verhalten des
   anderen, das im Zusammenhang mit der Kritik steht. Das
   fördert die Aufnahmebereitschaft des Feedback-Nehmers. Falls
   grundsätzlich auf etwas Lobendes immer Kritik folgt, wird es

jedoch seine Wirkung verfehlen. Daher setzen Sie diese Methode sparsam ein und geben Sie auch mal »nur« Lob!

3. **Feedback – Präsentieren Sie die Fakten, Sprechen aus dem ES-Teil:** Nun, da Sie die Aufmerksamkeit des Feedback-Nehmers haben, sprechen Sie über die von Ihnen wahrgenommenen Fakten.

4. **Wie geht es Ihnen damit? Sprechen aus dem ICH-Teil:** Bleiben Sie bei sich und teilen Sie dem anderen mit, was sein Verhalten bei Ihnen auslöst. Dazu ist es ratsam erst einmal selbst herauszufinden, was Sie berührt. Ist es wirklich Ärger? Oder vielleicht doch eher Enttäuschung? Sprechen Sie an, was es ist!

5. **Was stattdessen? Lenken Sie den Fokus auf die Lösung:** Lassen Sie den Feedback-Nehmer zunächst selbst nach Lösungen suchen. Je nachdem, in welcher Beziehung Sie zu ihm stehen, teilen Sie ihm mit, welches Verhalten Sie sich wünschen oder was Sie von ihm erwarten. Hilfreich ist es auch, gemeinsam zu überlegen: Was ist (von wem) noch zu tun, damit der Feedback-Nehmer die Lösungen umsetzen kann? Fragen Sie ihn, was er braucht! Im Idealfall kommt der Feedback-Nehmer selbst darauf oder Sie erarbeiten mit ihm gemeinsam eine Lösung!

6. **Ein wertschätzender Abschluss und Ausblick: Sprechen aus dem DU- und ICH-Teil:** Durch das Feedback fühlt sich der Feedback-Nehmer eventuell betroffen. Lassen Sie ihn damit nicht alleine stehen. Greifen Sie das Positive im Handeln des Feedback-Nehmers noch einmal auf und bedanken Sie sich dafür. Ermutigen und animieren Sie ihn zum wünschenswerten Verhalten. Sie können ihm auch mitteilen, wie es Ihnen jetzt damit geht, dass Sie Feedback gegeben haben.

In der darauf folgenden Übung wenden die Teilnehmer das Feedback-Sandwich auf eine berufliche Situation aus der jüngeren Vergangenheit an. In der Nachbesprechung heben die Teilnehmer besonders hervor, wie ihnen die Feedback-Regeln und das Feed-

back-Sandwich dabei geholfen haben, das Gespräch klar vorzube-
reiten und lösungsorientiert zu führen. Durch das Einbinden der
ICH- und DU-Teile gelang es ihnen, ihre gegenseitige Beziehung zu
klären und danach schneller eine Lösung zu finden (ES).

7 »Es gibt nichts Gutes, außer man tut es.«

Vielleicht haben Sie neue Erfahrungen gemacht und fragen sich nun:
»Was kann ich jetzt damit anfangen?« Wie können Sie die erlernten
Methoden in Ihrem Berufsalltag anwenden? Vielleicht erscheint es
Ihnen seltsam, sich jetzt anders auszudrücken. Möglicherweise be-
fürchten Sie, dass Sie mit Ihrem neuen Verhalten abgelehnt wer-
den? Ungewohntes wird manchmal kritisch beäugt.

Und so wie Sie alles in Ihrem Leben gelernt haben, wird es Ihnen
auch gelingen, wertschätzendes, konstruktives Feedback zu geben,
indem Sie es einfach tun. »Es gibt nichts Gutes, außer man tut es.«
(Erich Kästner) Beginnen Sie einfach in dem für Sie angemessenen
Tempo. Sie können am Ende des Tages notieren, wie es Ihnen damit
ergangen ist, wie Ihre Feedback-Partner reagiert haben und welche
Ergebnisse Sie erzielt haben. Vielleicht hilft es Ihnen auch, das
Gelernte zunächst im privaten Rahmen anzuwenden. Sobald Sie
sich damit etwas sicherer fühlen, wird es Ihnen leichter fallen, es in
Ihren Berufsalltag zu übernehmen.

Die Kenntnis des erlernten Handwerkzeugs ist das eine – und es
ist wichtig, sie im Business anzuwenden. Noch wichtiger ist jedoch
Ihre innere Einstellung: »Was liegt mir an meinem Feedback-Partner? Und wie wichtig ist es mir wirklich, dass er sein Verhalten
ändert?«

8 Der Ökocheck – Prüfung der Wirksamkeit im Business-Alltag

Ändert ein Einzelner sein Verhalten, beeinflusst dies immer das System, in dem er es zeigt. Wie sieht dieser Einfluss aus? Wie nützlich ist er im Business? Das NLP prüft dies mit dem Ökologiecheck. Meist erfolgt er unmittelbar, nachdem die neue Erfahrung durch die Verhaltensänderung gemacht wurde. Manchmal ist es jedoch sinnvoll, erst nach einer Weile zu prüfen, was wie wirkt. Wir interviewten zwei Seminarteilnehmer drei Wochen nach dem Seminar telefonisch und führten mit ihnen exemplarisch einen Ökocheck durch. Das Ergebnis zeigt, wie die Teilnehmer die erlernten NLP-Methoden wirksam in ihrem Berufsalltag einsetzen (Namen geändert).

8.1 Interview mit Boris T., Disponent einer Spedition

Tatjana: Boris, inwieweit konntest du die im Seminar gelernten Methoden in deinem Berufsalltag anwenden?

Boris: Ein eher schnörkelloser Umgangston prägt die Gespräche mit unseren Fahrern, meinen Kollegen und den Auftraggebern. Das gefiel mir immer, da ich dachte: Ist doch klar, was ich sage! War es aber nicht. Mir ist bewusst geworden, wie die Filter, die wir alle haben, unsere Wahrnehmung beeinflussen. Seitdem bemühe ich mich, genauer zu sagen was ich erwarte oder brauche und auch, warum das wichtig für mich ist. Mir ist klar geworden, dass so, wie ich die Sache sehe, es andere eben nicht tun. Meine Rückmeldungen an andere haben dadurch an Klarheit gewonnen. Anwenden kann ich das in meinem Job täglich.

Tatjana: Was ist jetzt anders?

Boris: In der ersten Woche nach dem Seminar habe ich mich ganz bewusst an die Feedback-Regeln gehalten und ich fühlte mich total hölzern. Insbesondere unsere Fahrer wirkten auf mich eher

SCHULZE UND RADOWITZ: **FEEDBACK GEBEN IM BUSINESS**

irritiert bei Fragen wie: »Wegen deiner Routenänderung möchte ich dir gerne ein Feedback geben, wann passt es dir?« Mittlerweile bin ich dabei, ein ganz gutes Gefühl für das richtige Maß zwischen unserer Alltagssprache und der notwendigen Wertschätzung zu finden. Wenn ich mir die Mühe mache zu erklären, warum mir etwas wichtig ist und wie mir zum Beispiel mein Kollege dabei helfen kann, wenn er mich rechtzeitig informiert, bekomme ich viel leichter die Unterstützung, die ich brauche. Die Energie, die ich da reinstecke zahlt sich aus, da ich mich nicht mehr soviel aufregen muss und ich mich mehr auf die eigentliche Arbeit konzentrieren kann.

Tatjana: Welche Technik oder Fähigkeiten, die du in unserem Business-Seminar erworben hast, ist besonders wirksam?

Boris: Woran ich anfangs zu knacken hatte, war das Trennen von Verhalten und Person. Das anzuerkennen, fiel mir unglaublich schwer und manchmal muss ich mich auch heute noch daran erinnern. Wenn es mir aber gelingt, kann ich dem anderen viel leichter sagen, was an seinem Verhalten mir nicht passt und was ich brauche, damit unsere Arbeit reibungsloser läuft. Ein weiterer wichtiger Punkt ist das genaue Nachfragen, ob das, was ich gemeint habe, beim anderen auch wirklich so angekommen ist und solange nachzufragen, bis wir beide wirklich das Gleiche meinen. Für mich ist das absolut wirksam und die eigentlichen Sachthemen bekommen wir viel schneller gelöst.

Tatjana: Was ist dein Resümee, Boris?

Boris: Ich hatte mich ja im Vorfeld schon mit dem Thema beschäftigt, da es schon länger im Job mit den anderen in der Kommunikation knirschte. Was ich für mich aus dem Seminar als Resümee mitnehme, ist, dass ich jetzt einen Koffer mit einfach anzuwendenden NLP-Werkzeugen habe. Damit kann ich die Klarheit erreichen, von der ich vorher dachte, dass ich sie schon hätte.

8.2 Interview mit Stephanie K., Bankkauffrau Mittelstandsbank

Tatjana: Stephanie, inwieweit konntest du die im Seminar erworbenen Methoden in Deinem Berufsalltag anwenden?

Stephanie: Den direkten Kontakt mit Kunden erlebe ich weitestgehend störungsfrei. Meinungsverschiedenheiten gibt es in meinem Business jedoch immer wieder mit Kollegen und Vorgesetzten. Wir streiten uns um Zuständigkeiten und Zielerreichungen und mir ist durch das Seminar klar geworden, dass es darum gar nicht geht. Ich denke auf der Beziehungsebene hakt es, denn dort ist vieles nicht geklärt worden. Sicher hängt das auch mit unserer Personalpolitik zusammen und mit der Tatsache, dass ich in den letzten drei Jahren zwei Mal die Abteilung und die damit verbundenen Aufgaben und Vorgesetzten gewechselt habe. Die Aufgaben habe ich laut Aussage meiner Chefs immer zu ihrer vollsten Zufriedenheit erledigt. Das wurde in den Abteilungen aber zum Teil gegenteilig kommuniziert und führte damit zu Unruhe und Missverständnissen. Mir ist jetzt viel klarer, warum einiges schief gelaufen ist und ich hatte nun durch das Seminar die Möglichkeit, erstens herauszufinden auf welcher Ebene sich das Kommunikationsproblem ausdrückt und zweitens, wie ich klares Feedback an die richtigen Ansprechpartner, nämlich meine Chefs, geben kann. Ich habe noch nicht alles zu meiner Zufriedenheit lösen können, doch habe ich das Gefühl, es bewegt sich was und wir kommen in einen echten Dialog.

Tatjana: Was ist jetzt anders?

Stephanie: Ganz klar: Ich bin einfach mehr bei mir. Wie nach dem Satir-Modell beschrieben, war ich früher immer mehr bei der Sache und habe nicht darauf geachtet, was ich wirklich brauche oder dass es dem anderen wohl ähnlich gehen könnte. Ich war wütend, enttäuscht oder traurig, konnte dies aber nie äußern, ohne verletzend zu werden. Meist habe ich mich also dann auf Zahlen, Daten, Fakten gestützt, um zu meinem Recht zu kommen. Aber das verschärfte die Situation oft nur und echtes Vertrauen hat sich nicht aufgebaut. Jetzt habe ich angefangen darauf zu achten, was meine unguten Gefühle auslöst, was mein Anteil daran ist und was ich mir von den anderen anders wünsche. Die Feedback-Regeln sind für mich dabei sehr hilfreich, insbesondere den passenden Zeitpunkt abzuwarten. Dadurch kann ich mir selbst Zeit verschaffen, nicht aus der Impulsivität der Wut zu explodieren oder mich hinter einer Mauer des Rationalisierens zu verstecken. Ein weiterer wichtiger Punkt für mich ist auch, dafür zu sorgen mir Feedback einzufordern, um die für mich nötige Klarheit herstellen zu können. Ich kann jetzt leichter und konstruktiver damit umgehen, das heißt, ich stelle Sachverhalte richtig, rechtfertige mich aber nicht mehr.

Tatjana: Mit der Erfahrung, die du jetzt hast: Was war für dich das Wichtigste aus dem Seminar und wie wirksam ist das jetzt?

Stephanie: In dem Maße, wie ich mich und mein Verhalten verändere, habe ich auch Einfluss auf die Kommunikation mit meinen Kollegen und Vorgesetzten. Bei dem einen stärker, bei dem anderen schwächer und bei manchen auch gar nicht. Aber gerade das Letztere fällt mir jetzt viel leichter zu akzeptieren und damit zu leben. Ich konzentriere mich auf das Veränderbare und das entspannt mich.

Tatjana: Was ist dein Resümee, Stephanie?

Stephanie: Veränderung ist machbar, insbesondere, wenn ich meinen Fokus auf die Lösung lenke!

9 Zusammenfassung

Die Erkenntnis darüber, »wie das, was ich sage, beim anderen ankommt«, führte bei allen Seminarteilnehmern zu Aha-Erlebnissen. Nachdem sie im Business-Seminar ihr eigenes Kommunikationsverhalten reflektiert und entsprechende Handlungsoptionen kennengelernt hatten, konnten sie die in den Übungen erworbenen neuen Fähigkeiten im Arbeitsalltag erfolgreich anwenden.

Fazit: Bereits mit Basismethoden des NLP, wie zum Beispiel Fokuslenkung, Lösungsorientierung, Trennung von Verhalten und Person, konnten die Teilnehmer im Business ihr Kommunikationsrepertoire mit Handlungsalternativen schnell, individuell und nutzbringend erweitern.

Literatur

Watzlawick P, Beavin JH, Jackson DD (1969) Menschliche Kommunikation – Formen, Störungen, Paradoxien. Hans Huber Bern

Kontaktadressen der Autorinnen für Austausch und Anfragen:
susanne.schulze@camina-cca.de; tatjana.radowitz@camina-cca.de

Manuela Brinkmann

Manager wollen mitgestalten – Strategie-Umsetzung auf allen Ebenen

Abstract

In Großunternehmen stellt sich oft die Frage, wie man die Strategie des Unternehmens in der gesamten Organisation etabliert und gemeinsam mit allen Mitarbeitern umsetzen kann. Dazu eignet sich die Unternehmenspyramide. Sie ist ein effektives Tool zur Entwicklung und zur Kommunikation von Strategien in kleinen und mittleren Betrieben (KMU).

In großen Organisationen dient sie der Strategie-Umsetzung. Manager aller Ebenen können mithilfe der Unternehmenspyramide ihren Verantwortungsbereich mitgestalten und gleichzeitig die strategischen Vorgaben der Konzernspitze in ihrem Team sowie gegenüber internen und externen Kunden umsetzen.

Sachwortindex

Führung Strategie-Entwicklung Strategie-Umsetzung KMU
Industrie Großunternehmen Workshops Glaubenssätze
Strategie Unternehmenspyramide Logische Ebenen Werte
Identität Vision

1 Die Strategie ins gesamte Unternehmen tragen

Große Unternehmen, Verwaltungen, Konzerne und Organisationen besitzen heute in der Regel eine klare Strategie. Fast immer ist diese auf attraktive Weise in einer Broschüre dargestellt und zudem im Internetauftritt zu finden.

Auch in den Köpfen der Vorstände und bei Sitzungen der obersten Führungsriege ist die strategische Ausrichtung des Unternehmens präsent. Selbstverständlich werden die aus der Strategie abgeleiteten Sach- und Zahlenziele auf die einzelnen Bereiche und Abteilungen heruntergebrochen, und die jeweiligen Führungskräfte sind für das Erreichen der Ziele verantwortlich. Von der obersten Geschäftsleitung und von Stabsmitarbeitern wird die Strategie kontinuierlich weiterentwickelt.

Alle paar Jahre gibt es größere strategische Veränderungen, sie werden meist durch eine Markt- oder Wirtschaftskrise oder durch Fusionen ausgelöst. Solche »Changes« können sich natürlich auch als Folge von positiven Entwicklungen und neuen Chancen ergeben oder durch das Zusammenspiel mehrerer der erwähnten Faktoren.

Diese umfassenderen strategischen Neuausrichtungen werden häufig in einer oder in mehreren regionalen Großveranstaltungen motivierend an die Führungskräfte aller Ebenen sowie an die Mitarbeiter kommuniziert. Selbstverständlich werden auch der Internetauftritt, die Strategiebroschüre und ggf. das Corporate Design aktualisiert.

Nach der großen Einführung der Strategie konzentrieren sich die meisten Führungskräfte und Mitarbeiter wieder auf ihre gewohnten Tätigkeiten. Manche Manager sowie die Personal-, HR- und Strategiebereiche des Unternehmens gehen dagegen noch einen Schritt weiter oder würden es zumindest gern tun. Die neue Strategie soll doch »wirklich gelebt« und von engagierten Führungsleuten und Mitarbeitern umgesetzt werden. Natürlich führen auch hier viele Wege nach Rom. Ein strukturierter, schneller, pragmatischer und gleichzeitig individueller und kreativer Weg, die Strategie überall in der Firma mit Leben zu erfüllen, ist die Arbeit mit der Unternehmenspyramide.

2 Die Unternehmenspyramide

Im Rahmen des NLP hat sich die Arbeit mit den sogenannten Logischen Ebenen in unterschiedlichsten Situationen bewährt. Auf diesem Modell baut die Unternehmenspyramide auf, die seit Mitte der 1990er Jahre im Business-Umfeld als Tool zur Strategie-Entwicklung erfolgreich zum Einsatz kommt. Die Unternehmenspyramide beinhaltet neun Ebenen, die als ganzes System genutzt werden (vgl. Abb. 1).

Im Folgenden wird kurz erläutert, mit welchen Inhalten die Ebenen der Unternehmenspyramide im Business-Kontext gefüllt sind.

2.1 Umgebung

Damit ist grundsätzlich alles gemeint, was die Umgebung eines Unternehmens ausmacht: Kunden, Interessenten, Wettbewerber, Staat, juristische Gegebenheiten, politische Situation, geografische Lage, Landschaft, Verkehrssituation, Gebäude, Größe, Ausstattung und Gestaltung der Arbeitsplätze, das Potenzial an möglichen Mitarbeitern, die Attraktivität der Umgebung als Wohnort für Mitarbeiter, das Klima usw.

●●●●●● Mit der Unternehmenspyramide kann die Strategie schnell und nachhaltig verankert werden.

Betrachtet werden bei der Arbeit mit der Pyramide nur die Umgebungsfaktoren, die für spezifische Analysen, Aufgaben und Veränderungen von Bedeutung sind.

2.2 Tätigkeiten und Fähigkeiten

Der Bereich Tätigkeiten bezeichnet alles, was in einem Unternehmen an Aktivitäten passiert: telefonieren, reden, in Sitzungen dis-

Strategie-Entwicklung/Standortbestimmung

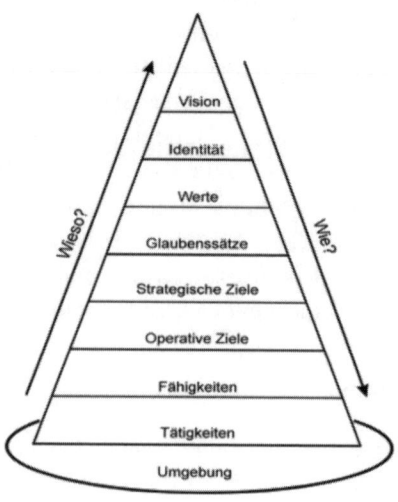

kutieren, Workshops abhalten, präsentieren und zuhören, lesen, nachdenken, schreiben, Auto fahren, zeichnen, gestalten, montieren, Maschinen und Abläufe beobachten, analysieren, planen, entwickeln, erfinden, erklären, programmieren, zählen, rechnen, Fremdsprachen sprechen, verhandeln, Pause machen, Material und Gedanken transportieren, mit Kunden Golf spielen, putzen usw.

Die Unterscheidung zu Fähigkeiten

Tätigkeiten und Fähigkeiten sind besonders in der Arbeitswelt stark verwandt, da dort die Tätigkeiten des Planens, Präsentierens, Entwickelns usw. tunlichst von Menschen ausgeführt werden sollten, die diese auch zu ihren besonderen Fähigkeiten rechnen können. Die Unterscheidung ist dennoch wichtig, wenn man ungenutzte oder fehlende Fähigkeiten betrachten, nutzen und dazugewinnen will.

Außerdem gibt es Fähigkeiten, die man nicht einzelnen Personen als Tätigkeit zuordnen kann, wie zum Beispiel Kunden optimal informieren oder Märkte erobern. Auch deshalb ist die Kategorie Fähigkeiten in Abgrenzung zu den Tätigkeiten erforderlich.

2.3 Operative und strategische Ziele

In die Kategorie operative Ziele gehört grundsätzlich alles, was eine Person, eine Abteilung, ein Bereich und/oder das gesamte Unternehmen als Jahresziel setzen und erreichen kann: Das Produkt bis Oktober serienreif haben, das Handbuch bis zu einem bestimmten Datum jedem Mitarbeiter zur Verfügung stellen, bis zu einem bestimmten Termin diese Position besetzen, in diesem Jahr den Umsatz um eine bestimmte Höhe steigern, neue Mitarbeiter anlernen, die Kommunikation verbessern, den Markt analysieren, einen weiteren Verlag kaufen.

Operative Ziele müssen messbar oder beobachtbar sein. Sie sollten eine Zeitspanne von ca. einem Jahr oder weniger beinhalten.

Die Unterscheidung zu strategischen Zielen
Strategische Ziele sind längerfristige Ziele (ab ein bis zwei Jahre), und sie müssen (noch) nicht messbar definiert werden. Ziele wie »die Kommunikation verbessern«, »den Markt analysieren« oder »einen Verlag kaufen« können beiden Zielekategorien angehören. Beinhaltet die längerfristige Wachstumsstrategie eines Unternehmens den Zukauf von anderen Unternehmen, gehört dies zu den strategischen Zielen. Wenn in diesem Jahr ein bestimmtes Unternehmen akquiriert werden soll, ist es ein operatives Ziel.

Bei den operativen und strategischen Zielen kann es also gelegentlich zu Überschneidungen kommen, meistens ist die Differenzierung jedoch eindeutig.

2.4 Glaubenssätze

Glaubenssätze sind alle positiven und negativen, unausgesprochen oder offen kommunizierten Einstellungen sämtlicher Mitarbeiter, die für das Unternehmen relevant sein könnten.

Beispiele für positive Glaubenssätze: *Wir sind die Besten. Unsere Kunden sind zufrieden oder begeistert von unserer Leistung. Wir sind schneller als die anderen. Unsere Arbeit macht Spaß oder ist besonders sinnvoll. Das Arbeitsklima ist hervorragend. Unsere Mitarbeiter sind höchst qualifiziert. Wir sind ein gutes Team. Die Führung lebt ihre Anforderungen vor. Ich/Wir sind stark motiviert. Die Bezahlung ist gut und das Essen auch.*

Beispiele für negative Glaubenssätze: *Wir können mehr als wir dürfen. Wir sind die Fußabtreter des Unternehmens. Unsere Produkte sind schlecht und zu teuer. Unsere Führung ist lausig. Mit uns kann man es ja machen. Bei uns weiß keiner Bescheid. Ständig gibt es neue Anweisungen. Früher war alles besser. Ich/Wir arbeiten nur für das Geld. Unsere Arbeitsweise ist unmoralisch. Es gibt zu wenige Parkplätze.*

Die Liste möglicher positiver oder negativer Glaubenssätze ist unendlich.

2.5 Werte

Werte sind die (relativ wenigen) tief verwurzelten positiven Grundeinstellungen, die in einem Unternehmen bewusst oder unbewusst über lange Zeit akzeptiert und gelebt werden. Mögliche Beispiele sind: *Dynamik, Erfolg, Vertrauen, Ehrlichkeit, Sicherheit, Loyalität, Schnelligkeit, Teamorientierung, Kundenorientierung, Perfektion, Tradition, Innovation, Jugendlichkeit, Kreativität, Stärke, Offenheit, Marktorientierung usw.*

Jedes Unternehmen hat eine begrenzte Auswahl an hierarchisch geordneten Werten.

2.6 Identität

Im Gegensatz zu den Werten kann man die Identität auch als die stabilsten Glaubenssätze eines Unternehmens bezeichnen. Solche Sätze können deshalb auch noch bestehen, wenn sich die Tatsachen, auf die sie sich gründeten, geändert haben. Solche Situationen führen häufig zu Konflikten.

Beispiele zu Firmenidentitäten: *Wir sind ein deutsches Unternehmen. Wir sind ein Staatsbetrieb. Wir sind ein Familienunternehmen. Wir sind ein internationales Unternehmen. Wir sind ein Industrieunternehmen. Wir sind ein Dienstleistungsunternehmen. Wir sind ein Kleinbetrieb. Wir sind ein Konzern. Wir sind ein Ingenieurunternehmen. Wir sind ein Großpumpenhersteller. Wir sind ein Komponentenhersteller. Wir sind ein Software-Unternehmen.*

●●●●●● Die stabilsten Glaubenssätze eines Unternehmens können als Identität bezeichnet werden.

Zur Identität können mehrere Sätze gehören, die auf Tatsachen beruhen.

2.7 Vision

Die Vision soll in gewisser Weise unerreichbar, also nicht messbar sein. Sie ist die größte, schönste und inspirierendste Vorstellung vom Unternehmen und seinem Nutzen für seine Umgebung. Sie sollte etwas beschreiben, was gut für das Unternehmen ist und einen Beitrag zum Wohlergehen der Umgebung leistet. So ist sie zugleich egoistisch und altruistisch. Wenn die Vision zudem bildlich formuliert wird, wirkt sie besonders ansprechend. Beispiele:

Wir machen die Messgeräte für die Wasserversorgung der Welt.

Wir fördern und verbreiten die Printmedien.
Wir sorgen dafür, dass in jedem Wohnzimmer ein Computer
steht.
Wir platzieren eine Coca Cola in Reichweite eines jeden
Menschen auf der Welt.

3 Von der Vision in den Alltag – Unternehmens-
strategien umsetzen

Im Folgenden wird die Anwendung der oben beschriebenen Unternehmenspyramide anhand eines Beispiels aus der Praxis vermittelt.

In einem großen Unternehmen sollte innerhalb einer Landesgesellschaft die Strategie der Unternehmensspitze besser in alle Bereiche kommuniziert und umgesetzt werden. Dafür wurden Workshops durchgeführt und als Arbeitstool wurde die Unternehmenspyramide genutzt.

Für diese Strategie-Workshops gab es drei Vorgehensweisen:
1. Die Führungskräfte der Niederlassungen erarbeiteten ihre Strategie für ihre Verantwortungsbereiche in einem gemeinsamen Workshop mit der Unternehmenspyramide.
2. Einzelne Abteilungen, bestehend aus der Führungskraft und allen Mitarbeitenden, entwickelten ihre gemeinsame strategische Ausrichtung.
3. Führungskräfte aus unterschiedlichen Regionen und Aufgabenbereichen trafen sich in Workshops zur Entwicklung ihrer einzelnen Unternehmenspyramiden.

Selbstverständlich geschah dies in allen drei Varianten jeweils unter Berücksichtigung der Gesamtstrategie des Mutterunternehmens. Welche der drei Vorgehensweisen gewählt wurde, lag entweder in der Entscheidung der Führungskräfte selbst oder bei niedrigeren Rängen in der Hand von deren Vorgesetzten.

In den Veranstaltungen wurden unter anderem die folgenden Fragen und Ziele adressiert:

- Wie lässt sich der Führungskodex von Konzern XYZ im Alltag von Teams, Abteilungen und Bereichen praktisch umsetzen?
- Wie komme ich bei der Strategie-Entwicklung in neun Schritten von der Vision bis zum Handeln?
- Welche strategischen Inhalte will ich für mein Team und unsere Aufgabe entwickeln und umsetzen?
- Wie erkenne und beseitige ich Unstimmigkeiten in einer Strategie?
- Wie gestalte ich die Strategie so, dass sie einfach zu kommunizieren und umzusetzen ist? Wie kann die Strategie visualisiert werden?
- Auf welche Art können strategisch wichtige Punkte im Arbeitsalltag am besten angesprochen werden?
- Wie und wie oft kommuniziere ich mit meinen Mitarbeitern darüber?
- Welche Probleme müssen ggf. aus dem Weg geräumt werden, um die Abteilungsstrategie und damit die Konzernstrategie zu verwirklichen?

3.1 Eine konkrete Unternehmenspyramide

Beispielhaft ist unten das anonymisierte Ergebnis der Strategie-Entwicklung eines Führungsteams dargestellt:

Vision: Die NL-Süd ist die NL der Zukunft von und für Unternehmen XYZ: regional verankert – überregional operierend – international fokussiert

Identität: Wir sind der ideale Partner für unsere Kunden in den Produktmarktsegmenten Handel, B-to-B, Industrie. Wir sind

Manager mit Fach-Know-how. Wir sind Spezialisten und wissen, was wir tun. Wir sind Problemlöser für unsere Kunden.

Werte: Erfolg, Vertrauen, Innovation, Teamgeist, Zuverlässigkeit, Ehrlichkeit, Disziplin, Kundenzufriedenheit, Service-Orientierung

Glaubenssätze: Wir sind Unternehmer. Wir übernehmen Verantwortung. Wir sind besser als der Wettbewerb. Wir »kriegen« sie alle. Wir sind faire Partner. Aus Kunden werden Freunde. Wir denken aus Sicht des Kunden. Wir lösen Kundenprobleme. Wir sind innovativ. Wir sind ein gutes Team. Wir erreichen unsere Ziele. Wir bleiben Mensch.

Die strategischen und operativen Ziele waren teilweise die vom Konzern Vorgegebenen und teilweise originäre Ziele dieses Unternehmensteils.

Im Zentrum der **Konzernwerte** standen:
• Kundenorientierung
• Erfolg
• Nachhaltigkeit
• Zukunftsorientierung

Der Blick auf die obigen Werte des Bereichs NL zeigt die Harmonie mit den Werten im Gesamtkonzern und die gleichzeitig vorhandene individuelle Ausprägung, die sich die Manager selbst gegeben haben. Dass die Überschneidungen der erarbeiteten Unternehmenspyramiden aus dem NL-Bereich mit den Vorgaben der Konzernleitung so groß waren, lag einerseits daran, dass die Gesamtstrategie zum Start des Workshops noch einmal vorgestellt und besprochen wurde. Andererseits ist in Strategieseminaren immer wieder festzustellen, dass sich die meisten Menschen gerne an konstruktiven Strategien ihrer Führung beteiligen, wenn sie diese kennen.

3.2 Einzelne Ergebnisse

Heute ist bewiesen, dass Menschen, die sich an ihrem Arbeitsplatz als selbstbestimmt erleben, zufriedener und motivierter sind. So ist gut nachvollziehbar, dass sich diese Manager engagierter für die Umsetzung ihrer Strategie einsetzen als Führungskräfte in Unternehmen, die ganz von den Entscheidungen und Denkweisen der Geschäftsleitung gesteuert werden.

Außerdem wurde den Teilnehmern durch die Arbeit mit den Logischen Ebenen im Rahmen der Unternehmenspyramide deutlich, auf welcher Abstraktionsebene die Vorgaben des Konzerns liegen.

Dadurch wird bei der Strategie-Umsetzung viel klarer,
- welche Inhalte als Vorbilder dienen (Vision, Identität)
- worüber mit Mitarbeitern, Chefs, Kollegen und Kunden geredet werden muss (Werte und Glaubenssätze)
- was beobachtet und kontrolliert werden muss (Ziele)
- was gelernt, dokumentiert und trainiert werden muss (Fähigkeiten)
- was getan werden muss (Tätigkeiten)
- und wo sich schließlich der Erfolg des Ganzen zeigt (Umgebung)

Die Ergebnisse dieser Strategie-Entwicklungen wurden in der Regel in Präsentationen, auf Karten, in kleinen Broschüren und im Internetauftritt visualisiert.

Um die Mitarbeiter einzubeziehen, wurden die Unternehmenspyramiden auch ihnen vorgestellt und bei turnusmäßigen oder in Ad hoc-Gesprächen zur Unterstreichung von Lob oder konstruktiver Kritik verwendet. In manchen Bereichen wurden die Mitarbeiter auch direkt in den Strategie-Workshop einbezogen. Das steigert die Motivation und die Teambildung deutlich. Im Einzelfall zeigt sich dann auch, wenn ein Mitarbeiter nicht hinter der Strategie stehen kann.

Schließlich konnten die Strategien in den jährlichen Planungs-
runden auf einfache Weise als Grundlage für die Entscheidungen
für das nächste Arbeitsjahr dienen.

3.3 Fazit

Mit der Unternehmenspyramide lässt sich die Strategie von Großunternehmen gezielt, aktiv und mit relativ geringem Aufwand in
die Köpfe aller Führungskräfte und vieler Mitarbeiter bringen. Dadurch werden die strategischen Maßgaben der Konzernleitung besser verstanden und kontinuierlich kommuniziert. So ist die Umsetzung der Strategie im Alltag deutlich leichter und Führungskräfte
sowie Mitarbeiter erleben ihre Arbeit als sinnerfüllt.

Literatur

Ahrendt B, Geyer H (2007) Crashkurs BWL. Haufe Freiburg im Breisgau
Brinkmann M (1999) Simply-Your-Best. Orell Füssli Zürich
Brinkmann M (2002) Strategieentwicklung für kleine und mittlere
   Unternehmen. Orell Füssli Zürich
Brinkmann M (2008) Erfolgreiche Praxis-Tools. Junfermann Paderborn
Brunken IP (2007) Die 6 Meister der Strategie. Ullstein Berlin
Dietz KM, Kracht T (2007) Dialogische Führung. Campus Frankfurt/New
   York
Dilts RB (2000) Kommunikation in Gruppen und Teams. Junfermann
   Paderborn
Doppler K, Lauterburg C (2000) Change Management. Campus Frankfurt/
   New York
Goleman D (1995) Emotionale Intelligenz. Carl Hanser München
Gross D (1994) Der Universalschlüssel: Zur Meisterschaft deines Selbst.
   Vierlinger
Hansen B (2010) Was Sie über NLP wissen sollten. Psymed Hamburg

Micic P (2005) 30 Minuten für Zukunftsforschung und Zukunfts-management. Gabal Offenbach

Robbins A (1993) Grenzenlose Energie. Heyne München

Rüegg-Stürm J (2003) Das neue St. Galler Management-Modell. Haupt Bern

Schmidt-Tanger M (2004) Gekonnt coachen. Junfermann Paderborn

Sprenger RK (2000) Aufstand des Individuums. Campus Frankfurt/New York

Wheatley MJ (1997) Quantensprung der Führungskunst. Rowohlt Reinbek

Zenhäusern M (2008) Chef aus Passion. Orell Füssli Zürich

Kontaktadresse der Autorin für Austausch und Anfragen:
m.b@nlpbiz.ch

Teamkonflikte und Teambildung

Ulrike Wörrle

Wie Werte wirken – Teambildung mit Business NLP

Abstract

Im folgenden Beitrag geht es um einen Business NLP Workshop, der in einer Abteilung eines internationalen Unternehmens durchgeführt wurde. Die Abteilung besteht aus drei verschiedenen Subteams, die sich eine »wert«volle Auszeit nahmen, um die Zusammenarbeit zu reflektieren und die Kommunikation zu verbessern. Das Vorgehen, der Prozess und die Ergebnisse werden ausführlich dargestellt.

Sachwortindex

Großunternehmen Teamkonflikt Teambildung Kooperation
Workshop Logische Ebenen Werte Führungskräfte-Coaching
Teamentwicklung Kompetenzentwicklung Feedback-Zirkel
ZAPRUK-Auswertung Dilts-Pyramide

1 Das Szenario

Samstagnachmittag 17.00 Uhr. Stürmischer Applaus, bewegtes Schweigen. Der Workshop ist zu Ende. Nach einer Weile stehen die Moderatoren auf, um den Impuls zu geben, sich persönlich zu verabschieden. Viele können es beinahe nicht fassen, dass die Veranstaltung, die die meisten im Vorfeld so skeptisch beurteilten, nun schon zu Ende ist und der Abschied naht. Aber so ist es! Der Teamentwicklungsworkshop ist vorbei, und die Umsetzung der Erfahrungen, die sofort in den Arbeitsalltag einfließen sollen, beginnt schon am Montag.

2 Die Ausgangssituation

Wir befinden uns in einem international agierenden Großunternehmen der Genussmittelbranche. Eine Führungskraft, Frau Jan, in deren Team es schon seit längerem verschiedene Reibungspunkte gab, wandte sich mit der Bitte an uns, sie bei der Bearbeitung der Themen zu unterstützen. Im Rahmen der Auftragsklärung kamen wir zu dem Ergebnis, dass ein individuelles Führungskräfte-Coaching zur persönlichen Kompetenzentwicklung sinnvoll ist. Zur Bearbeitung der Themen in der Abteilung und zwischen den Teams schlugen wir einen Teamentwicklungsworkshop vor.

Die Abteilung setzte sich zusammen aus 19 Personen, Männer und Frauen unterschiedlichen Alters, mit überwiegend langer Betriebszugehörigkeit und ihrer Führungskraft, Frau Jan. Das Ausbildungsniveau der Mitarbeiter unterschied sich erheblich. Die Abteilung war organisiert in drei Subteams, die im Zweischichtbetrieb mit anspruchsvollen Messaufgaben und der Erstellung von Statistiken betraut waren. Räumlich unmittelbar angrenzend arbeiteten zwei weitere Laborteams mit eigenen Führungskräften.

2.1 Vorbereitung

Etliche vorbereitende Gespräche mit Frau Jan förderten folgende konkrete Reibungs-Punkte ans Tageslicht:
- Zwei von drei Subteams sprechen nicht miteinander, obwohl dies für einen reibungslosen Ablauf der inhaltlichen Aufgaben erforderlich ist.
- Kommunikation findet nur über Dritte statt.

- Innerhalb der Subteams gibt es häufige und auch über-
dauernde persönliche Auseinandersetzungen, die in
Einzelgesprächen bisher nicht geklärt werden konnten.
- Die Arbeitsmoral und Motivation einiger Mitarbeiter ist
aufgrund der Streitereien gesunken.
- Die Arbeitsergebnisse entsprechen seit einiger Zeit nicht
mehr den Erwartungen der Vorgesetzten.
- Die angrenzenden Abteilungen bemerken diese Reibereien
und wirken von außen in Form von Provokationen negativ
auf die ohnehin zersplitterte Abteilung ein.

Das primäre Ziel des Teamentwicklungsworkshops sollte sein, so
Frau Jan, zunächst einmal die Teamfähigkeit der einzelnen Mitarbeiter zu erhöhen und die interne Kommunikation in den Subteams
zu verbessern: »Die Kollegen sollen wieder ins Gespräch kommen
und miteinander reden!« Um mehr Offenheit und Kooperation
zu erreichen, soll die Kommunikation auch in der Gesamtabtei-
lung wieder in Gang kommen. »Ein größeres Verständnis für die
Arbeit der anderen Teams soll es ermöglichen, dass miteinander
statt gegeneinander gearbeitet wird«, so Frau Jan. Sie machte hinsichtlich der Methodenauswahl einige Vorgaben und schnell wurde
klar, dass leicht verdauliche Team-Übungen zum Einsatz kommen
sollen: »Bitte keine waghalsigen Outdoor-Events!« Für alle Mitglieder des Teams – mit Ausnahme von Frau Jan – war dies die erste
Veranstaltung in diesem Format.

Als diejenigen, die mit Frau Jan und ihrem Manager, Herrn
Eichwald, den Auftrag geklärt hatten, bekamen wir im Folgenden
Informationen über die Befürchtungen und Ängste der Mitarbeiterinnen und Mitarbeiter jedoch immer aus zweiter Hand. Das
allerdings nicht zu knapp: Flurfunk und Pausengespräche, die sich
in den Teams, in den Cliquen, zwischen den Teams der Abteilung,
abteilungsübergreifend und zwischen den Mitarbeitern und dem
Betriebsrat im Vorfeld der Teamentwicklung abspielten.

117

Ebenso kritische und negative Bemerkungen kamen aus den benachbarten Laborabteilungen. Dort waren nicht die Probleme und Konflikte Thema, sondern die Sonderbehandlung: »Ihr seid die Problemabteilung«, »Euch muss man erst mal den Marsch blasen, damit ihr wieder auf die Spur kommt!«, »Der ewige Zickenalarm bringt die ganze Abteilung in Verruf«, »Jetzt seht ihr, was ihr davon habt!«, »Haben wir eine Sonderbehandlung nötig?«, »Ich opfere doch nicht meine Freizeit für die Firma!« etc.

Obwohl Frau Jan in einem Abteilungsmeeting die Ziele des Workshops transparent gemacht hatte, blieb die Verunsicherung groß, was genau das Ziel des Workshops sein sollte. Aus diesem Grund besuchte der Leiter der Personalentwicklung die Abteilung persönlich und versuchte ebenfalls, die Mitarbeiter aufzuklären. Er zeigte auf, welche Vorteile der Workshop für die Abteilung bringen wird und nahm den Mitarbeitern einige Bedenken. Uns Moderatoren wurde peu à peu der Stand der Dinge mitgeteilt: wer zum Workshop mitkomme und wer nicht (Hans), wer sich freue (die Jungen) und wer nicht (Hannelore und Rosemarie), wer skeptisch sei und wer der Sache ganz ablehnend gegenüberstehe (Harald). Dennoch waren wir an dieser Stelle ganz offen und zuversichtlich, dass wir mit denjenigen, die dann letztendlich anwesend sein würden, eine erfolgreiche Teamentwicklung durchführen würden.

3 Der erste Tag

Der anderthalbtägige Teamentwicklungsworkshop fand im November 2007 statt. Wir starteten den ersten Workshoptag mit einem gemeinsamen Mittagessen. Gut gestärkt begrüßten wir die Gruppe nach dem Essen noch einmal offiziell im hellen freundlichen Seminarraum. Dann stellten wir uns als Moderatoren vor und erläuterten den Ablauf des Workshops. Dabei gaben wir einen Überblick über die mit Frau Jan formulierte Absicht der Veranstaltung sowie über unsere Rollen während der zwei gemeinsamen Tage.

3.1 Unsere Absicht und unser Ziel

Auf einem Flipchart hatten wir notiert: Unsere Absicht und unser Ziel ist es, Raum zu geben für den Austausch untereinander ...
- zum Nachdenken und Diskutieren über Formen und Möglichkeiten der Zusammenarbeit
- für das Bearbeiten von Problemen und Konflikten
- für das Erarbeiten von möglichen Lösungen für die Praxis

Wir thematisierten auch die Besonderheit, dass in diesem Business NLP Teamworkshop die Führungskraft anwesend ist und sprachen darüber, welche verschiedenen Funktionen sie einnehmen kann und an welchen Stellen es zu einer Rollenkonfusion kommen könnte. Wir gestalteten nun die Vorstellungsrunde im Format »Beipackzettel«.

3.2 Das Individuum

Das Format »Beipackzettel« sieht vor, dass sich jeder anhand einiger Kriterien vorstellt, die wir ebenfalls auf einem Flipchart vorbereitet hatten.

Meine Persönliche Gebrauchsanweisung:
- Seit wann auf dem Markt (Alter)?
- Aktuelles Einsatzgebiet (wo leben Sie, wo findet man Sie vor?)
- Wartung und Pflege
- Haltbarkeit
- Risiken und Nebenwirkungen
- Vergleich mit Konkurrenzprodukten
- Verbraucherecho
- Produktslogan

Die Teilnehmer bekamen zehn Minuten Zeit, sich zu überlegen, wie ihre persönliche »Gebrauchsanweisung« wohl lauten würde. Das Durchlesen der Kriterien brachte schon die ersten Lacher hervor und sorgte dafür, dass die Anspannung ein wenig nachließ. Kritische Kommentare über die Erfüllbarkeit der Aufgaben brachten die ersten Dialoge in Gang. Harald schleuderte uns entgegen: »Sind wir jetzt schon Produkte statt Personen! Wat soll denn ed Miriam dazu schreiben?« Befürchtungen wurden laut, dass manchen keine Antworten einfallen könnten und ob das, was geschrieben würde, überhaupt angemessen sein könne. Miriam konterte indes gewitzt: »Harald, bei kühler Lagerung bin ich länger frisch, als du glaubst!« Diese spontane Einlage verdeutlichte sehr schnell, dass durchaus ganz unterschiedliche Interpretationen der Fragen möglich sind und dass es hier weder richtige noch falsche, sondern lediglich höchst individuelle Antworten gab. Nach der angekündigten Vorbereitungszeit starteten wir Moderatoren mit dem Vorlesen unseres individuellen Beipackzettels. Diese Einstiegsrunde bewirkte eine gewisse Gelöstheit und schaffte Vertrauen, dass jeder gehört und gesehen und keiner ausgelacht wurde.

Im Anschluss daran stellten wir heraus, dass es im Workshop, genau wie im Business-Alltag, stets mehrere Ebenen der Erfahrung gibt: das Individuum, die Gruppe und das Gesamtgebilde. Dann führten wir unter folgenden Fragestellungen die Erwartungsabfrage ein:

Bitte notieren Sie auf die farblich zugeordneten Moderationskarten mit dicken Stiften und schöner Schrift (max. 2 pro Farbe) mit einem Stichwort:

Meine Wünsche an ...
• die Gruppe
• die Moderatoren
• mich
(Zeit: 10 Minuten)

Diese Kartenabfrage bezog wieder jeden Teilnehmer des Workshops persönlich ein und jeder konnte seine eigenen Vorstellungen zum Ausdruck bringen.

3.3 Die Großgruppe

Aus den Ergebnissen der Erwartungsabfrage erstellten wir ein Flipchart mit den Regeln der Zusammenarbeit während des Workshops, also den »Spielregeln«:

»Spielregeln«

- Vertraulichkeit – Nichts wird an Dritte weitergegeben, die nicht hier sind.
- Jeder hier ist für den Erfolg des Workshops mit verantwortlich.
- Wir gehen respektvoll miteinander um.
- Jeder darf ausreden und jede Meinung ist willkommen.
- Jeder darf »nein« und »stopp« sagen!
- Wir halten die »Spielregeln« ein!

Wir machten deutlich, wie wichtig diese »Spielregeln« für die beiden Tage sind. Und wir gaben Hinweise zur Nützlichkeit von solchen Vereinbarungen im Arbeitsalltag, wenn die Arbeitsanforderungen das angemessene Miteinander in den Hintergrund treten lassen. Anschließend wurden die gemeinsamen Regeln an der Wand gut sichtbar angebracht. Jeder wurde aufgerufen, Bezug darauf zu nehmen, wenn sie übertreten würden.

Der Einstieg ins Thema Zusammenarbeit erfolgte über eine Einführung in das Thema Team und Teamarbeit. Wir erarbeiteten im Plenum eine Begriffsdefinition.

Was ist ein Team?

- Es gibt ein gemeinsames Ziel.
- Wir haben gemeinsame Regeln und Gesetze.
- Es gibt verschiedene Rollen, definierte und inoffizielle.

121

- Ein Team besteht aus einzelnen Bestandteilen.
- Es gibt einen Zusammenhalt.
- Wir unterstützen uns gegenseitig.
- Wir haben ein abgestimmtes Vorgehen.
- Jeder ist betroffen.
- Dinge bewegen und entwickeln sich.

3.4 Die Subteams

Nach einer Pause fanden sich die Teilnehmer in den Teams zusammen, in denen sie auch im Alltag arbeiten. Die nächste Intervention wurde eingeleitet. Dabei ging es darum, das eigene Team zu »verkaufen«, also sich der Stärken des jeweiligen Teams bewusst zu werden.

»Team zu verkaufen«

- Was sind heute unsere besonderen Stärken, Talente, Erfahrungen? (20 Min.)
- Was benötigen wir darüber hinaus, um uns in den nächsten sechs Monaten erfolgreicher aufzustellen? (20 Min.)
- Entwickeln Sie ein Plakat, einen Flyer oder einen Werbeprospekt, der Ihre Besonderheit, Ihre Fähigkeiten deutlich macht. (20 Min.)
- Präsentieren Sie bitte Ihre Ergebnisse. (5 Min.)

Diese stärkende Übung zeigte schnell, dass in den einzelnen Gruppen ein großes Bedürfnis bestand, sich in der gewohnten Kleingruppe zu treffen und auszutauschen. Die Teams beschäftigten sich engagiert mit den vorgegebenen Fragestellungen. Anschließend präsentierten sie die Ergebnisse, unter großem Applaus und gegenseitiger Anerkennung. Klaus rief: »So habe ich Euch ja noch nie wahrgenommen!« Anhand der gestalteten Plakate und der Darstellungsform wurde die Individualität jeder Gruppe deutlich.

Die erste Gruppe befasste sich in einer angeregten Diskussion hauptsächlich damit, was im Team derzeit alles nicht funktioniert. So schafften sie es nicht, ein Plakat zu entwerfen. Sie berichteten nur von der lebhaften Diskussion und verlasen Werte wie Sorgfältigkeit, Ordentlichkeit, Kreativität etc.

Die zweite Gruppe begann sofort damit, ein Plakat für Marketingzwecke zu gestalten: »Wir liefern die Analysen von morgen schon gestern! Auf uns ist Verlass!«

Die dritte Gruppe befasste sich hauptsächlich mit der Identität und dem, was die Teammitglieder verbindet. »Take five! – Wir fünf erfüllen Kundenwünsche bis zwei Stellen hinter dem Komma.«

3.5 Die erste Teamübung im Freien: »Giftmüll in der Eifel«

Nach der Pause starteten wir mit der ersten Teamübung im Freien, »Giftmüll in der Eifel«, diesmal wieder im Großgruppenformat. Ziel war es, in möglichst kurzer Zeit, einen flüssigen Eimerinhalt (Giftmüll) von einer gekennzeichneten Fläche über eine Distanz von fünf Metern zu einem Endlager zu bringen, ohne den Eimer nebst Inhalt zu berühren. Zwei Teams standen im Wettbewerb. Die genaue Instruktion hatten wir den Teams im Seminarraum anhand einer vorbereiteten Zeichnung gegeben.

Draußen im Freien konnten alle Beteiligten das vorbereitete Setting in Augenschein nehmen und es wurden Rollen zugewiesen: Jedes Team ernannte einen Teamleiter und einen Koordinator. Eine Tabuzone um die Eimer herum, also kontaminiertes Gelände, durfte nicht betreten werden. Der Eimer konnte daher ausschließlich mit an einem Gummiband befestigten Seilen über eine Distanz von fünf Metern transportiert werden. Dort befand sich ein Auffanggefäß, das ebenfalls in einer kontaminierten Tabuzone stand. Beide Teams bekamen eine Vorbereitungszeit von zehn Minuten, in der noch nicht mit dem Material gearbeitet werden, sondern lediglich theoretisch geplant werden durfte. Erschwerend kam hinzu, dass jeder im Team mit Ausnahme des Teamleiters und des Koordinators ab dem Startsignal eine Augenbinde tragen musste.

Die Übung dauerte ungefähr 45 Minuten. Sie endete, als das erste Team den Giftmüll regelgerecht entsorgt hatte. Teile des Übungsverlaufs wurden auf Video aufgezeichnet.

Diese Teamentwicklungsübung lieferte jede Menge Stoff zum Sehen für Teamleiter und Koordinatoren und zum Hören, Denken und Fühlen für alle. Zur strukturierten Auswertung setzten wir unser Arbeitsblatt »ZAPRUK« ein, das in mehrere Kriterien und Fragen unterteilt ist (vgl. Tab. 1).

Ziel		Gar nicht	wenig	genügend	optimal
	War mir das Ziel der Übung klar?	1	2	3	4
	Wie zufrieden bin ich mit dem Ergebnis?	1	2	3	4
Aufgaben		Gar nicht	wenig	genügend	optimal
	Wusste ich, was zu tun ist?	1	2	3	4
	Wusste ich, welche Aufgabe ich/bzw. das Team erledigen sollte?	1	2	3	4
Planung/Prozess		Gar nicht	wenig	genügend	optimal
	Haben wir die Planung richtig durchgeführt?	1	2	3	4
	Wie zufrieden war ich mit dem Gruppenprozess während der Übung?	1	2	3	4

	Wie sind wir als Team mit unvorhergesehenen Problemen umgegangen?	1	2	3	4
Rollen		Gar nicht	wenig	genügend	optimal
	Waren die Rollen definiert?	1	2	3	4
	Wusste ich, welche Rolle ich übernehmen muss?	1	2	3	4
	Wussten die anderen, welche Rolle sie übernehmen sollten?	1	2	3	4
Umsetzung		Gar nicht	wenig	genügend	optimal
	Wie ist mir die Umsetzung gelungen?	1	2	3	4
	Wie ist uns als gesamtes Team die Umsetzung gelungen?	1	2	3	4
Kommunikation		Gar nicht	wenig	genügend	optimal
	Haben wir uns im Team richtig ausgetauscht?	1	2	3	4
	Gab es merkliche Kommunikationsstörungen?	1	2	3	4

Tabelle 1: ZAPRUK Arbeitsblatt

Zurück im Seminarraum erfragten wir bei der anschließenden Auswertungsrunde Emotionen, Gedanken und Einsichten sowie persönliche Erfahrungen. Jeder bekam die Chance, sich zu äußern.

Immer wieder kommentierten wir Moderatoren die Individualität des Erlebten und die verschiedenen Ausprägungen der Erlebnisqualitäten. Dabei führten wir als Erklärungsmodell die Pyramide der Logischen Ebenen von Robert Dilts ein (Abb. 1).

Der Übungsaufbau (Umfeld) und das Verhalten wurden gänzlich unterschiedlich wahrgenommen und interpretiert. Dies geschah in Abhängigkeit zur Rolle und zu den Fähigkeiten, die jemand einbrachte. Außerdem hing es in hohem Maße von der Einstellung zur Übung, zum Leiter und zum Koordinator ab. So führten wir den Begriff der unterschiedlichen Landkarten des Erlebens ein. Dabei stellten wir immer wieder den Bezug her zu Beispielen aus dem Alltag im Labor und der Zusammenarbeit mit den angrenzenden Abteilungen. So wurde klar, dass die »Landkarten« nicht nur bei dieser Übung wirkten, sondern auch im Arbeitskontext.

Erkenntnisse aus Teamübung I:
- Sicherstellen, dass *alle* das Ziel verstanden haben
- Ziele und Aufgabenstellung noch mal wiederholen
- Zeit nehmen bei der Besprechung der Umsetzung. Es lohnt sich! Auch zwischendurch.
- Bei Störungen und Chaos durchatmen und noch genauer werden
- Genau wissen, was *meine* Aufgabe ist
- Vertrauen hilft
- Dinge bewegen und entwickeln sich
- Präzise Kommandos und, auch als Empfänger, nachfragen
- Transparenz schaffen, damit alle an der Aufgabe mitdenken können
- Inneren Schweinehund überwinden und Neuanfang wagen
- Lieber mal langsamer machen und Ruhe reinbringen
- Geduld haben

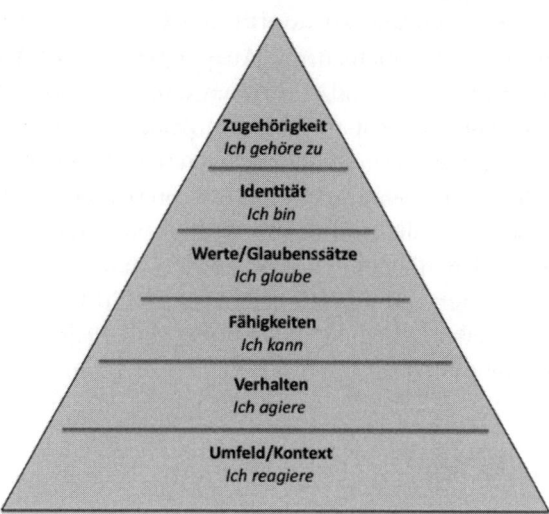

Abb. 1: Dilts-Pyramide

Den Punkt »Inneren Schweinehund überwinden« brachte Manfred ein, der feststellte: »Ich hatte keine Lust, mir von Holger was sagen zu lassen und stellte mich erst mal bockig. Dann hab ich gemerkt, dass das, was er vorgegeben hat, uns alle weitergebracht hat!« Es war also durchaus möglich und vor allem positiv, seinem Kollegen, mit dem er schon längere Zeit nicht mehr redete, bei einer neuen Aufgabe neu zu begegnen und neue Erfahrungen zu sammeln. Beide kamen so wieder ins Gespräch.

Wir beendeten den ersten Tag mit einem Blitzlicht: Wie war der Tag? Wie ging es jedem Einzelnen? Diese Art zu resümieren und zu reflektieren, war für die Teilnehmer neu. Ganz unterschiedliche Bemerkungen zum Tag wurden hervorgebracht. Schon jetzt gab es nur positive und optimistische Aussagen: »Das hätte ich mir niemals träumen lassen, dass wir hier so tolle Sachen zusammen erleben!« (Klaus), »Habe selten so viel Spaß mit Kollegen gehabt!« (Annedore).

Zum Abendessen und zu informellen Gesprächen an der Bar traf sich die Abteilung später ohne Moderatoren wieder. Wir Moderatoren saßen mit Frau Jan zusammen und holten ihre Meinung zum Tagesverlauf ein. Wir reflektierten gemeinsam mit ihr unsere Wahrnehmung und das, was uns bemerkenswert erschien. Die als »problematisch« angekündigten Mitarbeiter waren nicht weniger engagiert als die anderen und drängten sich, entgegen aller Befürchtungen, nicht störend in den Vordergrund. Wir waren vor allem mit der Entwicklung des Themas Offenheit und Vertrauen sehr zufrieden und hoben auch das hohe Maß an Konstruktivität aller Teilnehmer hervor.

4 Der zweite Tag

Um neun Uhr begannen wir mit dem Workshop und der Vorstellung der Agenda. Viele Nebengespräche zeugten von einem netten Abend mit vielen intensiven Unterhaltungen. Eine vage Unsicherheit war zu spüren, wie wohl der zweite Tag verlaufen würde.

Zum Einstieg wurde jeder Teilnehmer gebeten einen Klebepunkt auf eine vorbereitete Wetterkarte zu kleben und ein paar Worte dazu sagen. Im Anschluss daran ging es tiefer in das persönliche Resümee zum eigentlichen Thema des Workshops. Auch hierzu hatten wir ein Flipchart vorbereitet.

Mein persönlicher Rück- bzw. Ausblick:
• Was war mir gestern besonders wichtig, was habe ich
   gestern für mich gelernt?
• Wenn ich an meine Erwartungen und Wünsche vom
   Beginn des Workshops denke: Was hat sich davon bereits
   erfüllt und was möchte ich heute noch ansprechen?
(Zeit: 10 Minuten)

Wir nahmen uns Zeit zum Zuhören, wo jeder nach dem ersten

Workshoptag stand. Einige Punkte vom Vortag wurden als neue und aufschlussreiche Erfahrungen beschrieben. Susanne und Jaqueline beschrieben, dass sie sich sehr gut aufgenommen fühlten, obwohl sie noch nicht so lange im Unternehmen sind. Annalena, die Jüngste in der Abteilung, die über eine Arbeitnehmerüberlassung ins Team gekommen war, meinte, sie habe die Kollegen besser kennengelernt und vor allem ganz andere Seiten an ihnen. Erich, der älteste Teilnehmer war gerührt, die jungen Kollegen so konstruktiv zu erleben: »Die han doch nix anneres im Kopf als ihre Piercings und Tatoos, han isch denkt. Jetzt kenn isch sie als vollwertige, ideenreiche, gleichwertige Kolleginnen!« Harald, der sich als informeller Leiter fühlte und der kritischste Teilnehmer war, merkte an, dass ihm bei der Übung gestern Nachmittag ein Licht aufgegangen sei: »Wir profitieren von unseren reichhaltigen Erfahrungen, wenn wir uns nur schätzen lernen. Und ich lass mal die Zügel bisschen lockerer.« Rosemarie und Hannelore, die beiden ältesten Teilnehmerinnen, deren gegenseitige Animositäten viel auf das Gesamtteam ausgestrahlt hatten, waren gesprächig, auch miteinander. Die meisten waren positiv gespannt auf den vor uns liegenden Tag.

4.1 »Wertstoffsammlung«

Dramaturgisch näherten wir uns langsam dem Höhepunkt unseres Workshops und führten dazu das Thema Werte ein. Im Plenum sammelten wir, welche Werte bekannt sind, und unternahmen eine Begriffsdefinition. Da die Gruppe aus Labormitarbeitern bestand, begannen wir, über Grenzwerte, PH-Werte und Messwerte zu sprechen, arbeiteten uns weiter vor zu Sachwerten und finanziellen Werten und engten dann ein auf ethische, religiöse, kulturelle, politische sowie moralische und persönliche Werte.

Nachdem die Gruppe eingestimmt war, stellten wir die nächste Übung vor.

4.1.1 Individuelle Werte

Jetzt ging es darum, dass jeder über seine individuellen Werte nachdachte. Die Aufgabe lautete:
- Nehmen Sie sich bitte Zeit und denken Sie darüber nach,
  welche momentan Ihre fünf wichtigsten Werte sind.
- Bringen Sie diese Werte möglichst in eine Reihenfolge,
  beginnend mit dem wichtigsten Wert.

(Zeit: 30 Minuten)

Um die Einzelergebnisse zu festigen, baten wir die Teilnehmer,
diese noch mal in Zweiergruppen zu reflektieren und vor allem zu
operationalisieren. Das heißt, wir baten die Teilnehmer, sichtbare
Verhaltensanker zu definieren:

Zweierübung
- Wie leben Sie Ihren Wert im beruflichen Alltag, wie setzen
  Sie ihn um?
- Woran kann ein Außenstehender an Ihrem Verhalten sehen,
  dass Sie einen Ihnen wichtigen Wert leben?

(Zeit: 30 Minuten)

4.1.2 Werte auf Subteam-Ebene

Anschließend führten wir die natürlichen Subteams mit folgender
Instruktion wieder zusammen:
- Gehen Sie nun wieder in Arbeitsteams zusammen. Jedes
  Teammitglied nennt reihum seine drei wichtigsten Werte.
  Einer schreibt am Flipchart mit. Mehrfachnennungen
  werden nur einmal notiert.
- Jeder soll bitte kurz erläutern, was er mit seinem Wert
  meint, das heißt, woran ein Außenstehender an seiner
  Haltung und an seinem Verhalten erkennen könnte, dass
  der Wert maximal gelebt wird.

(Zeit: 1 Stunde)

Nachdem dieser Schritt vollendet und besprochen war, fokussierte sich jedes Team auf die relevantesten Teamwerte.

4.2 »Wertstofftrennung«

Für die nächste Übung erhielt jedes Teammitglied sechs Klebepunkte. Diese sollten nach der folgenden Anweisung auf dem Werte-Flipchart platziert werden:
Wert, der Ihnen
- am wichtigsten ist (3 Punkte)
- am zweitwichtigsten ist (2 Punkte)
- am drittwichtigsten ist (1 Punkt)

(Zeit: 10 Minuten)

Anschließend sollten die Teams in einer Auswertungsrunde berichten, welche Top 4-Teamwerte sich durch die Auszählung Ihrer Punktbewertung ergeben haben und diese Werte kurz erläutern (max. 10 Minuten).

Wir bereiteten für jedes Subteam ein Flipchart vor, um die Top 4-Werte von jedem Teammitglied anonym bewerten zu lassen. Dabei bedeutet die Bewertung 1: »Der Wert wird in unserem Team überhaupt nicht gelebt.« Und die Ziffer 9 bedeutet: »Der Wert wird aus meiner Sicht bei uns im Team intensiv gelebt.«

Wir regten die Teams anschließend an, über die Werte zu sprechen, die die stärkste Streuung aufwiesen, also über diejenigen Werte, bei denen die Wahrnehmung zur Umsetzung sich am meisten unterschied.

Die Ergebnis-Flipcharts:

Abb. 2: Ergebnis-Flipchart Gruppe 1

Abb. 3: Ergebnis-Flipchart Gruppe 2

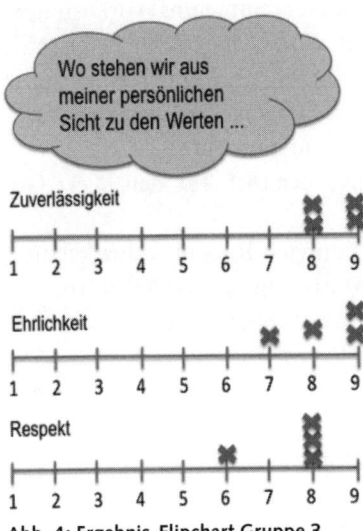

Abb. 4: Ergebnis-Flipchart Gruppe 3

4.3 »Wertschöpfung«

Der folgende Arbeitsschritt bezog sich auf die Logischen Ebenen, die wir ja am ersten Tag bereits eingeführt hatten:

- Was können wir im Team ganz konkret tun oder lassen, um diesen Wert in unserem Team intensiver umzusetzen und für alle wahrnehmbar zu leben?
- Schreiben Sie bitte ganz konkrete Beispiele von Verhaltensweisen und Maßnahmen auf Moderationskarten, die umsetzbar sind!

(Zeit: 1 Stunde)

- Berichten Sie von Ihren Vorschlägen.

(Zeit: 10 Minuten)

Dieser abschließende, »wert«volle Schritt, konkrete Maßnahmen zu erarbeiten und sie den anderen Subteams vorzustellen, wurde als sehr wirkungsvoll erachtet. Einerseits konnte jeder seine Empfindungen und Wünsche formulieren und andererseits ganz konkrete Handlungsanleitungen vorschlagen. Eine enorme Konstruktivität und Differenziertheit war entstanden.

Beispiele für konkrete Handlungsvorhaben für den Wert Gerechtigkeit:

- Wir wollen über unsere Empfindungen Rückmeldung geben und erklären, warum wir etwas als ungerecht empfinden.
- Wir hören uns zu und akzeptieren unterschiedliche Sichtweisen.
- Wir wollen versuchen, Erklärungen zu geben und Ungerechtigkeiten zu beheben.
- Wir achten mehr auf die Einhaltung von Abmachungen und mahnen sie an.
- Ich beziehe schneller Stellung und ich beteilige mich auch an einer Schlichtung.
- Ich strebe eine flexible Problemlösung an.
- Wir können Fehler zugeben, ohne Sanktionen befürchten zu müssen.
- Wir beziehen unsere Führungskraft rechtzeitig mit ein.

Bei der Überleitung zur nächsten Großgruppenübung nahmen wir auf die »wert«vollen Erkenntnisse vom Morgen Bezug. Auch auf die Erfahrungen vom Vortag und die Lessons learned wiesen wir hin. Wir riefen zudem die Dilts-Pyramide in Erinnerung und zeigten auf, dass die Werthaltung die Ebenen darunter (Fähigkeiten, Verhalten, Umwelt) maßgeblich beeinflusst. Noch im Seminarraum gaben wir die Instruktionen zur zweiten Teamübung im Freien.

4.4 Die zweite Teamübung im Freien: »Raumschiff Enterprise«

Auf einem Flipchart notierten wir die Übungsanleitung und zeigten die Skizze eines Plantetengeländes. Bei dieser Übung ging es nicht mehr um einen Wettbewerb, sondern um die Zusammenarbeit in den Untergruppen und in der Großgruppe. Eine Beamzone musste von unterschiedlichen Standorten aus gefunden werden. Nur von dort aus können alle Besatzungsmitglieder der abgesprengten Spaceshuttles zurück zum Mutterschiff gebeamt werden und wären somit gerettet. Zeitvorgaben und die Einhaltung von Regeln (Augenbinden) erschweren die Durchführung. Die Teilnehmer waren aufgrund der Übung vom Vortag noch eingestimmt auf den Modus Wettbewerb, haben jedoch sehr schnell bemerkt, dass es hier um andere Anforderungen ging.

Die Auswertung der gemeisterten Übung erfolgte wieder vor Ort nach der ZAPRUK-Struktur und wurde dann im Seminarraum durch höchst individuelle Erlebnisberichte fortgeführt.

Dass die Übung erfolgreich bewältigt wurde, schien für alle Beteiligten nun völlig normal gewesen zu sein. Wir Moderatoren betonten, anerkennend, wie unbewusst erfolgreich die Strategie der gesamten Gruppe gewesen war.

Erkenntnisse aus Teamübung II:

- Länger Zeit lassen, um Aufgabenstellung innerhalb der Kleingruppe zu klären
- Ideen von allen anhören und abstimmen, bevor einer lospescht
- Ich konnte mich drauf verlassen, dass nichts Schlimmes passiert
- Horizont erweitern und Kompetenzen und Hilfe von anderer Gruppe nutzen
- Vertrauen in die Kollegen ist gestiegen
- Ich habe mich getraut, einen Vorschlag zu machen und er wurde gehört

- Wir haben nicht mehr alle durcheinander geredet, sondern jeder konnte seine Meinung sagen
- Wir sollten noch mehr aufeinander achten

Wir nahmen uns noch mal die Dilts-Pyramide vor und arbeiteten heraus, dass eine bestimmte Werthaltung die Einstellung stärkt und dadurch Fähigkeiten freisetzt, die vorher zwar vorhanden, aber wenig ausgeprägt waren. Dies führt zu einem veränderten Verhalten was Auswirkungen auf das Umfeld haben wird. So führt zum Beispiel der gelebte Wert »Vertrauen« dazu, dass sich jemand mehr zutraut, dies äußert und damit die Gruppe befruchtet. So entsteht Neues.

5 Wertvolle Rückmeldung

Wir waren mittlerweile am Samstagnachmittag um 15.30 Uhr angekommen. Und die Unruhe lag nicht nur am Drang, nach Hause ins Wochenende zu kommen, sondern auch am Thema. Die letzte Intervention, die von einigen nicht unkritisch gesehen wurde, war der geplante Feedback-Zirkel innerhalb der Subteams. Sie sorgte kurz vor Schluss noch für einigen Zündstoff. Wir gaben folgende Fragestellungen in die Subgruppen:

Was müssen/möchten wir uns nach diesen anderthalb Tagen noch sagen? Rückmeldung an meine Kollegen.
- Mach weiter mit …
- Zeig weniger davon …
- Zeig mehr davon …

Wir verfolgten mit dieser Feedback-Übung das Ziel, dass jedes Subteam nun noch einmal die anderthalb Workshoptage, insbesondere die Erlebnisse mit den Kollegen, resümieren konnte. Ein zweites Ziel war es, die eigene Wahrnehmung der Kollegen aus dem Arbeitsteam konstruktiv zu formulieren. Das dritte und letzte Ziel war, zu lernen, wie man von Kollegen gesehen wird.

Einwände wie der von Hartmut, dass wir jetzt genau zum Schluss noch mit der Übung um die Ecke kämen, die alle befürchtet hatten, wurden einfühlsam entkräftet. Dazu wurde über die Vorteile einer ehrlichen und wertschätzenden Rückmeldung diskutiert. Das konnte die Gemüter wieder etwas abkühlen. Die Absicht von Frau Jan war, diese Form der Offenheit und Feedback-Kultur auch in den Arbeitsalltag zu übertragen. Das kommunizierten wir ins Plenum. Wir bezogen uns noch einmal auf die Spielregeln vom Anfang des Workshops und unterstrichen gestisch und mit Farbe insbesondere den Punkt des respektvollen Umgangs und den Punkt, dass jeder auch »Nein« und »Stopp« sagen kann. Wir Moderatoren demonstrierten ein Beispiel, indem wir uns gegenseitig Feedback gaben und begleiteten dann die Gruppen in Gruppenarbeitsräume und blieben vor Ort.

Die Feedback-Zirkel im Subteam dauerten circa eine Stunde. Trotz einiger Vorbehalte machten letztlich alle die Übung mit. Es flossen einige Tränen der Rührung, insbesondere über die »Wert«schätzung, die in vielen Statements transportiert wurde. Es war klasse zu sehen, wie konstruktiv die Feedbacks formuliert wurden. Frau Jan war bei den Kollegen-Feedbacks der Mitarbeiter nicht anwesend. Sie kam lediglich kurz in beide Gruppenräume, um sich von allen Mitarbeitern einer Subgruppe ein Feedback zu Ihrer Person und zu ihrem eigenen Führungsstil geben zu lassen. Aufgrund der Vertraulichkeit wird hier nicht näher auf die Mitarbeiter-Feedbacks eingegangen. Zusammenfassend kann ich erwähnen, dass sich jeder mehr Anerkennung von Frau Jan und den Kollegen sowie mehr Klarheit in der Kommunikation von der Führungskraft wünschte.

6 »Wert«papiere – Umsetzung in den Alltag

Die Beschäftigung mit dem Thema Werte sowie mit der Dilts-Pyramide gab den Teilnehmern ein gutes Gerüst an die Hand, ihre eigenen Werte und ihr Verhalten zu reflektieren. Die intensive Auseinandersetzung darüber, wie man vortrefflich aneinander vorbeireden kann, obwohl man denselben Wert, zum Beispiel »Gesundheit« meint, brachte anschließend wichtige neue Einsichten: »Mir ist meine Gesundheit so enorm wichtig, daher kann ich keine Zugluft am Arbeitsplatz vertragen!« (Marianne). »So geht es mir auch, meine Gesundheit geht mir über alles, sodass ich gerne am liebsten dauernd bei geöffnetem Fenster arbeiten möchte!« (Hiltrud). »Und jetzt finden wir im Bewusstsein, denselben Wert zu haben, eine gemeinsame Lösung, stimmt's, Marianne?«

Die Wichtigkeit, beim Gesprächspartner bzw. Kollegen nachzufragen, wie er eine Äußerung meine, wurde erkannt und direkt umgesetzt. So hat der Workshop viel bewirkt. Die Kollegen kamen wieder in Kontakt. Sie hörten sich wieder zu, sie lernten sich von anderen Seiten kennen und schätzen. Sie entwickelten ein neues Selbstbewusstsein und Wertebewusstsein. Sie generierten Ideen, um mit den angrenzenden Abteilungen besser zu kommunizieren. Und sie haben gelernt, gegenüber Kollegen und Frau Jan ihre Bedürfnisse anzusprechen.

Unsere Abschlussrunde bringt noch einmal den Begriff »Werte« auf das Tapet und wir stellen zwei abschließende Fragen:

- Was sind die wichtigsten Erkenntnisse, die ich für mich aus dem Workshop für den Arbeitsalltag und fürs Leben mitnehme/die ich gelernt habe?
- Welcher Wert ist mir wichtig und was werde ich ab Montag anders machen?

(Zeit: 10 Minuten Stillarbeit, 3 Minuten Bericht vor dem Plenum)

Wir baten jeden Teilnehmer, nach einer kurzen individuellen Reflexion eine persönliche »Abschlussverpflichtung« zu verfassen und seinen wichtigsten Wert sowie die dazugehörige Maßnahme auf eine rote Karte (das »Wert«papier) zu notieren. Alle »Wert«papiere wurden in ein vorbereitetes Schatzkästchen für das Gesamtteam gelegt. Dieses Schatzkästchen sollte beim nächsten Abteilungstreffen geleert und die Karten vorgelesen werden. Bis dahin soll jeder Mitarbeiter der Abteilung Zeit haben, seine Maßnahmen zu konkretisieren und sich dann verpflichten, aktiv dafür einzustehen, dass sein Wert umgesetzt wird. Außerdem wurde jeder gebeten, auch dafür zu sorgen, dass andere ebenfalls ihre Werte leben und umsetzen können. Frau Jan verpflichtete sich im Plenum ebenfalls zur der Umsetzung einer Maßnahme und dazu, ein baldiges Nachtreffen im Unternehmen zu moderieren und das Schatzkästchen vertrauensvoll zu verwalten und zu öffnen.

Im Sinne der Nachhaltigkeit legten wir noch je eine CD mit dem Fotoprotokoll aller Arbeitsmaterialien und mit Videoaufzeichnungen der beiden Teamübungen im Freien in das Schatzkästchen. Wir formulierten den Auftrag, einige Ausschnitte der Videoaufzeichnungen beim nächsten Abteilungstreffen noch einmal anzusehen und auszuwerten, damit auch die Erfahrungen wieder in Erinnerung gerufen werden können. Das Schatzkistchen wurde nach der Übung geschlossen und wir bedankten uns für das Vertrauen untereinander und in uns als Moderatoren.

Dann war das Ende der Veranstaltung gekommen: Samstagnachmittag 17.00 Uhr. Stürmischer Applaus, bewegtes Schweigen. Jetzt werden Werte wirken!

7 Nachbereitung

Ein Nachgespräch mit Frau Jan und dem Leiter der Personalentwicklung sechs Wochen nach dem Business NLP Workshop ergab folgende Resultate:

- Die Rückmeldungen der Teilnehmer über den Workshop waren in den folgenden Wochen durchweg positiv.
- Das Nachtreffen des gesamten Teams hat stattgefunden, die Begeisterung war groß.
- Die Außenwirkung der positiven Veränderung der Abteilung (Arbeitsmoral, Zusammenhalt, Ausstrahlung) war so enorm, dass der Leiter des anderen Laborteams ebenfalls einen Workshop zur Teamentwicklung anfragte.
- Das Gesamtteam kommuniziert in regelmäßigen Meetings und auch informell wieder miteinander.
- Die Mitarbeiter sind klarer, konstruktiver, wertschätzender und ehrlicher.
- Die Wertschätzung in der ganzen Abteilung ist gestiegen.
- Die Arbeitsergebnisse sind wieder auf gutem Niveau und die gegenseitige Unterstützung im Team ist gestiegen.
- Führungskraft und Mannschaft sind näher zusammengerückt und der Grad der wahrgenommenen Wirksamkeit der Führungskraft ist gestiegen.

Kontaktadresse der Autorin für Austausch und Anfragen:
woerrle@woerrle-und-schneider.com

Annett Rosenblatt

Auf Versöhnungskurs: Mediation in einem Geschäftsführungstrio oder drei Frauen können sich endlich begegnen

Abstract

In diesem Beitrag geht es um Mediation in einem bereits lange schwelenden Konflikt zwischen drei Frauen in der Geschäftsführung einer Behörde. Mithilfe von NLP-Methoden konnten das »Eis des Schweigens« gebrochen und gemeinsam neue Wege entdeckt werden, um in Zukunft eine wertschätzende Kommunikation sicherzustellen. Dies waren die Ergebnisse eines einzigen Nachmittags.

Sachwortindex

Teamkonflikt gemeinsame Führung Verwaltung Behörde
Mediation schnelle Lösung kreativer Ansatz Wertekonflikte
Ziele Wahrnehmungspositionen

1 Auf welchem Terrain bewegen wir uns?

Behördliche Einrichtungen sind sehr stark durch amtliche Hierarchien geprägt. Diese fördern undurchschaubare Abhängigkeiten und lassen zum Teil wenig Raum für gute menschliche Beziehungen. Seit Jahren arbeite ich als Coach mit Teams und Führungskräften von Behörden zusammen. Ich habe immer wieder festgestellt, dass hinter einer scheinbar starren menschlichen Barriere plötzlich Vertrauen, Offenheit und Menschlichkeit zum Vorschein kommen. Das ist die beste Basis, um positive Veränderungen herbeizuführen.

Dieser Beitrag beschreibt ein Beispiel aus dem ganz normalen Berufsalltag, wie ich es immer wieder erlebe oder erzählt bekomme. Es ist also kein Einzelbeispiel. Die im Folgenden dargestellte Situation fand ich in einer Behörde vor, für die ich zu diesem Zeitpunkt bereits über zwei Jahre in den Bereichen Training und Coaching tätig war. Ich arbeite dabei vorwiegend mit NLP-Methoden, die sich ganz hervorragend in Business-Kontexten anwenden lassen. Die Interventionen des NLP sind schnell umsetzbar und zeigen eine große, nachhaltige Wirkung.

Im Rahmen von Strukturveränderungen in sozialen Systemen zeigen sich häufig Wertekonflikte zwischen Mitarbeitern, die bisher wenig miteinander zu tun hatten, im Zuge der Veränderung zukünftig aber sehr eng miteinander arbeiten werden. Daraus entstehen oftmals Unsicherheit, Unmut und gegenseitiges Misstrauen. Personalentscheidungen werden von übergeordneten Gremien über die Köpfe von untergebenen Mitarbeitern hinweg getroffen.

•••••• **Die Interventionen des NLP sind schnell umsetzbar und zeigen eine große, nachhaltige Wirkung.**

Durch dieses fehlende Mitbestimmungsrecht fühlen sich die Betroffenen oftmals sehr hilflos. Teilweise empfinden sie das Vorgehen auch als Verletzung ihrer »älteren Rechte«. Hervorragenden Leistungen, die über Jahre hinweg erbracht wurden, wird in diesen Prozessen manchmal zu wenig Wertschätzung zuteil. Dieses Thema ist sicher weit verbreitet und betrifft Behörden ebenso wie andere Organisationen.

2 Was ist los?

2.1 Hintergründe

Das Projekt habe ich in einer Behörde mit rund 60 Mitarbeitern durchgeführt. Ich fand dort folgende Situation vor:

- In der Behörde herrschen verschiedene Spannungsfelder vor, die sich auf das tägliche operative Geschäft auswirken. Auch die Ausrichtung der Behörde auf zukünftige Aufgaben ist davon betroffen.
- Die öffentliche Politik auf Kommunal- und Bundesebene hat direkten Einfluss auf die Arbeit dieser Behörde. Das betrifft sowohl den rechtlichen Rahmen als auch konkrete Anweisungen. Arbeitsbezogene und persönliche Unsicherheiten werden genährt. Beispielsweise ist bis zum heutigen Zeitpunkt unklar, ob die Behörde mittelfristig in dieser Form Bestand haben wird.
- Die Mitarbeiter haben keine klar abrechenbare Ziele, sondern nur Messgrößen als sogenannte »Vorgaben«. Diese entstehen allerdings am Schreibtisch fernab von der Basis. Demzufolge haben sie meist wenig Bezug zur Praxis. Beispielsweise sind die Mitarbeiter angehalten, bestimmte Kosten für Sozialleistungen einzusparen, obwohl das Ausgabenvolumen stetig steigt, wenn man die gesetzlichen Regelungen einhalten will.
- Die Mitarbeiter haben ständig Kundenkontakt, meist mit Menschen aus der sozialen Unterschicht. Aufgrund dieser Situation gibt es häufig Spannungen zwischen Kunden und Mitarbeitern, die es zu schlichten gilt.
- Alle zwei Jahre wechselt per Beschluss das Amt des Geschäftsführers. Dies lässt zusätzlich eine sehr komplizierte Situation entstehen. Gerade durch die hohe Anspannung werden hohe Anforderungen an eine effektive Zusammenarbeit und das menschliche Miteinander gestellt. Für jeden Mitarbeiter ist das eine der größten Herausforderungen im Alltag.

2.2 Drei starke Frauen

Die Geschäftsleitung setzt sich aus der Geschäftsführerin und zwei Abteilungsleiterinnen zusammen. Besetzt sind diese Ämter von drei sehr starken Frauen, die kaum unterschiedlicher sein könnten. Alle drei beharren gern auf ihren vorgefassten Meinungen und Bewertungen.

Die Geschäftsführerin, Cornelia, wurde neu berufen. Sie kam aus einem anderen Fachbereich und wurde sehr kurzfristig eingearbeitet. Sie wirkt enthusiastisch, aktiv, dynamisch und voller Ideen. Die an ihr zu beobachtende Härte resultiert aus meistens hart erkämpfter Anerkennung auf dem steinigen Weg ihrer beruflichen Laufbahn.

Die beiden Abteilungsleiterinnen, wir nennen sie Petra und Eva, kommen ursprünglich aus verschiedenen Behörden und leisten seit knapp fünf Jahren in einem langfristigen Projekt eine gute gemeinsame und erfolgreiche Arbeit. Sie haben schon einige Geschäftsführer kommen und gehen sehen. Gemeinsam haben sie auch viele emotional geladene Höhen und Tiefen durchlebt. Sie haben selbst einige Zeit gebraucht, sich in ihrer Unterschiedlichkeit zu begegnen und sich darin *wert*-schätzen zu lernen. Ihr erster gemeinsamer Geschäftsführer hat darauf sehr integrierend eingewirkt. Das war bei seinem Nachfolger leider nicht mehr so. Die neu berufene Cornelia ist nun die dritte Geschäftsführung, die die beiden Abteilungsleiterinnen erleben.

2.3 Befindlichkeiten

Die Frauen haben sich nach einem halben Jahr gemeinsamer Arbeit als Führungstrio noch nicht zusammengefunden. Es gibt Streitigkeiten und Missverständnisse über Arbeitsorganisation, Kompetenzbereiche und sogar über die Umsetzung rechtlicher Standards. Es scheint, als würden die drei Frauen eine unterschiedliche Sprache sprechen. So herrscht eine große Barriere im Umgang miteinander. Beispielsweise möchte eine Abteilungsleiterin ein ganz bestimmtes Ressort in ihrem Bereich weiter bearbeiten. Es hat schon immer zu ihrem Bereich gezählt. Die Geschäftsführerin möchte an dieser Stelle eine Umstrukturierung vornehmen, weil sie für dieses Ressort die besseren Kompetenzen in einem ganz anderen Geschäftsbereich sieht. Beide Seiten haben sich in ihren Meinungen festgefahren und fühlen sich von der jeweils anderen nicht verstanden und vor allem nicht gewürdigt.

Profilierungssucht kommt hinzu, alle drei möchten auf jeden Fall Recht haben. Statt sich gegenseitig zu vertrauen, zeigen die Beteiligten offenes Misstrauen. Es herrschen eisiges Arbeitsklima und mittlerweile auch Sprachlosigkeit vor. Das Umfeld nimmt diese Uneinigkeit vor allem durch Illoyalitäten und häufige Krankheitsausfälle wahr. Eine der drei Frauen kämpft seit längerem mit Burnout.

Die Uneinigkeit und die daraus resultierende angespannte Situation auf der Beziehungsebene führen zu einer starken Verunsicherung und Belastung der untergebenen Teamleiter und Mitarbeiter. Das wirkt sich auf alle anstehenden Aufgaben aus. Es fehlt eine klare strategische Ausrichtung für die gesamte Belegschaft. Zum Beispiel gibt es keine Zielvorgaben und es herrscht Uneinigkeit im Abarbeiten von Standardfällen. Dies hat wiederum die Herauszögerung wichtiger Entscheidungen zur Folge.

Die Entstehung der Behörde aus verschiedenen Zugehörigkeiten (einerseits zu einer Kommunal- und andererseits zu einer Bundesbehörde) bedingt unterschiedliche fachliche und persönliche Kompetenzen. Misstrauen und differierende Auffassungen über die Erfüllung der Aufgaben sowie zum Teil mangelndes Selbstvertrauen haben eine konstruktive Zusammenarbeit für alle Beteiligten und Betroffenen fast unmöglich gemacht. Das mangelnde Selbstvertrauen ist vor allem bei den ursprünglich aus der Kommunalbehörde stammenden Beteiligten zu beobachten. Viele Mitarbeiter haben sich für »Dienst nach Vorschrift« entschieden. Der Krankenstand ist hoch und es gibt viele Konflikte zwischen Mitarbeitern untereinander und im Umgang mit den Kunden.

3 Wo soll's hinführen?

3.1 Die gute Idee

Die Idee zu diesem Mediationsprozess entstand in einem Seminar mit den Teamleitern und den Abteilungsleiterinnen. Die Teamleiter konnten ihre Geschäftsführerin von einem grundlegenden Veränderungsprozess in der Kommunikation überzeugen und diese löste dann den Auftrag aus.

Zunächst ging es darum, eine Atmosphäre des Vertrauens unter den drei Frauen zu schaffen, wieder miteinander ins Gespräch zu kommen und Verständnis füreinander zu entwickeln. Dafür fand ein Coaching im Dreierteam statt.

3.2 Klare Ziele

Folgende Ziele sollten durch das Coaching erreicht werden:
• den Weg für konkrete Vereinbarungen im Umgang miteinander bereiten, zunächst innerhalb der Geschäftsführung
• eine gemeinsame Außenwirkung entwickeln, die auch so wahrgenommen wird
• gegenseitige Unterstützung sicherstellen und die Abläufe im operativen Geschäft beschleunigen
• Dienstbesprechungen effektiv gestalten und stringent zu Ergebnissen führen

4 Auf neuen Kurs gebracht

4.1 Die Situation

Zu Beginn der Moderation war es still. Nicht erwartungsvoll, sondern eher eisig bzw. resigniert. Die drei Frauen saßen schweigend und angespannt am Tisch. Die Abteilungsleiterinnen kannten mich bereits aus früheren Veranstaltungen, die Geschäftsführerin aus einem ausführlichen Vorgespräch. Somit war Vertrauen in mich und meine Arbeit vorhanden. Das war die wichtigste Voraussetzung für das Gelingen des Prozesses.

Die Idee war, dass die drei Frauen durch eine Dissoziation die Situation gemeinsam von außen betrachten. Ergänzend sollten sie weitere Perspektiven einnehmen, nämlich die Position des Gegenübers und einer neutralen Person (Wechsel der Wahrnehmungspositionen). Das ermöglicht ihnen andere Sichtweisen auf die Situation und in der Folge die Entwicklung neuer Lösungen. Durch das Finden einer gemeinsamen Lösung ha-

●●●●●● **Der Wechsel von Wahrnehmungspositionen ermöglicht die Entwicklung neuer Lösungen.**

ben die Frauen die Chance, gleichzeitig das Eis des Schweigens zu brechen. Sie erleben, dass man gemeinsam doch zu brauchbaren Ergebnissen kommen kann. Die Fokussierung auf die Gemeinsamkeiten statt auf die Unterschiede war mir dabei ein wesentliches Anliegen.

4.2 Formierung der Experten

Zunächst haben wir eine »Expertenkommission« einberufen. Jede der drei Frauen bekam kurzerhand einen Doktor- bzw. Professorentitel, um sich auch wirklich gut und mit Leichtigkeit in eine andere Rolle hineinversetzen zu können. (Natürlich war das erstmal ein Grund zum Schmunzeln. Wer bekommt schließlich mit so wenig Aufwand einen solchen Titel?) Zusätzlich veränderten wir das Setting. Ich bat die drei Frauen sich neue Plätze im Raum zu suchen, ohne den Tisch als Barriere. So kam es, dass sie sich einen Moment später selbst aus einiger Entfernung beobachten konnten. Augenblicklich veränderten alle Beteiligten ihre Mimik und Körperhaltung.

Jede der drei »Expertinnen« beschrieb zunächst, welche Gefühle dieses Bild bei ihr auslöste. Betroffenheit, Traurigkeit, starke Verletzungen, Hilflosigkeit waren häufig genannte Begriffe. Plötzlich erzählte Petra von einer Metapher. Sie nahm die Situation als grauen Sack wahr, der im Raum herumschwebte. Er war gefährlich, gehässig, unberechenbar und nicht greifbar. Niemand wusste, was er beinhaltete und woher er kam. Es war ein düsteres Bild, das Betroffenheit und Angst verbreitete. Lösungsideen zu finden, war in diesem Zustand für die drei Frauen undenkbar.

4.3 Time-out

In dieser Situation fand ich es ratsam, eine Pause (Separator) zu machen. Das war für alle Beteiligten eine sehr erlösende Idee. Nach Kaffee und Durchatmen haben sich die Frauen auf meine Anregung hin die Metapher vom grauen Sack noch einmal angeschaut und sich überlegt, was nötig wäre, um das Problem noch zu verschärfen.

Dahinter steckt die Idee, in einer festgefahrenen Situation Möglichkeiten zu entwerfen, um diese Situation noch weiter zuzuspitzen. Dreht man dann diese Möglichkeiten in ihr Gegenteil um, gelangt man häufig zu echten Lösungen für die positive Veränderung der Situation. Oftmals fällt es Menschen in Problemzuständen leichter zu formulieren, was sie nicht wollen bzw. was nicht zielführend ist. Aus den daraufhin genannten Punkten bildet man das Gegenteil. So ist es möglich, hilfreiche Ideen zu entwickeln, um das eigentliche Ziel zu erreichen.

4.4 Neuentdeckungen

Zu den Möglichkeiten der Problemverschärfung sprühten die Ideen förmlich aus allen »Expertinnen« heraus. Ich brauchte sie nur noch zu sammeln und festzuhalten. Gemeinsam haben die Frauen sie dann in ihr Gegenteil umgewandelt. Die Gesichter hellten sich immer mehr auf. Ihre Körpersprache wirkte entspannter, energiegeladener und leichter. Plötzlich fingen sie an, miteinander zu scherzen. Das gemeinsame »ver-rückte« Ideenfinden und die Leichtigkeit steckte alle gleichermaßen an. Sie konnten sich sofort mit diversen Lösungsideen anfreunden und sich sogar auf einige davon einigen. Nun entdeckten sie hinter ihren bisher verhärteten Positionen, die so unterschiedlich wirkten, die gleichen Interessen, Ziele und Werte. Plötzlich hatte jede von den Dreien Verständnis und *Wert*-Schätzung für die anderen. Jede von ihnen war sehr erleichtert darüber, dass gegenseitiges Verständnis wohl doch möglich ist.

Die Lösungsideen habe ich schriftlich festgehalten. Dann haben Cornelia, Petra und Eva, die nun wieder mehr und mehr in ihre »echten« Rollen schlüpften, umsetzbare Ideen ausgewählt und dazu konkrete Vereinbarungen getroffen und festgehalten. So wurde beispielsweise vereinbart, dass einmal pro Woche ein Feedbackgespräch über ihren Umgang miteinander stattfinden wird. Sie fassten den Beschluss, auf einer moderierten Veranstaltung sehr zeitnah ihrem gesamten Führungsteam von dem Prozess zu erzählen und ihre Vereinbarungen mitzuteilen. Das sollte für die nötige Transparenz in dem Prozess sorgen und die Möglichkeit eröffnen, von den anderen in die Verantwortung genommen zu werden. Am Ende waren alle sehr zufrieden. Es gab ein sehr gutes gegenseitiges Feedback über den Verlauf der Coachingsitzung und große Erleichterung bei allen Beteiligten.

5 Die (Neben-)Wirkungen

5.1 Erstaunen

Die Sitzung bewirkte eine tiefe Berührtheit aller Beteiligten über die gegenseitigen Verletzungen. »Dass da überhaupt noch was zu retten war …«, wunderte sich Eva zum Abschluss.

Die drei Frauen entwickelten Verständnis füreinander. Sie wurden achtsamer für sich selbst und im Umgang miteinander. Aus Rückmeldungen der Teamleiter wurde deutlich, dass diese bemerkten, dass sich die drei »Chefinnen« näher gekommen waren und sich respektvoller begegneten. »Die Stimmung ist viel gelöster. Man fühlt sich nicht mehr so zwischen den Fronten«, waren die Worte einer Teamleiterin dazu.

In Konfliktsituationen gingen die Frauen nun konstruktiver und lösungsorientierter miteinander um. Die positiven Absichten des jeweiligen Gegenübers wurden mehr gewürdigt. Es ging nicht mehr darum, immer Recht zu haben.

5.2 Blick in die Zukunft

Die Kommunikation untereinander war ins Fließen gekommen. Die Frauen sprachen öfter, eher und mit aller gebotenen Achtsamkeit die Dinge an, die ihnen am Herzen lagen und/oder an denen sie Kritik hatten. Sie drückten immer offener Wertschätzung füreinander aus.

Die Teamleiter luden die neue Geschäftsführerin zum halbjährlich stattfindenden Seminar für alle Führungskräfte der Behörde ein. Das war etwas Besonderes, denn dieses dreitägige Seminar ist allen »heilig«. Cornelia war die Erste aller bisherigen Geschäftsführer, die diese Einladung bekam. Die Seminare tragen den Charakter einer gemeinsamen Klausur der Führungsmannschaft. Dort finden für Einzelne zum Teil sehr tiefe persönliche Veränderungen statt, über die offen gesprochen wird. So ist Vertrauen durch Vertrauens-vorschuss entstanden.

In ihrer gesamten Arbeit fokussierten alle drei Frauen mehr und mehr auf die Gemeinsamkeiten, statt auf die Unterschiede in ihren Zielen, Ansprüchen und Vorgehensweisen. Das wirkte sich direkt auf die Teamleiter und damit weiter auf jeden einzelnen Mitarbeiter der Behörde aus. Erstaunt war darüber nicht nur die Geschäftsführung, auch die Führungskräfte der übergeordneten Behörde waren von diesem Veränderungsprozess positiv überrascht.

Der Krankenstand ist zurückgegangen. Die Abteilungsleiterin, die an Burnout erkrankt war, ist seit längerem wieder konsequent ohne nennenswerte Unterbrechung im Dienst.

6 Ende gut – alles gut

Die tiefgreifenden Veränderungen, die ich durch diese auf NLP-Werkzeugen basierende Mediation eingeleitet habe und die durch die drei Frauen weiter verfolgt wurden, versetzten alle Beteiligten in Erstaunen. Natürlich gibt es nach wie vor Konfliktherde und Reibungspunkte. Aber der Umgang damit ist sehr viel konstruktiver geworden.

Insgesamt lernen die drei Frauen mittlerweile sehr viel voneinander. Die Geschäftsführerin kann es zulassen, dass die Abteilungsleiterinnen eine höhere fachliche Kompetenz in einigen Bereichen des operativen Geschäfts besitzen und holt sich von ihnen Rat. Im Gegenzug akzeptieren die Abteilungsleiterinnen strategische Entscheidungen von der Geschäftsführerin und sind ihr gegenüber loyal. Die Geschlossenheit, die die drei Frauen damit ausstrahlen, wirkt sich positiv auf das gesamte Team aus.

Kontaktadresse der Autorin für Austausch und Anfragen:
anne@rosenblaetter.de

Dorit Waeber

Wir erleben Achterbahn – Eine turbulente Fahrt mit weicher Landung

Abstract

Wo Menschen miteinander arbeiten, entstehen auch Konflikte, die mal unterschwellig schwelen, mal offen ausgetragen werden. Der vorliegende Beitrag zeigt anhand eines ausführlichen Praxisbeispiels, wie Konflikte im Team mit NLP im Business konstruktiv gelöst und neue, verbindende Teamstrukturen geschaffen werden können. Es wird deutlich, wie eine echte Auseinandersetzung die Chance birgt, sich selbst und andere aus einer anderen Perspektive zu betrachten und eine Wertschätzung für die Bedürfnisse aller Beteiligten im Team zu entwickeln.

Sachwortindex

Teambildung Teamkonflikt Führungskräfte-Coaching Anker
Workshops mehrstufiger Prozess Konfliktlösung Trance
Veränderungsprozess Führungskompetenzen Timeline
Landkarte NLP-Grundannahmen Walt-Disney-Strategie
Wahrnehmungspositionen mit Bodenankern positive Absicht
Kreativitätstechnik Six-Step-Reframing Fish-Pool-Übung

1 Bitte anschnallen – gleich geht's rund

Das Wort *Konflikt* löst bei uns vorwiegend negative Gefühle aus, wir assoziieren damit Streit, Sprachlosigkeit und Auseinandersetzung. Auseinandersetzung beinhaltet im wörtlichen Sinn jedoch sehr positive Elemente, da wir hier die Chance bekommen, uns mit uns selbst und mit anderen *auseinander zu setzen* – also uns und die anderen einmal aus einer anderen *Perspektive* zu betrachten. Wir entwickeln eine sensiblere Wahrnehmung für unsere eigenen Bedürfnisse und für die der anderen. Die Erkenntnisse im Verlaufe dieses Prozesses sind häufig von einem Auf und Ab der Gefühle begleitet – wie die Fahrt in einer Achterbahn.

Sie lieben Achterbahn? Wunderbar! Dann nehmen Sie bitte Platz und vergessen Sie nicht, sich anzuschnallen. Begleiten Sie uns auf den wichtigsten Stationen in einem spannenden, erkenntnisreichen, fröhlichen und erfolgreichen *Prozess der Veränderung* voller Überraschungen.

2 Vor dem Start – Informationen sammeln

Das Unternehmen »Hege & Pflege gGmbH« ist ein Dienstleister für Sozialbetreuung und Pflege mit etwa 1.300 Mitarbeiterinnen und Mitarbeitern. Die veränderte Marktsituation verlangte vom Unternehmen in den letzten Jahren eine neue strategische Ausrichtung und Positionierung am Markt mit individuellen, wettbewerbsgerechten Angeboten. Dies zog auch interne Restrukturierungsmaßnahmen nach sich.

Eine dieser Maßnahmen beinhaltete die Etablierung einer innovativen Abteilung für individuelle Betreuungsbedürfnisse. Die meisten Mitarbeiterinnen und Mitarbeiter für diese neue Herausforderung wurden aus bestehenden Abteilungen rekrutiert. Andere wurden neu eingestellt, insgesamt entstand ein Team von 20 Personen. Die Leitung dieser Abteilung übernahm eine sehr erfahrene und (fast) allseits akzeptierte Führungskraft. Das war im Jahr 2006.

Bis November 2008 gab es vier Führungswechsel, und lediglich fünf Mitglieder aus dem Ursprungsteam waren noch dabei! Alle anderen Mitarbeiter sind neu hinzugekommen und teilweise bereits wieder gegangen. Eine hohe Fluktuationsrate in einem Unternehmen ist ein eindeutiger Hinweis: Hier macht das Arbeiten keinen Spaß!

Mein Auftrag lautete: Leitung und Team müssen »schnell funktionieren«. Durch Einzel-Coaching mit der neuen Leiterin sollten ihre Führungskompetenzen verbessert werden.

2.1 Analyse die Erste – oder die drei Fragezeichen

Etwas sprachlos und leicht schockiert übertrug ich meinem » inneren Spezialisten« die Aufgabe, die relevanten Fragen für die weitere Vorgehensweise zu formulieren:

- Wo steckt der Wurm? Ist er nur in einem Apfel oder ist die ganze Apfelkiste befallen?
- Wer hätte diese Krise erkennen können oder wollen?
- Wie, womit und bis wann können wir etwas verändern?

Einer meiner humoristisch veranlagten »inneren Spezialisten« stellte sogar die Frage: »Ist das nicht eher eine Aufgabe für Sherlock Holmes?«

Sie kennen sicher auch diese Gedanken und Gefühlsschwankungen, wenn Ihre inneren Anteile eine Diskussion beginnen mit Fragen wie: »Soll ich es wagen – oder lieber lassen? Kann hier ein Vulkan ausbrechen? Wie viele Unbekannte gibt es noch?« Vertrauen Sie ruhig immer mehr Ihrer inneren Stimme – sie gibt ihr Bestes!

Eine meiner Devisen hat sich vielfach bewährt: Wer Fragen hat, sollte diese auch stellen. Schließlich ist *Kommunikation* mein Spielplatz, auf den ich andere sehr gerne zum Mitspielen einlade. Kommunikation – ein Spielplatz so vielschichtig, bekannt und komplex, dass immer wieder überraschende neue Spielmöglichkeiten auftauchen.

Als erste Maßnahme sollten persönliche Gespräche mit allen Beteiligten etwas mehr Klarheit bringen.

2.2 November 2008 – Treffen mit der neuen Leitung

Ich war gespannt auf diese mutige Persönlichkeit und betrat die Flure der Abteilung. Dort begegneten mir einige Menschen und ich grüßte freundlich, erhielt aber kaum Reaktionen.

Es lag etwas in der Luft ...

Als ich in das Büro der Leiterin Petra P. kam, stellte ich mich vor: »Guten Tag, ich bin Dorit Waeber, wir sind ...« Weiter kam ich nicht, da mir ein Schwall aufgestauter Emotionen samt Tränen entgegenschoss. Mehr als eine halbe Stunde habe ich nur aufmerksam zugehört.

Petra P. berichtete von einem Gefühl totaler Überforderung. Sie habe noch nie Mitarbeiter geführt; das Team würde blockieren und sie nicht respektieren; sie spüre überall nur Misstrauen. Aus Angst vor dem Team verlasse sie nur im Notfall ihr Büro, dabei hätten ihre Vorgesetzten große Erwartungen an sie. Sie wolle alles perfekt machen, schaffe es aber nicht. Magen und Kopf reagierten auch schon heftig ...

Petra P. war mit Sicherheit mutig und eine starke Persönlichkeit – nur in diesem Moment saß mir ein kleines Häuflein Elend gegenüber, dem ich ein Taschentuch nach dem anderen reichte. Aus Erfahrung weiß ich, dass es oftmals schon lodert, wenn ich angefragt werde, aber mit dieser Not hatte ich nicht gerechnet. Hier musste etwas geändert werden – und zwar schnell.

Im weiteren Verlauf unseres Gesprächs erhielt ich auf all meine Fragen Antworten – auch wenn nur wenige zur Klärung der Situation beitrugen. Mit meiner Zusage, sie in den nächsten Wochen zu unterstützen, zeigte sich bei unserer Verabschiedung wieder ein kleines Lächeln im Gesicht von Petra P. – wirklich sympathisch.

Die erste wichtige Erkenntnis nach diesem Gespräch: Der Auftrag musste nochmals geklärt und erweitert werden. Ohne Team geht gar nichts, alle müssen mit ins Boot!

2.3 Dezember 2008 – Treffen mit dem Team

Beim ersten Treffen mit dem »Team« sitze ich einer Mauer des Schweigens gegenüber! Ich durfte nun eine halbe Stunde das Wort führen: Wer ich bin, warum ich da bin, was aus Sicht des Teams nicht funktioniert, was das Team sich wünscht, ob es Vorschläge zur Verbesserung des Miteinanders gibt, dass ich sie bei Veränderungen unterstützen möchte ... Die Reaktionen waren sehr verhalten. Das Team war auf Ablehnung und Widerstand eingestellt.

Karen K., eine junge Mitarbeiterin, nahm dann doch all ihren Mut zusammen: »Ich bin erst seit einem Monat hier und fühle mich total außen vor. Die Stimmung ist sehr gereizt, kaum jemand hat ein nettes Wort. Ich glaube, ich möchte hier nicht bleiben.« Verständnislose Blicke wurden ihr zugeworfen, aber auch zustimmendes Kopfnicken.

Hurra, die Dynamik der Gruppe hat eingesetzt! Es folgten tatsächlich weitere Wortmeldungen, die für mich sehr aufschlussreich waren: Es habe schon mal Coaching gegeben – hat gar nichts gebracht; die Mitarbeiter empfinden sich überhaupt nicht als Team; jeder arbeitet für sich; fast alle fühlen sich irgendwie unsicher; von »oben« wird ständig irgendetwas entschieden; es wird hinter dem Rücken geredet; es sind immer so viele Kollegen krank; Gruppen haben sich gebildet, die sich gegenseitig misstrauisch beäugen; die Atmosphäre ist ganz schlecht; und wie lange die »Neue« bleibt, ist ja auch ungewiss ...

Mein Puls beschleunigte sich und mein Herz klopfte stärker – war es Angst oder Freude? Ja, es war Freude darüber, dass ein kleiner Anfang in Richtung Dialog und Diskussion gemacht wurde – also *Kommunikation.*

Genau das teilte ich auch dem Team mit, ebenso meine Zusicherung, dass ich alles Gesagte absolut vertraulich behandeln werde. Meine Offenheit verblüffte einige von ihnen.

Die Anspannung in den Gesichtern ließ etwas nach und ich

spürte, dass ich den großen Vorstoß wagen konnte: »Vielleicht können Sie sich momentan noch nicht vorstellen, dass Sie in absehbarer Zeit als Team kollegial und freundschaftlich miteinander arbeiten werden. Aber es wäre doch auf jeden Fall einen Versuch wert, die für alle unangenehme Arbeitsatmosphäre zu verbessern, oder?«

Ich erläuterte kurz meine Arbeitsweise und bekundete meine Bereitschaft, mit den Anwesenden gemeinsam das beschriebene Minenfeld zu betreten – vorausgesetzt, dass auch sie bereit wären, sich auf Veränderungen einzulassen. Veränderungen – auch das noch!

Die zweite wichtige Erkenntnis: Die Mitarbeiterinnen und Mitarbeiter empfanden ganz ähnlich wie die neue Leiterin Petra P. Gefühle von Misstrauen, Unsicherheit und Angst.

Meine Idee von einem ausbrechenden Vulkan war gar nicht so abwegig. Die Symptome für einen länger schwelenden Konflikt zeigen sich in unserem Verhalten und wurden hier als eindeutige Signale gesendet: ablehnend, unfreundlich, feindselig, blockierend. Wichtige Informationen werden nicht weitergegeben, Kontakte vermieden, viele haben innerlich bereits gekündigt etc.

Meine Wahrnehmung: Der Ausbruch würde ohne Intervention nicht lange auf sich warten lassen. Das »Team« (ab jetzt als Zielvorstellung in dieser Schreibweise) entschied sich für den Versuch, sich einzulassen – worauf auch immer.

2.4 Dezember 2008 – Gespräch mit der Geschäftsleitung

Mit der Zusage des »Teams« zur Mitarbeit war ein Meilenstein erreicht, an dem der ursprüngliche Auftrag neu geklärt und definiert werden musste. Eva E. und Fritz F. von der Geschäftsleitung zeigten sich überrascht über das Ausmaß der Situation, obwohl natürlich bekannt war, dass die Stimmung in dieser Abteilung nicht sehr positiv war. Aber Konflikte hatte man bisher nicht wahrgenommen. Es wurde der zweite Auftrag definiert: *Konfliktlösung und Teambildung.*

2.5 Analyse die Zweite – Helfen die NLP-Grundannahmen?

Wie war das mit dem Wurm und der Apfelkiste? Die Botschaften aller Beteiligten scheinen ein klares Bild zu zeichnen: Der Wurm hat im Laufe der Zeit schon Nachwuchs bekommen, aber die Äpfel scheinen alle noch intakt. Wir geben der Familie einfach einen Namen, damit wir eine klarere Vorstellung haben: *Konflikte.* Konflikte sind ganz normal. Aber: Konflikte fordern Lösungen ein!

●●●●●● Konflikte sind ganz normal. Aber: Konflikte fordern Lösungen ein!

Folgende NLP-Grundannahmen unterstützen uns beim Verständnis vom Entstehen und Lösen von Konflikten:

- Jeder Mensch schafft sich seine *individuelle Landkarte* von der Welt.
- Jedes Verhalten wird durch eine *positive Absicht* motiviert.
- Jeder Mensch hat alle Fähigkeiten in sich, um sich in seiner Umwelt wunschgemäß zu verhalten – auch die Fähigkeit, sein *Verhalten zu ändern.*
- Wenn etwas nicht funktioniert, suche Alternativen und *probiere etwas anderes.*
- Es gibt keine Probleme, sondern nur *Entwicklungsmöglichkeiten.*

3 Februar 2009 – Geht es jetzt los?

Losgehen ergibt nur Sinn, wenn wir ein Ziel definiert haben, die einzelnen Etappen absehbar und die Rahmenbedingungen geklärt sind. Innerhalb des Unternehmens brauchte es einige Zeit für die Entscheidung, wie die Trainingsmaßnahme in das tägliche Arbeitsgeschehen integriert werden konnte.

Zur Realisierung der Aufgabenstellung hatte ich mich für erlebnisreiche, zielführende und lösungsorientierte Workshops entschieden, flankiert durch Einzel- und Gruppen-Coachings.

Mein Ziel stand fest: Es ging darum, mit dem »Team« und Petra P. als neuer Leitung gemeinsam Strategien und Lösungen zu entwickeln, die eine kooperative, offene, konfliktfreie und kollegiale Zusammenarbeit ermöglichen – also *Kommunikation auf allen Ebenen.*

Den Weg dorthin, die einzelnen Etappen sowie die eigenen Ziele sollten »Team« und Leitung definieren und »erfahren«. Denn wir lernen nur durch eigenes Erleben und Erfahren – jeweils verbunden mit unseren individuellen Gefühlen. Unsere Erfahrungen speichern wir als Gefühle ab, und diese Gefühle sind dann wiederum in zukünftigen Situationen für unser Verhalten verantwortlich.

•••••• Unsere Erfahrungen speichern wir als Gefühle ab, und diese Gefühle sind für unser Verhalten verantwortlich.

Kommunikation geschieht zu 93 Prozent unbewusst auf der nonverbalen Ebene, das heißt über unsere *Körpersprache* – also Gestik und Mimik – und über unsere Stimme. Daher sind Beobachtung und Wahrnehmung der Physiologie sowie die Tonalität der Stimme unseres Gesprächspartners von größter Bedeutung, um die Wirkung der Worte einschätzen zu können. Die Physiologie wird dabei nicht bewertet, sondern kalibriert, also herausgearbeitet. NLP-geschulte Beobachtung und Wahrnehmung ermöglichen es uns zu erkennen, welche Art von Physiologie beim anderen für welche Art von innerem Erleben steht – was also seine *Landkarte* ausmacht.

3.1 »Team«-Treffen zur Abstimmung der Termine

Meine Planung sah nunmehr vor, mit dem »Team« sechs bis acht Workshops zu realisieren, die einmal pro Woche stattfinden soll-ten. Die Workshops durften nicht länger als drei Stunden dauern, da der tägliche Arbeitsablauf durch diese Maßnahme nicht gestört werden sollte. »Kurz und schnell« – nun gut, darauf hatte ich mich eingestellt.

Zu diesem Termin gab es jedoch eine neuerliche Überraschung: »Es ist unmöglich, dass wir alle zusammen teilnehmen!«, verkün-dete Thomas T. Aus welchem Grund? »Geht momentan wirklich nicht – wir haben so viel Stress untereinander ...«, erläuterte Karl K.

Hatte sich die Situation in den letzten zwei Monaten noch ver-schärft? Dann viel Spaß!

Mit der Aufteilung in zwei Gruppen, die später zusammenge-führt werden sollten, konnte sich das »Team« gerade so anfreun-den. Im Folgenden werden die Gruppen als »Teil-Team I« und »Teil-Team II« bezeichnet.

3.2 »Teil-Team I« ist startklar

Was ist das Schöne an einer Achterbahnfahrt? Es ist dabei erlaubt, all seinen Gefühlen freien Lauf zu lassen: der Anspannung, der Angst, der Freude und den Glücksmomenten! Mitentscheidend für das Gelingen dieses *Veränderungsprozess*es wird sein, ob es in kur-zer Zeit gelingt, eine *gute Beziehung* aufzubauen und *Empathie* zu entwickeln.

Bin auch ich startklar? Habe ich »all meine Sinne beisammen« – will sagen, ist meine Wahrnehmung geschärft? Kann ich mich auf meine Intuition verlassen, um die jeweiligen Stimmungen des »Teams« wahrzunehmen und angemessen zu reagieren? Ich nahm Kontakt zu meinen »inneren Spezialisten« – sprich Fähigkeiten – auf: Ist mein »kreativer Teil« aktiv, der in Momenten der Ratlosigkeit immer eine Idee präsentieren kann? Wie geht es meinem »Spaßmacher«, der schon so oft in spannungsgeladenen Situationen für Lacher und somit für Entspannung sorgte? Ist das »Kompetenzteam« bereit, mir die erarbeitete Methodenvielfalt zur Verfügung zu stellen? Ist auch mein »Stratege« konzentriert? So verläuft meine individuelle Nutzung der *Walt-Disney-Strategie*, die später nochmals zum Einsatz kommt.

3.2.1 Die Stationen

Eine EFT-Entspannungsübung (Emotional Freedom Techniques) macht den Kopf frei und wir starten mit der Klärung der Konfliktthemen. Dabei ist es auch wichtig, einfach mal Dampf ablassen zu können. Gesammelt, strukturiert und auf einer 20 Quadratmeter großen Wandfläche visualisiert zeigten sich die Mitglieder der *Familie Konflikte,* die sich nicht ausreichend gewürdigt fühlten:
• Anerkennung, Respekt, Vertrauen
• Verantwortung, Zusammenarbeit, Feedback
• Stress und Organisation

Während der Strukturierungsphase wurden die individuellen Landkarten der »Team«-Mitglieder klar erkennbar. Die unterschiedlichen Sichtweisen, Wahrnehmungen und Bedürfnisse wurden in einer hitzigen Diskussion geäußert. Wunderbar! Beginnende Kommunikation!

Mimik und Gestik des »Teams« sprachen Bände: überrascht, schockiert, fragend, sprachlos … Hervorragende Voraussetzungen für Veränderungen, weil höchst emotional.

3.2.2 Was braucht eine gute Beziehung?

Eine gute Beziehung benötigt Bereitschaft! Bereitschaft, die Landkarte des anderen zu verstehen – also einen Perspektivwechsel vorzunehmen. Wichtige Voraussetzung hierfür ist die Schulung der eigenen Wahrnehmung. Nach gemeinsamen Rapport-Übungen hatte das »Team« schon überraschende Erkenntnisse gewonnen, wie unterschiedlich doch jeder wahrnimmt.

Perspektivwechsel – leichter gesagt als getan. Verblüffende Erkenntnisse bringt die NLP-Übung »*Wahrnehmungspositionen mit Bodenankern*«. Zur Demonstration hatte sich Anton A. freiwillig gemeldet: Er platzierte drei Karten als Bodenanker auf dem Fußboden: Eine davon stand für ihn, eine für seinen »Konfliktpartner«, eine für einen neutralen Beobachter. Eine Trance zur Konzentration auf den einzelnen Bodenankern versetzte ihn in die Lage, sich in die jeweilige Person zu »spüren«, deren Sichtweise, Gefühle und Motive für das jeweilige Verhalten nachzuempfinden, also, ein wenig in die Landkarte des anderen einzutauchen.

●●●●●● **Eine gute Beziehung benötigt die Bereitschaft, die Landkarte des anderen zu verstehen**

Anton A. war irritiert und überrascht: »Was war das? So habe ich unseren Streit bisher gar nicht gesehen. Jetzt verstehe ich aber seine Reaktionen und weiß, wie wir eine Lösung finden. Wow – das war wie eine Schussfahrt auf der Achterbahn, mir stehen immer noch die Nackenhaare zu Berge!«

Dieser Kommentar wurde zum geflügelten Wort und war bezeichnend für die Entwicklung im weiteren Prozess: Es wurde geredet, gelacht und gealbert – die Nackenhaare hatten sich der Nackenform auch wieder angepasst. Das »Team« war überrascht, teilweise emotional aufgewühlt (je nach Temperament) und vor allem neugierig. Wer neugierig ist, ist auch *offen für Veränderungen*.

3.2.3 Wo ist mein Platz?

In einer weiteren Phase unseres Prozesses sollte die Wahl eines Teamsprechers erfolgen – als Basis für eine konfliktarme Kommunikation mit allen Ebenen im Unternehmen. Das »Team« erstellte die Anforderungen: Welche Kompetenzen, Fähigkeiten und Talente musste die Person mitbringen, um dieser Aufgabe gerecht zu werden? Einhellige Meinung: Die Anforderungen waren hoch. Wer aus der Runde soll das denn leisten können?

Aus den Vorgesprächen mit dem »Team« hatte ich wahrgenommen, dass Selbstwert und Selbstsicherheit sehr unterschiedlich ausgeprägt waren. Um seinen Platz in einem Team zu finden, ist es unabdingbar, sich seiner Stärken, aber auch seiner Schwächen bewusst zu sein.

Um Stärken zu klären und gleichzeitig Zugang zu den eigenen Ressourcen zu erlangen, bietet sich die *Timeline-Technik* aus dem NLP an.

Gabi G. wollte diesmal unbedingt als erste die Übung machen: Sie platzierte drei Bodenanker für Gegenwart, Vergangenheit und Zukunft auf einer gedachten Zeitlinie. Gabi erinnerte sich nun an eine tolle Situation, bei der alles »wie am Schnürchen« lief und erlebte diese Situation nochmals sehr intensiv – mit allen Sinnen. Mit diesem starken, positiven Gefühl nahm sie Platz auf der »Gegenwart« und ging – in innerer Konzentration – langsam rückwärts Richtung »Vergangenheit«. Sobald sie dieses intensive Gefühl von »Erfolg, Kraft, Stärke und Freude« auf der *Timeline* spürte – wurde auch diese Situation in der Vergangenheit nochmals assoziiert wahrgenommen und geankert. Mit dieser gesammelten Power ging es nun wieder vorwärts über die »Gegenwart« hinaus bis in die »Zukunft«. Das »Team« fungierte als Beobachter, alle Veränderungen an Gabi notierend.

Nach der Übung konnte Gabi G. das Erlebte nicht sofort in Worte fassen. Das war auch nicht notwendig, denn ihre Freude und ihr Stolz zeigten sich eindeutig in ihrem strahlenden Gesicht und der veränderten, aufrechten Körperhaltung! Später kommentierte sie: »Nun weiß ich wieder, was ich eigentlich alles kann und worauf ich vertrauen darf. Das lass ich mir so leicht nicht mehr nehmen!«

Auf diese Weise klärten alle »Team«-Mitglieder ihre Stärken und Ressourcen und notierten jeweils die drei wichtigsten.

Die *Fish-Pool*-Übung zur Überprüfung der Fremdeinschätzung forderte dann Mut und Überwindung: Das »Team« sitzt im Kreis, Bärbel B. (als Mutige) nimmt als Erste in der Mitte Platz. Alle im Kreis konzentrieren sich auf sie. Die Frage lautet: Welche Stärken, Kompetenzen, Fähigkeiten und Talente nehmen *Sie* an dieser Person wahr oder trauen *Sie* ihr zu? Auch hier geht es nur um die drei wichtigsten.

In diesem Moment war ein weiterer Meilenstein erreicht. Alle hatten sich aktiv beteiligt, alle waren bereit, sich mit sich selbst und den anderen *auseinanderzusetzen* – mit dem gemeinsamen Ziel, einen gemeinsamen Sprecher zu finden.

Mein »innerer Stratege« hatte mir geraten, im Vorfeld nicht den gesamten Ablauf dieser Übungen zu erläutern, was dazu führte, dass nun die Neugierde und Anspannung im Raum zu spüren war. Es wurde getuschelt und gekichert – wie schön! Wie war das Thema noch? Ach ja, Konflikte lösen – na, dann mal weiter so.

Die Neugierde wurde gestillt, als alle Stärken, namentlich zugeordnet, als »Kompetenz-Karten« an der Wand prangten – für alle sichtbar! Und es gab einen Moment absoluter Stille. Dann folgte große Irritation auf allen Seiten. Die meisten konnten nicht begreifen, dass sie von den anderen so positiv wahrgenommen und wertgeschätzt wurden!

Und wie geht es den Damen und Herren momentan? »Irgendwie gut. Wir schätzen uns ja doch und wissen eigentlich, was wir an dem anderen haben. Geht es so weiter?«

Diese euphorische Stimmung musste einen »Anker« erhalten.

Ich entschied mich für »Daumendrücken«: Alle Mitarbeiter stehen im Kreis und halten ihre geballten Fäuste vor sich, den Daumen nach oben abgespreizt. Reihum fasse ich bei jedem beide Daumen mit den Worten: »Ich drücke Ihnen die Daumen!«

Thomas T. kommentierte: »Super-Schussfahrt auf unserer Achterbahn!«

3.2.4 Kleiner Zwischenstopp

Es stellte sich heraus, dass einige »Team«-Mitglieder mit ihren eigenen Verhaltensweisen nicht glücklich waren. »Ich tue immer wieder etwas, was ich eigentlich nicht will«, so die Einschätzung. Hier sollten Einzel-Coachings das gewünschte Verhalten herbeiführen. Bei dieser Symptomatik von inneren Widersprüchen können wir davon ausgehen, dass ein starker Teil unserer Persönlichkeit für dieses Verhalten maßgeblich ist, uns aber seine »wirklichen« Motive, also die *positive Absicht*, bisher unbekannt sind. Zur Klärung der *positiven Absicht* bietet sich die NLP-Methode *Six-Step-Reframing* an.

Bei Maren M. führte das unerwünschte Verhalten immer wieder zu Streitigkeiten in ihrer Beziehung, denn sie konnte sich nur selten für oder gegen etwas entscheiden. »Und wie soll das nun funktionieren?«, fragte sie etwas skeptisch.

Im angeleiteten inneren Dialog (Trance) fand sie Zugang zu ihrem Unbewussten – auch zu dem Teil, der sich für dieses Verhalten outete. Etwas zögerlich wurde seine positive Absicht offenbar: Er wollte sie davor schützen, »etwas falsch zu machen – und dann nicht mehr geliebt zu werden«. Maren M. war perplex und kleine Tränen liefen über ihre Wangen. Im weiteren Verlauf dieses inneren Prozesses wurden Lösungen gefunden, wie dieser Teil seine positive Absicht – also die Schutzfunktion – durch ein neues Verhalten zum Ausdruck bringen kann, und zwar ebenso kraftvoll und eigenständig.

Nach dieser Übung war Maren M. einerseits emotional sehr aufgewühlt, andererseits spürte sie aber innerlich eine gewisse

Ruhe und Kraft. Unser Unbewusstes braucht für die Umsetzung neuer Verhaltensweisen Zeit. Das gab ich auch Maren M. mit auf den Weg.

3.2.5 Wünsche werden Wirklichkeit

Wir alle haben im Laufe unseres Lebens viele Strategien zum Erreichen unserer Ziele und zur Bewältigung von Problemen entwickelt. Einige davon lassen sich immer noch anwenden, andere funktionieren nicht mehr. Und dann müssen eben neue Strategien her!

Oft höre ich im Coaching: Neues schaffen? Kann ich nicht, dafür fehlt mir die Kreativität. In der Regel stimmt das nicht so ganz. Wir alle haben unseren kreativen »Träumer« in uns, den wir vielleicht nur zu wenig fordern. Außerdem gibt es einen »Planer«, der unsere Ideen umsetzt, und einen »kritischen Beobachter«, der uns darauf aufmerksam macht, wenn es ein wenig an Genauigkeit fehlt. Diese drei sind nur ein Teil unseres »inneren Teams« – also all unserer Fähigkeiten, Talente und Kompetenzen. Und die sind für die Entwicklung neuer Strategien und Ziele unersetzlich.

Der geniale Walt Disney hatte für sich eine Strategie entdeckt, den Zugang zu diesen Ressourcen zu erlangen – einfach durch Orts- oder Perspektivwechsel. Mit dieser *Kreativitätstechnik* des NLP konnte das »Team« spielerisch herausfinden, wie es sich *anfühlt,* Wünsche als klare Ziele *wahrzunehmen* und die einzelnen Schritte zum Erreichen *innerlich zu spüren.* Ebenso konnten die Zielkonflikte im Vorfeld ermittelt und eliminiert werden.

Um die notwendigen Perspektivwechsel für das »Team« zu realisieren, übernahm Willi W. die Rolle des »Träumers«, Lisa L. die der »Planerin« und Bob B. entschied sich für den »Kritiker«. Als Thema hatte sich das »Team« für »kollegiale Zusammenarbeit«

> ●●●●●● Wir alle haben unseren kreativen »Träumer« in uns, den wir vielleicht nur zu wenig fordern.

entschieden, einen der bisherigen Konfliktherde. Nacheinander gingen alle immer mehr in ihrer Rolle auf und entwickelten auf der jeweiligen Position immer neue Ideen – also Alternativen, wie genau und wodurch sie dieses gemeinsame Ziel erreichen konnten.

Das Ergebnis: Verblüffung und Begeisterung auf der ganzen Linie! Sie hatten Lösungswege ermittelt, die bisher nicht möglich schienen. Als erstes sollte ein »Mini-Max-Plan« entwickelt werden, der bei Unterbesetzung im Team (durch Urlaub oder Krankheit) garantiert, dass mit minimalem Aufwand ein maximales Ergebnis erreicht wird. Hört sich gut an!

»Das kann aber nur funktionieren, wenn wir uns ALLE beteiligen!« rief Anton A. aus. ALLE? Also beide »Teil-Teams« zusammen? Einstimmig wurde mit JA entschieden, da »die Beziehung zu den anderen irgendwie auch schon viel entspannter geworden sei«.

3.3 »Teil-Team II« – Parallel-Verlauf

Unterschiede in den Workshops mit »Teil-Team I« und »Teil-Team II« waren nur in den verschiedenen Temperamenten der Teilnehmer begründet, sonst verliefen sie für beide Teil-Teams fast identisch, vor allem bei der Erarbeitung der jeweiligen Zwischenergebnisse. In beiden Gruppen stellten nach der Fish-Pool-Übung einige Mitarbeiter sofort ihre bisher noch nicht gelebten, aber von den anderen wahrgenommenen Talente zur Verfügung – und auch zur Schau:

Durch Willi W., den Witzbold, gab es von dem Zeitpunkt an noch mehr zu lachen.

Bei Reiner R., dem Redner, kam meine »Eieruhr« zur Redebegrenzung zum Einsatz.

Lisa L., die Logische, übernahm von da an die Zusammenfassung der Ergebnisse.

3.4 »Teil-Teams I + II« – Werden wir Team?

Nicht einmal sechs Wochen war es her, dass die einen nicht mit den anderen wollten oder konnten. Der Einsatz effektiver und lösungsorientierter Methoden aus dem NLP im Business hat dazu beigetragen, dass beide »Teil-Teams« von nun an gemeinsame Sache machen wollten. Innere Einstellung und Bereitschaft hatten sich bei allen stark verändert, was auch im Außen als positiv wahrgenommen wurde – beruflich und privat! Nun kam es darauf an, den »Spirit« der »Teil-Teams« auf eine Linie zu bringen.

Die Wahl des »Teamsprechers« sollte Aufschluss geben, inwieweit die gemeinsam gewonnenen Erlebnisse, Erfahrungen und Erkenntnisse zur Kommunikation praxistauglich und tragfähig für das »Team« waren.

Die Wand war nun mit den »Kompetenz-Karten« der Mitarbeiter beider Teil-Teams bestückt. Alle Augen richteten sich darauf, jeder auf der Suche nach seinem Namen und den ihm zugeschriebenen Kompetenzen. Mimik und Gestik ließen auf größte Überraschung, Freude und auch Enttäuschung schließen. Sofort konnte das »Team« das Erlernte praktisch umsetzen. Lisa L. übernahm die Moderation, mit der Bitte, auf *wertschätzende Kommunikation* zu achten.

Das »Team« war unter sich! Alle diskutierten, verbalisierten Gefühle und Bedürfnisse und wirklich jeder war darauf bedacht – so enttäuscht er auch war – wertschätzend und respektvoll den anderen gegenüber zu sein. Ausreißer gab es natürlich auch, aber Lisa L. hatte alles souverän im Griff – diese Kompetenz war ihr von anderen zugeschrieben worden.

Die demokratische Wahl von Hanne H. als Teamsprecherin war ein Kinderspiel! »Es wäre schön, wenn wir noch einen zweiten Sprecher wählen könnten«, bat sie. Warum? »Zu zweit fühle ich mich momentan sicherer. Es ist doch alles noch so ungewohnt ...« Als zweiter Sprecher wurde Paul P. gewählt.

169

Was war aus dem anfänglichen Einwand geworden: »Es ist unmöglich, dass wir alle zusammen teilnehmen, wir haben soviel Stress untereinander ...«?

Die Atmosphäre in der großen Feedback-Runde war einfach toll – locker und gelöst! In den Gesichtern erkannte ich eine Mischung aus Freude, Aufregung und Erstaunen, die Augen leuchteten. Alle Mitarbeiter kamen in dieser großen Runde zu Wort und jeder verkündete, dass er sich bemühen wolle, die Erkenntnisse der letzten Wochen weiterzuführen – keiner wollte momentan die Abteilung mehr verlassen.

Die Veränderungen im Verhalten und im respektvollen Umgang miteinander sind spürbar, hörbar und sichtbar geworden. Verhaltensänderung geschieht nicht auf Knopfdruck, sondern ist immer ein Prozess, den es eine Weile zu begleiten gilt. Neue Erfahrungen und Erkenntnisse sind ungewohnt und brauchen Zeit, sich zu festigen.

Mein Gefühl sagte mir: Alle haben den Spirit! Aber Vorsicht: Auch ich habe meine Landkarte – und diese gilt es immer wieder mit den *Landkarten* der anderen abzugleichen.

Hanne H. stellte herzerfrischend fest: »Jetzt habe ich ein ›Wir-Gefühl‹!«

4 Aussteigen bitte – die Fahrt ist zu Ende

4.1 Was ein Team bindet und bildet

Im Mai 2009 diente ein weiterer Workshop ausschließlich der Definition gemeinsamer Ziele und dazugehöriger Maßnahmen. Als Highlight präsentierte das Team eine schriftliche Team-Vereinbarung – von allen unterzeichnet. Hier war ihnen eine Überraschung gelungen, zu diesem Zeitpunkt hatte ich damit noch nicht gerechnet.

Drei Monate später, also im August 2009, trafen wir uns zu

einem Follow-up-Termin wieder: Hanne H. und Paul P. als Team-sprecher waren in ihrer neuen Position absolut glücklich: »Jetzt können wir auch etwas bewegen, und wir wissen immer, dass alle Teammitglieder hinter uns stehen!«

Wie hat sich die Kommunikation und Zusammenarbeit mit der »neuen Leitung« entwickelt? Auf einer Skala von 0 bis 10:

Anfang 2009 = 1

August 2009 = 8

4.2 Ach ja – die neue Leitung

Mit Petra P. habe ich parallel Einzel-Coachings realisiert, wobei der Fokus auf der Stärkung des Selbstvertrauens und der Führungs-kompetenz lag – es ging also wieder um *Kommunikation*. Gerade in Einzel-Coachings greifen viele NLP-Methoden schnell und ef-fektiv, um Blockaden zu lösen und den Fokus wieder auf die eige-nen Ressourcen und auf Lösungen zu richten. Petra P. braucht jetzt nur noch Taschentücher, wenn Schnupfen oder Liebeskummer sie plagen!

O-Ton Petra P.: »Die Veränderung im Team habe ich nicht als einen schleichenden Prozess wahrgenommen, vielmehr war ein sehr schneller und starker Wandel spürbar. Stark auch im Sinne von stärkend für jeden einzelnen.

Schön war es, zu beobachten, wie jeder im Team seinen Platz findet, der genau zu ihm ›passt‹. Das Team verhielt sich immer mehr so, als wären alle miteinander vernetzt – ich kann es nur so beschreiben.

Diese Veränderung im Team versetzte auch mich immer mehr in die Lage, meinen Platz zu finden: ich in meiner Rolle als Leitung. Ich fühle mich vom Team nun akzeptiert und respektiert. So fühle ich mich immer ein Stück mitgetragen, weil ich genau die Unter-stützung erfahren habe, die ich mir zu Beginn so gewünscht hatte und dringend gebraucht hätte. Und das gibt mir Sicherheit.

Den größten Erfolg sehe ich darin, dass es ein Miteinander gibt, auch ein ›Mit der Leitung gehen‹ – alle und gemeinsam! Probleme werden angesprochen, um gemeinsam eine Lösung zu finden und nicht, um lediglich Frust abzulassen. Aus Misstrauen und Skepsis wurden gegenseitiges Verständnis, Akzeptanz und Zuversicht.

Für mich kann ich nur sagen: Es fühlt sich super an, wieder Vertrauen zu mir und zu anderen zu haben. Meine Lebensfreude ist zurück und – so macht die Arbeit wieder Spaß!«

Wie lautete die Zielvorgabe? – Leitung und Team müssen »schnell funktionieren«!

Ziel erreicht!

Kontaktadresse der Autorin für Austausch und Anfragen:
info@dw-consult.de

····· 4

Vertrieb und Projektmanagement

Manuela Brinkmann

Verkaufen für Techniker und Ingenieure

Abstract

Techniker und Ingenieure werden immer mehr für den Vertrieb von komplexen Anlagen, Bauten, Maschinen und IT-Lösungen gesucht und geschätzt. Als technisch ausgebildete Fachkräfte benötigen sie Verkaufsschulungen und Coaching, damit sie auch in diesem Bereich sicher und erfolgreich auftreten. Da die Einstellung zum Beruf des Verkäufers oftmals kritisch oder wenigstens ambivalent ist, eignen sich NLP-Vertriebstrainings ganz besonders für diesen Personenkreis. Es geht darin um die exzellente Kommunikation mit Menschen, die Klärung der eigenen Einstellung und Werte im Vertrieb sowie um vertiefte und wertschätzende Menschenkenntnis. Weitere Inhalte betreffen das strukturierte Fragen und Argumentieren sowie die genaue Beobachtung des Gesprächsverhaltens und der Ergebnisse.

Sachwortindex

Vertriebstraining Großunternehmen mehrteiliges Seminar
Videotraining Methoden Coaching Techniker Ingenieure
Vertrieb Verkaufsschulungen Verkauf Reklamationen
Verkaufskommunikation Vertriebscoaching Vertriebsstrategie
Beziehungsdreieck/ZZG-Modell Unternehmenspyramide
Phasen des Verkaufsgesprächs

1 Verkäufer kritisieren ist einfach, Verkäufer sein oft nicht

Fast jeder hat sich heutzutage schon über die vielen Verkaufsangebote am Telefon oder über andere allzu raffinierte Verkaufsmethoden geärgert. Genauso geht es den vielen gut ausgebildeten Technikern und Ingenieuren, die ich vor oder während ihrer Tätigkeit als Vertriebsmitarbeiter schule. Da ist es kein Wunder, dass diese Teilnehmer immer wieder Vorbehalte gegen die Verkaufsaufgaben empfinden, die sie häufig zusätzlich zu ihrer fachlichen Tätigkeit erledigen sollen. Manche agieren besonders zurückhaltend, um nicht in die »Klinkenputzer-Schublade« zu geraten.

1.1 Fachlich ausgebildete Verkäufer sind notwendig

In technischen und IT-Unternehmen sind heute in der Regel Ingenieure und Techniker unterschiedlichster Fachrichtungen für die Betreuung der Kunden-Projekte sowie den Verkauf zuständig. Das ist sinnvoll und manchmal sogar notwendig, weil die Produkte und Dienstleistungen im Business-to-Business-Bereich so komplex sind, dass die Beratung der Kunden und die Projektentwicklung nur von qualifizierten Fachleuten bewältigt werden können.

Die »Vertriebsdenke«, das möglichst große Interesse an Menschen, die Verkaufskommunikation und die starke Motivation, zum Verkaufsabschluss zu kommen, stellen ursprüngliche »Nicht-Verkäufer« oftmals vor eine große Herausforderung.

1.1.1 Die Widerstände sind verständlich

Verständlicherweise haben Techniker und Ingenieure in vielen Fällen zunächst Vorbehalte und manchmal echte Widerstände, sich als Verkäufer zu sehen und dementsprechend zu agieren. Darüber hinaus sind sie mit fachlichen Aufgaben beschäftigt, etwa mit der Entwicklung, Wartung und Optimierung von Anlagen, Bauten, Maschinen, technischen Teilen oder Software. So mancher, der sich in dieser »Doppelbelastungssituation« wiederfindet, würde sich lieber nur in der ursprünglich gewählten technischen Umwelt mit ihren vertrauten Denk- und Handlungsweisen bewegen.

Die sechs größten Widerstände sind erfahrungsgemäß:

1. Verkaufen = »Klinkenputzen«
2. Eigene schlechte Erfahrungen, z. B. mit Telefonverkäufern
3. Persönliche Einstellung – »Ich bin doch kein Verkäufer«
4. Unsicherheit in der Kommunikation – Menschen sind »unberechenbarer« als Maschinen
5. »Angst« im Umgang mit Einwänden, Reklamationen und dem »Nein« des Kunden
6. Wenig oder kein fachliches Wissen im Bereich Verkauf

1.2 Business NLP hilft

Den sechsten Punkt der oben aufgeführten Aufzählung kann man zugegebenermaßen mit jedem guten Verkaufstraining aus dem Weg räumen. Heute gibt es vermutlich ohnehin kaum noch Verkaufstrainer, die nicht wenigstens ein paar NLP-Elemente in ihre Seminare einbauen.

Zur Bearbeitung der ersten fünf Widerstände eignet sich eine Maßnahme des NLP im Business besonders, weil innere Einstellungen und Unsicherheiten gleichzeitig mit Verbesserungen in der Verkaufskommunikation angepackt werden können.

Darüber hinaus konnte ich in mehr als 22 Jahren im Vertriebstraining mit Technikern und Ingenieuren immer wieder feststellen, dass die Menschen in diesen Berufen Business NLP besonders interessant finden und gerne nutzen. Dafür gibt es unter anderem folgende Gründe:

1. Business NLP ist logisch aufgebaut und schnell beobachtbar/ überprüfbar.

2. Business NLP ist strukturiert und Schritt für Schritt lernbar.
3. Business NLP wurde mit wissenschaftlicher Genauigkeit entwickelt.
4. Business NLP bietet schnell ein tieferes psychologisches Verständnis von sich selbst und anderen.
5. Business NLP vermittelt ein positives Menschenbild bei gleichzeitig etwas technischer Sprache.
6. Business NLP ist durch die Neurobiologie immer weiter wissenschaftlich belegt worden.
7. Business NLP ist im Alltag schnell erfolgreich anwendbar (»plug and play«).

1.2.1 Fachwissen kann blind machen

Ein weiteres typisches Hindernis, das sich Technikern und Ingenieuren im Vertrieb stellt, ist ihre Fachsprache und ihr fachorientiertes Denken. Das führt dazu, dass sie:
• oft zu abstrakt argumentieren
• den Kunden und seine Interessen aus den Augen verlieren
• bei Reklamationen viel zu lange und detailliert erklären, anstatt das Problem für den Kunden schnell zu lösen oder ihn nach seinem Lösungswunsch zu fragen

Auch für diese Situationen stellt Business NLP eine ideale Trainingsmethode dar. Das Verständnis für die drei Sprachebenen »sensorisch genau« (konkrete wahrnehmbare Beschreibung), »Fluff« (Umgangssprache) und »Mega-Fluff« (abstrakte Ausdrucksweise) ermöglicht es interessierten Menschen meistens schnell, mehr Konkretes in ihre Aussagen einzubauen.

Zum Beispiel: »Wir sind jetzt in der Realisierungsphase.« (Abstrakt) »Das heißt, ich hole Sie morgen früh um 8.30 Uhr ab und zeige Ihnen die Maschine in unserer Montagehalle.« (Konkret)

Durch die pragmatische, technische Sichtweise des NLP auf die

Kommunikation zwischen Menschen gewinnen Ingenieure und Techniker eine neue Perspektive auf Menschen und Zwischenmenschliches. Dadurch beobachten sie ihr Gegenüber genauer und können oft schon nach kurzer Zeit deutlich besser mit anderen Menschen umgehen.

2 Vertriebstraining und Coaching mit Business NLP

Ein Beispiel zeigt, wie der oben beschriebene Prozess in der Praxis abläuft.

Das Unternehmen Schöller-Technik hatte mit seinen bestehenden Kunden bereits eine gute Kundenbindung. Diese sollte weiter ausgebaut werden. Wichtiges weiteres Ziel war es, neue Kunden zu gewinnen und sie langfristig gut an das Unternehmen zu binden.

Ein Marketing- und Vertriebskonzept war bereits erstellt. Auch die Auswahl von passenden (Neu-)Kunden war getroffen und die Art und Weise, wie diese Unternehmen angesprochen werden sollen, war festgelegt.

Als umsetzungsorientierte Maßnahme wurden nun ergänzende Vertriebstrainings und Vertriebscoachings für die Mitarbeiter durchgeführt.

Ziel dieser Maßnahmen war es:

1. die Konzepte und Methoden erfolgreich in die Praxis umzusetzen
2. die dafür am besten geeigneten Mitarbeiter von Schöller-Technik auszuwählen
3. die Philosophie der Kunden- und Verkaufsorientierung im ganzen Unternehmen voranzutreiben und zu etablieren

Ein weiterer wichtiger Punkt, der mit den Trainings, Coachings und der Auswahl der richtigen Mitarbeiter angestrebt wurde, betraf die verstärkte Professionalisierung des Vertriebs.

2.1 Die Maßnahme

Die Auswahl der besten »Vertriebsprotagonisten« stellte die Basis für das gesamte Projekt dar. Zum Start wurden darum strukturierte Interviews mit allen 20 grundsätzlich am Vertriebsprojekt beteiligten Mitarbeitern und Führungskräften durchgeführt. Bei den Interviewfragen ging es vor allem um Einschätzungen zum Unternehmen, um persönliche Wünsche sowie um die Einstellung zum Vertriebskonzept. Ziel der Interviews war es, einzuschätzen, welche circa sieben Personen sich besonders für Verkaufsaufgaben eignen und interessieren. Darüber hinaus erhielten wir als externe Trainer Informationen über den beruflichen Werdegang der Teilnehmer.

Ergänzend zu den Interviews wurde ein zweitägiges Seminar mit allen am Projekt beteiligten Mitarbeitern bzw. Führungskräften durchgeführt. Wir führten diesen Baustein als Trainer zu zweit durch, teilten die Gruppe unter uns auf und achteten auf die Eignung der Teilnehmer für eine Vertriebstätigkeit. Wir orientierten uns dabei an folgenden Kriterien:

- er/sie ist bereit, eine Vertriebstätigkeit zu übernehmen
- sympathische Ausstrahlung
- Offenheit
- kann zuhören
- Zielstrebigkeit
- Energie

- Strukturiertheit
- Ausdauer
- hohe Frustrationstoleranz
- Macher-Typ
- gute Rhetorik
- Überzeugungskraft
- ist an Menschen orientiert

Im Anschluss wurden die sieben Personen ausgewählt, die sich besonders für die Vertriebsaufgaben eigneten. Diese sieben Mitarbeiter erarbeiteten am nächsten Workshop-Tag gemeinsam eine pragmatische Verkaufsstrategie. Dadurch ergaben sich nochmals Hinweise auf die Eignung der Teilnehmer für den praktischen Vertriebseinsatz.

Die folgenden Einzelcoachings der sieben Vertriebsprotagonisten begannen nach dem zweiten Baustein. Der dritte zweitägige Seminarschritt beinhaltete eine intensive praktische Schulung der Vertriebsleute mit Videofeedback.

2.2 Ziele der Trainings

Folgende Ziele wurden mit den beschriebenen Workshops und Coachings angestrebt:

• Die Teilnehmer erhalten die heute am besten erforschten Techniken und Erkenntnisse zum professionellen Verkauf und zum Umgang mit ihren Kunden. Sie können diese sofort im Alltag umsetzen.

• Die Teilnehmer beschäftigen sich mit ihrer individuellen (positiven oder teilweise negativen) Einstellung zum aktiven Verkauf.

• Durch die ersten beiden Punkte sind die Teilnehmer in der Lage, den »inneren Schalter umzulegen«, die Freude am Verkaufen zu entdecken und sie auch anderen Mitarbeitern näherzubringen.

• Dies ermöglicht zudem ein persönliches Weiterkommen der Teilnehmer.

• Die Motivation zum Verkaufen und das aktive Zugehen auf die Kunden werden auf eine lebendige Art spürbar gesteigert.

• Das Thema »Verkaufen« wird als Teamaufgabe erlebbar. Dies geschieht auch durch die Teilnahme aller am Vertriebsprojekt Beteiligten im ersten Baustein.

• So erreicht das Unternehmen mehr Kunden und Aufträge mit langfristiger Perspektive.

2.3 Die Trainingsinhalte

Im Folgenden werden die Inhalte der Trainings und Coachings für Schöller-Technik kurz beschrieben.

2.3.1 I. Baustein: Training, zwei Tage

Das Beziehungsdreieck/ZZG-Modell (vgl. Abb. 1)
Die wichtigsten Punkte einer gelungenen, professionellen Kommunikation zwischen Menschen sind:
1. der persönliche Zustand der Beteiligten
2. der gute Kontakt zwischen den Gesprächspartnern
3. die Zielorientierung

Gute Verkaufskommunikation beginnt mit einem guten eigenen Zustand
Wie sorge ich für den richtigen Zustand, um optimal kommunizieren zu können? Die Teilnehmer lernen einfache Tipps und Hilfen, um (fast) immer in einem »Topzustand« zu sein.

ZZG Modell exzellenter Kommunikation

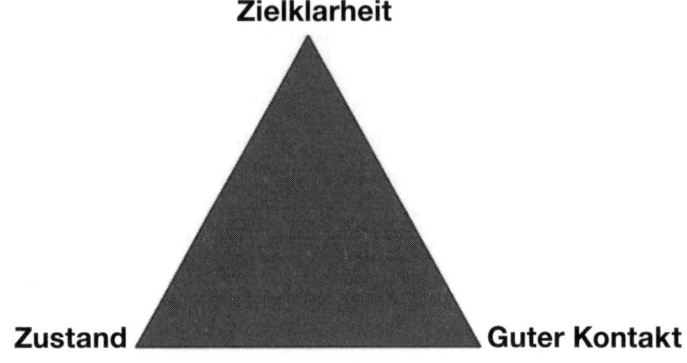

Abb. 1: Beziehungsdreieck/ZZG-Modell   © 2009 NLPbiz

- **Der gute Kontakt zum Kunden**
  Was macht die »Wellenlänge« zwischen Menschen aus?
  Wie kann man mit jedem Kunden einen guten Kontakt
  aufbauen?
- **Meine Einstellung und Rolle im Verkauf**
  Welche positiven und negativen Aspekte hat meine Einstel-
  lung? Was ist meine Rolle als »Verkäufer« bei Schöller-
  Technik?
- **Die acht Schritte des Verkaufens**
  Verkaufsprozesse laufen nicht zufällig ab, sondern sie
  haben bestimmte Inhalte, einen Leitfaden und besonders
  wichtige Momente. Welche sind das und wie geht der
  Verkäufer erfolgreich und flexibel damit um?
- **Interesse beim Kunden wecken**
  Wie kann ich das Interesse beim Kunden wecken?
  Was ist ein Interesse-Wecker und wann wende ich ihn an?
- **Körpersprache und Optik**
  Tipps zur »optimalen« Körpersprache, Kleidung und
  persönlichen Wirkung
- **Weitere NLP-Techniken für den Verkauf und die
  Kommunikation**
  - Die *Augenmuster* – besser mitdenken können
  - Das *Präzisionsmodell* – fünf einfache Fragen für viele
    Gesprächssituationen
  - *Ankern* – wie platziere ich Vor- und Nachteile in einem
    Verkaufsgespräch so, dass es zur Überzeugung meines
    Kunden beiträgt?
  - Die *Werte* eines Menschen sind sehr verhaltensrelevant.
    Deshalb ist es in Verkaufsgesprächen wichtig, die Werte
    des Kunden zu kennen.

- **Aftersales – Welche Methoden?**
  Was ist in Aftersales-Situationen besonders wichtig?
  Welche Methoden kann man hier nutzen?

Umsetzungsphase:
Am Ende jedes Trainingsbausteins erhielten die Teilnehmer »Home Chances«, also Übungen, Tipps und Aufgaben für die (sofortige) Umsetzung im beruflichen Alltag. Dazu gab es zu Beginn des nächsten Bausteins eine Feedbackrunde.

2.3.2 II. Baustein: Workshop, ein Tag

- **Unsere Vertriebsstrategie**
  Die ausgewählten Teilnehmer erarbeiteten eine gemeinsame
  Vertriebsstrategie mithilfe der Unternehmenspyramide.
- **Die Unternehmenspyramide**
  Die Pyramide enthält die Ebenen Vision, Identität,
  Werte, Einstellungen, strategische Ziele, operative Ziele,
  Fähigkeiten, Tätigkeiten, Umgebung (vgl. Abb. 2).

Diese Bereiche wurden von den Teilnehmern zunächst aus ihrer
persönlichen Sicht für ihren jeweiligen Verantwortungsbereich erarbeitet. Die Ergebnisse boten noch einmal gute Rückschlüsse auf
die Eignung der einzelnen Mitarbeiter für den Vertrieb.

- **Diskussion und Optimierung der Ergebnisse**
  Die ausgearbeiteten Unternehmenspyramiden wurden

Strategie-Entwicklung/Standortbestimmung

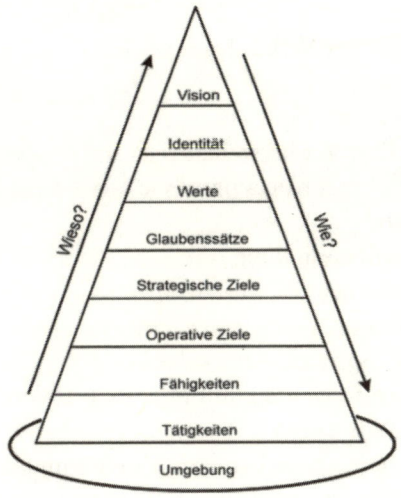

Abb. 2: Unternehmenspyramide

von ihren Urhebern vorgestellt und in einer gemeinsamen Diskussion verbessert.

* **Schlussfolgerungen und Maßnahmen**
Aus der Erarbeitung der Pyramiden wurden gegebenenfalls Maßnahmen für die Umsetzung im Vertriebsprojekt abgeleitet.

* **Die gemeinsame Unternehmenspyramide**
Zum Schluss wurde eine gemeinsame Vertriebsstrategie mit der Unternehmenspyramide festgelegt.

Es folgte die nächste Umsetzungsphase (wie oben beschrieben).

2.3.3 III. Baustein: Seminar, zwei Tage

* **»Auffrischung« des Gelernten und Feedback zur bisherigen Umsetzung**
Die Techniken und Methoden aus dem ersten Baustein und ihre bisherige Umsetzung im Alltag werden in einer Feedbackrunde reflektiert.

* **Die Phasen des Verkaufsgesprächs**
  1. Begrüßung
  2. Interesse wecken
  3. guten Kontakt herstellen
  4. Bedarfs- und Kundenanalyse
  5. Präsentation
  6. Einwandbehandlung
  7. Preisgespräch
  8. Abschluss
  9. Überleitung zum Aftersales
  Diese Schritte werden nun intensiv trainiert.

* **Die Kaltakquisition**
Die Kaltakquisition kann am Telefon und/oder durch persönliche Besuche stattfinden. Beides ist sehr »spannend« und mit der richtigen Motivation und Vorbereitung ein »abenteu-

erliches Highlight« in der Vertriebsarbeit. Wie bekommen
wir das für alle zuverlässig hin?

* **Verkaufsgespräch und Präsentation mit Videofeedback**
Die Professionalität im Verkaufsgespräch und während der
Präsentation wurde in einzelnen systematischen Schritten
und zum Schluss als Ganzes vor der Videokamera geübt.
Nach der Videoaufzeichnung im Plenum wertete der zweite
Trainer mit jedem einzelnen Teilnehmer im Nebenraum den
Erfolg der jeweiligen Übungsaufgabe aus. So hatte jeder
mehrere Chancen, sich sicht- und hörbar zu verbessern.

2.3.4 Die Einzelcoachings für die sieben Vertriebsspezialisten

Die sieben Hauptteilnehmer der Maßnahme erhielten je nach persönlichem Bedarf neben den Seminaren auch Einzelcoachings.
Diese Coachings umfassten in der Regel zwei bis drei Sitzungen,
die jeweils etwa zwei Stunden dauerten. Die Coachees konnten sich
selbst entscheiden, mit welchem der beiden Coaches sie arbeiten
wollten.

Die Methoden-Auswahl der Coachings beinhaltete Gespräche,
Videoanalysen, Ausarbeitung von Konzepten, Argumenten, Leitfä-
den etc., Veränderungsarbeit mit Business NLP, Wingwave-Coaching, Training-on-the-Job, Begleitung zum Kunden sowie Telefon-
training.

Im Rahmen dieser Coachings wurden auch die bereits bestehenden Präsentationsunterlagen durch kundenfreundlichere Standards
ergänzt.

2.3.5 Methodik

Gerade in Vertriebsseminaren ist es wichtig, die Aktionsfreudigkeit
der Lernenden zu fördern. Denn Verkaufen bedeutet neben vielem
anderen besonders für Techniker und Ingenieure, in der Kommunikation mit Menschen aktiver zu werden. Deshalb wurden

die Schulungen abwechslungsreich gestaltet. Im Training wurde durch Kurzvorträge, Übungen, Bewegungsphasen, Lerngespräche, Diskussionen, Rollenspiele, Videofeedback, Kleingruppenübungen, Präsentationen und Einzelarbeiten das oben Beschriebene erarbeitet und geübt. Die Seminaratmosphäre wurde dynamisch, offen, humorvoll und herzlich gestaltet.

3 Ergebnisse, Nutzen und Fazit

Was wurde in dieser Trainings- und Coaching-Reihe erreicht? Das Thema Verkauf und guter Umgang mit den Geschäftskunden hat einen deutlich größeren und vor allem positiven Stellenwert im gesamten Unternehmen gewonnen. Die Verkaufstätigkeiten werden nicht mehr als anrüchig und unangenehm erlebt, sondern sind ein interessanter, wichtiger und geachteter Bestandteil der Tätigkeiten der Vertriebsprotagonisten und der sekundären Vertriebsunterstützer, wie Entwickler, Marketingleute, Assistenten, Sekretariate und Controller, geworden.

●●●●●● **Verkaufen bedeutet, in der Kommunikation mit Menschen aktiver zu werden.**

Und das Vertriebsergebnis? Bereits zum Zeitpunkt der letzten Coachings war der Auftragsbestand so gut, dass das Unternehmen voll ausgelastet war.

3.1 Einzelne Ergebnisse und Nutzen

Ein paar Beispiele für konkrete Ergebnisse sollen das Bild des Vertriebsprojektes abrunden.

3.1.1 Mehr Sicherheit und Freude bei der Verkaufsaufgabe und mit Kunden

Durch die klar strukturierten Verkaufsschritte und die selbst erarbeiteten Checklisten für kundenzentrierte Interesse-Wecker, Test-Fragenkataloge, Nutzenargumente und den Umgang mit Einwänden entstand für die neuen Verkaufsingenieure eine sichere Basis für die Zusammenarbeit mit den Kunden. Dies wurde verstärkt durch monatliche Wiederholungsthemen, die jeder für sich üben und in Übungsruppen besprechen konnte.

Die Freude an der neuen Vertriebsaufgabe und an den »Kunden-Menschen« entwickelte sich besonders aus der neuen Menschenkenntnis heraus, die sich aus den grundlegenden Elementen des NLP im Business ergibt (Pacing, Physiologien, Zustand, Zielklarheit, VAKOG, Kalibrieren, Ankern, Meta-Programme, Präzisionsmodell, Milton-Modell).

3.1.2 Besseres Verständnis für »schwierige« Kunden

In der Männerdomäne dieses Unternehmens gab es auch eine Kundin, Frau Moser, die als schwierig galt. Sie war oft angespannt und hielt sich, was Offenheit und guten Kontakt anging, immer sehr zurück. Nachdem das Thema Pacing und Wellenlänge im Seminar erarbeitet war und die Teilnehmer die Home Chance »Guten Kontakt herstellen mit Kunden« bekamen, änderte sich das.

Ihr Projekt- und Kundenbetreuer Herr Lächler ging nun auch körpersprachlich besser auf sie ein. Das lag ihm ohnehin, da er ein Menschenfreund ist. Das nächste Gespräch entwickelte sich deutlich positiver. Dies zeigte sich einerseits daran, dass Frau Moser plötzlich auch persönliche Wünsche äußerte. So traf sie Herrn Lächler das nächste Mal im Café bei Kaffee und Apfelkuchen. Viel wichtiger für beide Geschäftspartner war jedoch, dass Frau Moser mit dem neuen Vertrauen ihre Wünsche, Notwendigkeiten und Forderungen für das geschäftliche Projekt diesmal so offen ausdrückte, dass Herr Lächler sie und ihr Unternehmen besser verstand und sie mit der optimalen Leistung bedienen konnte.

3.1.3 Schnelles psycho-logisches Verhandlungsergebnis

Ein technisches Projekt war wegen des Zeitdrucks des Kunden schon in die Produktion gegangen, bevor die finanziellen Verhandlungen abgeschlossen waren. Es hatte sich bereits abgezeichnet, dass der Kunde, eine Stadtverwaltung, vertreten durch Herrn Walter und Herrn Heinze, geringere finanzielle Vorstellungen hatte als der zuständige Projektbetreuer Herr Gross von Schöller-Technik. Herr Gross hatte das Problem schon intern mit seinen Kollegen besprochen und man befürchtete das Schlimmste. Das heißt, man ging davon aus, dass die Kunden so wenig zahlen würden, dass das Projekt im besten Falle bei einem Null-Euro-Gewinn landen würde. Deshalb wollte Herr Gross bei der Verhandlung hart auftreten, um seine Position durchzusetzen.

Bei der Bearbeitung der Situation mit einem Analyse-Tool aus dem Business NLP während des Seminars, das sowohl Fakten als auch psychologische Aspekte integrierte, stellte sich die Situation jedoch deutlich positiver dar. Herr Gross nahm, wie sich später herausstellte, richtigerweise an, dass Herr Heinze und Herr Walter sich durchaus bewusst waren, dass der schnelle Produktionsstart für den Erfolg des Projektes innerhalb der Stadt absolut notwendig war. Deshalb waren die beiden Herren bei der Verhandlung offen für einen Kompromiss und ein Win-win-Ergebnis. Da Herr Gross nach der Analyse nun ebenfalls aufgeschlossen und versöhnlich argumentierte, war es sehr einfach, gemeinsam zu einer für alle befriedigenden Einigung zu kommen.

3.1.4 Weitere Ergebnisse

Weitere Ergebnisse und Nutzen aus dem Vertriebsprojekt waren:
* Strukturierte, gemeinsame Vorbereitung vor wichtigen Kundenmeetings
* Optimierte Präsentationsfolien durch kundenbezogene Aussagen
* Systematische Fragen, um den Kundennutzen zu finden
* Besseres Feedback der Kunden
* Auch »untypische« Verkäufer sind erfolgreiche Verkäufer
* Größerer finanzieller Erfolg im Verkauf

3.1.5 Fazit

Die Ziele wurden erreicht und der Aufwand hat sich gelohnt – sogar so sehr, dass das Vertriebstraining und Coaching von weiteren Schwesterunternehmen des Konzerns umgesetzt wurde. Dies geschah selbstverständlich in einer jeweils den Kundenbedürfnissen angepassten Form. – Denn schließlich ist auch Business NLP kundenorientiert und kundenfreundlich.

Literatur

Besser-Siegmund C (2003) Wingwave Coaching. Junfermann Paderborn

Besser-Siegmund C, Dierks ML, Siegmund H (2007) Sicheres Auftreten mit wingwave-Coaching. Junfermann Paderborn

Brinkmann M (1989) Unterwegs zur Vollkommenheit. Junfermann Paderborn

Brinkmann M (1999) Simply-Your-Best. Orell Füssli Zürich

Brinkmann M (2000) Verkaufen ist viel zu wichtig, um es der Verkaufsabteilung zu überlassen. Orell Füssli Zürich

Brinkmann M (2002) Strategieentwicklung für kleine und mittlere Unternehmen. Orell Füssli Zürich

Dilts RB (1999) Modeling mit NLP. Junfermann Paderborn

Dilts RB (2000) Kommunikation in Gruppen und Teams. Junfermann Paderborn

Doppler K, Lauterburg C (2000) Change Management. Campus Frankfurt/New York

Goleman D (1995) Emotionale Intelligenz. Carl Hanser München

Gross D (1994) Der Universalschlüssel: Zur Meisterschaft deines Selbst. Vierlinger

Robbins A (1993) Grenzenlose Energie. Heyne München

Robbins A (2004) Das Robbins Power Prinzip. Ullstein Berlin

Schmidt-Tanger M (1998) Veränderungs-Coaching. Junfermann Paderborn

Schmidt-Tanger M (2004) Gekonnt coachen. Junfermann Paderborn

Sprenger RK (1997) Mythos Motivation. Campus Frankfurt/New York

Sprenger RK (2000) Aufstand des Individuums. Campus Frankfurt/
New York

Stöger G (2008) Wie führe ich meinen Chef? Orell Füssli Zürich

Wheatley MJ (1997) Quantensprung der Führungskunst. Rowohlt Reinbek

Kontaktadresse der Autorin für Austausch und Anfragen:
m.b@nlpbiz.ch

Richard Krebs

Reframing im Vertriebsteam: Wie Sie in 25 Minuten Konflikte in kreative Teamprozesse verwandeln

Abstract

Teambesprechungen mit Kundenberatern und Vertriebsmitarbeitern im Außendienst kosten Zeit und Geld. Mit ausgewählten NLP-Prozessen können Sie auch im Business schnell und effektiv zu kreativen Lösungen kommen. Am Beispiel von Reframing im Vertriebsteam erleben Sie, wie Sie problematische Beiträge zu selbstmotivierenden Einstellungen und Verhaltensweisen führen können.

Sachwortindex

Vertrieb Konfliktlösung KMU Reframing Konflikte
Teamprozesse Six-Step-Reframing positive Absicht

1 NLP im Praxis-Transfer

Sie haben beruflich in Beratung oder Vertrieb mit Gruppen und Teams zu tun? Dann kennen Sie sicher auch das: Unterschiedliche Auffassungen, vielfältige Meinungen und kritische Beiträge der Teammitglieder sind unter einen Hut zu bringen. Wie gelingt das schnell und wertschätzend? Welche Strukturen können Sie dafür wirkungsvoll und effektiv nutzen?

In meiner Eigenschaft als Abteilungsleiter für Firmenkunden/ Außendienst habe ich mich immer gefragt: Wie kann ich alle Kundenberater ins Boot bekommen und erreichen, dass alle in eine gemeinsame Richtung rudern? Eine Lösung dafür bietet die Vielzahl unterschiedlicher Formate aus dem NLP und ihre Anwendung im beruflichen und privaten Kontext. So ist es auch kein Wunder, dass ich mich in den vielen NLP-Ausbildungen intensiv mit folgenden Fragen beschäftigte: Wie kann ich das jeweilige NLP-Format im Business-Kontext erfolgreich nutzen? Wie kann ich als Führungskraft damit umgehen, wenn die Teilnehmer das spezifische NLP-Format oder NLP nicht kennen? Wie kann ich dieses Modell verdeckt in Meetings und Besprechungen sinnvoll einsetzen und damit den Beteiligten und mir die Zusammenarbeit erleichtern?

2 Ressourcen freisetzen mit Reframing

Insbesondere die NLP-Arbeit mit inneren Anteilen, Bedeutungen und Bewertungen sind klassische Grundlagen für Praxis-Transfers. Diese Elemente finden wir bei den NLP-Formaten rund um das Thema Reframing.

Reframings, insbesondere das Six-Step-Reframing, sind wirksame NLP-Formate, um persönliche Symptome zu verändern (Zigarettenabhängigkeit, Nägelkauen, Waschzwang, hoher Süßigkeitenkonsum) und um neue Verhaltensweisen schnell aufzubauen. Die Arbeit mit Reframings in Beratung, Coaching oder Führung zählt zu den klassischen NLP-Formaten, die Richard Bandler und John Grinder schon 1982 entwickelt haben.

●●●●●● **Reframings sind wirksame NLP-Formate, um persönliche Symptome zu verändern und neue Verhaltensweisen schnell aufzubauen**

Reframing bedeutet, etwas »neu rahmen«, das heißt, einer Sache, einem Verhalten, Aussagen oder einer Interpretation einen anderen, neuen Rahmen oder eine neue Bedeutung zu geben. Dies geschieht, indem man die Aussage in einen neuen Kontext stellt oder indem man den Inhalt neu bewertet. Ein Beispiel für Kontext-Reframing: Ein Fußball im eigenen Tor, im Tor der gegnerischen Mannschaft, im Fenster des Nachbarn. Beispiele für inhaltliche Reframings sind: Krankenkasse und Gesundheitskasse, Grenzen und Horizont, Arbeit und Aufgabe.

Für mich heißt Reframing: Im Businessumfeld weitere Ressourcen schaffen, Potenziale freisetzen und sich hin zu entwicklungsorientierten Fähigkeiten, Strategien und Verhaltensweisen zu bewegen.

2.1 Konfliktpotenziale umdeuten

Einen Praxis-Transfer vom reinen Format in die konkrete Anwendung in der Arbeitswelt werde ich am Beispiel des Six-Step-Reframings aufzeigen. Bei den Formaten rund um Reframing wird zuerst der intrapersonelle Konflikt aufgedeckt, wie z. B. die innere Hin- und Hergerissenheit beim Treffen von Entscheidungen oder der innere Dialog des ständigen Hin- und Herpendelns zwischen »Eigentlich sollte ich – aber lieber möchte ich«. Danach wird durch den Coach ein internaler (innerer) Umdeutungs- oder Verhandlungsprozess initiiert.

Die Gruppenmitglieder nehmen die Rolle der inneren Teil-Persönlichkeiten wahr. Es geht dann um zwischenmenschliches Konfliktpotenzial.

Die NLP-Anwender gehen beim Six-Step-Reframing von folgenden Vorannahmen aus:

- Jedem Verhalten wird eine Bedeutung zugeschrieben.
- Jedes Verhalten ist in einem bestimmten Kontext sinnvoll.
- Hinter jedem Verhalten steht eine positive Absicht.
- Menschen bestehen aus vielen Persönlichkeitsanteilen. (Eine Gruppe/Team besteht aus Teilpersönlichkeiten.)

2.2 Übersicht und Ablauf des Reframing-Formats

Von diesen Vorannahmen ausgehend, lässt sich der Ablauf des klassischen NLP-Formats folgendermaßen skizzieren (Tab. 1).

Steps	NLP-Format: Six-Step-Reframing (Übersicht)
1	Identifizieren des kritischen Verhaltensmusters
2	Trennen zwischen dem aktuellen Verhalten und der positiven Absicht
3	Zugang zum kreativen Teil finden und aktivieren
4	Alternativen entwickeln; mit gleicher positiver Absicht (wie Step 2)
5	Drei ausgewählte Alternativen für drei Wochen testen
6	Welche Einwände, Widerstände gibt es gegen das Neue? Wie geht's jetzt weiter?

Tabelle 1: Übersicht Six-Step-Reframing

3 Das konkrete Team-Erleben

Und wie kann ein Reframing im Vertriebsleben ablaufen? Hier ein Beispiel aus einer meiner Teambesprechungen: Ich traf mich mit vier Kundenberatern aus dem Außendienst, um die Umsetzung der neuen Zielvereinbarung für den Außendienst zu besprechen.

3.1 Der kritische Teilnehmerbeitrag

Kollege Köhler machte nach kurzer Besprechungszeit einen Vorschlag zu unserer neuen Arbeitsweise im Außendienst. Die Reaktionen waren gemischt: von Stirnrunzeln und Zurücklehnen über genervtes Stöhnen bis hin zu Ausrufen wie »Was soll denn das?«. Ich selbst erwartete fast schon die üblichen Nicht-OK-Argumentationen und Über-Kreuz-Diskussionen mit ständigem Hin und Her.

Auf solch eine Chance hatte ich gewartet und mich gedanklich vorbereitet: Mit der Struktur des Six-Step-Reframings wollte ich die Gruppe zusammenhalten und sie zu konstruktiven Verhaltensweisen führen.

3.2 Intervention und Erkennen der positiven Absicht

Ich bedankte mich bei dem Kollegen Köhler für den Beitrag, für die Gedanken, die er sich dazu gemacht hatte, und reflektierte, dass die anderen Vertriebskollegen im Moment den Vorschlag (das Verhalten) nicht aufnehmen können.

»Nun, Herr Köhler, was ist die positive Absicht, die Sie für uns/ die Kollegen mit Ihrem Vorschlag erreichen wollen?« Da gab es überraschte Blicke in der Gruppe – und der Kollege sprudelte mit Eifer seine Gedanken dazu heraus: Seine gut gemeinte Idee war, wie wir als Gruppe die neue Produktpalette zeitsparender an die Kunden kommunizieren können.

Ich schaute in die Runde und sah interessierte Augen sowie nachdenkliche Gesichter. Ich fragte:»Na, Kollegen – die positive Absicht hinter dem Vorschlag scheint ja einen Reiz auf uns auszustrahlen, nicht wahr?« Die Kundenberater hatten über den Weg der positiven Absicht neue Perspektiven zu dem bisherigen Vorschlag entdeckt. Den bisherigen Vorschlag lehnten sie weiterhin ab – jedoch die positive Absicht für die Gruppe, nämlich die neue Produktpalette zeitsparendender zu kommunizieren, hatte ihr Interesse geweckt. Aber mental blieb der Zugriff auf Alternativen noch verschlossen.

3.3 »Kreatives Ich« der Kundenberater wecken

Im nächsten Schritt weckte ich die kreativen Anteile meiner Teamleiter:»Nun Kollegen, ich habe euch bisher immer wieder als sehr clevere, kreative Vertriebskollegen wahrgenommen. Ihr habt doch alle so eine kreative Ader. Denkt mal an die vielen Situationen in eurem Leben, in denen ihr herausragende kreative Gedanken entwickelt habt, und weckt diese jetzt und lasst uns einfach mal im Rahmen eines Brainstormings Ideen sammeln.«

Mein Ziel war es dabei, die positive Absicht von Kollege Köhler als Zielorientierung für uns zu nutzen und festzustellen, welche anderen Verhaltensweisen, Vorgehensweisen und Ideen die anderen dazu haben, mit denen wir diese positive Absicht ebenfalls erreichen können.

3.4 Brainstorming: Alternativen mit gleicher positiver Absicht

Ich ging zum Flip-Chart und schrieb:»Kreative/clevere Alternativen« Danach brauchte ich die Vorschläge nur noch einzusammeln. Selbst der Ideengeber brachte zwei neue Verhaltensweisen zu der positiven Absicht mit ein.

3.5 Bewerten, auswählen, entscheiden

Für die Bewertung der neun kreativen Alternativen zitierte ich zuerst die positive Absicht von Kollege Köhler: »Mit welchen eurer Ideen können wir die positive Absicht, die neue Produktpalette zeitsparender an die Kunden zu kommunizieren, genau so gut oder noch besser erreichen?« Und wir hatten tatsächlich zwei Ideen, von denen alle überzeugt waren, dass diese nützlicher für die praktische Umsetzung sind als die bisherigen Abläufe.

3.6 Akzeptanz und Umsetzung

Nun wollte ich noch das Ergebnis klassisch nach NLP-Vorgehen mit einem Ökocheck absichern. »Hat irgendjemand etwas gegen die zwei neuen Alternativen einzuwenden?« – Es gab keine Einwände.

Auf meine Frage, wie wir jetzt und künftig mit dem besprochenen Prozess umgehen wollen, kam aus der Gruppe folgendes Echo: »Herr Krebs, das sind doch unsere Ideen, die sind so stimmig, wir machen das so, wie wir das jetzt entwickelt haben. Wir haben zwei neue Wege gefunden und besitzen damit sogar mehr Alternativen als zuvor.«

4 Fazit und Erkenntnis

NLP-Formate mögen im Lehrbuch manchmal als abstrakte Abläufe erscheinen. Sie können diese Modelle jedoch in lebendige Prozesse übertragen und in den Kontexten von Führung, Beratung und Vertrieb erfolgreich nutzen.

So konnte ich als Abteilungsleiter in 25 Minuten mehrere Aufgaben mit einem Business NLP Format in den Griff bekommen:

- Kundenberater Köhler bekam seine Akzeptanz und Wertschätzung.
- Alle Kundenberater haben sich eingebracht und fanden sich in der neuen Arbeitsweise wieder.
- Es gab keine leeren, langen, ergebnislosen Diskussionen, Rechtfertigungen usw.
- Es kam keine Missstimmung auf.
- Die Energien der Gruppe wurden in entwicklungsorientierte Bahnen gelenkt.
- Die Teilnehmer haben sich aus eigenem inneren Antrieb motiviert.

Auch Sie können beim Führen erleben, beobachten und genießen, wie Business NLP erfolgreich wirkt.

4.1 Das Six-Step-Reframing als Übersicht und für die Anwendung im Business-Kontext

	NLP-Format: Six-Step-Reframing (Übersicht)	Business-Transfer am Beispiel: Vertriebsteam
1	Identifizieren des kritischen Verhaltensmusters	Der kritische Teilnehmerbeitrag: Der Vorschlag eines Teammitgliedes wird durch »Oh je«-Aussagen der anderen Teilnehmer kommentiert.
2	Trennen zwischen dem aktuellen Verhalten und positiver Absicht	– Intervention durch positive Aufnahme – Bewusstmachen der positiven Absicht – Trennen von Verhalten und Absicht

3	Zugang zum kreativen Teil finden und aktivieren	– »Kreatives Ich« der Teilnehmer aktivieren – Kreativen Zustand aufbauen
4	Alternativen entwickeln; mit gleicher positiver Absicht wie in Step 2	Brainstorming zur positiven Absicht
5	Drei ausgewählte Alternativen für drei Wochen testen	Alternativen bewerten, auswählen und entscheiden
6	– Welche Einwände, Widerstände gibt es gegen das Neue? – Wie geht's jetzt weiter?	– Verträglichkeit/Akzeptanz in der Gruppe – Umsetzung: Wer, was, wie, wann?

Tabelle 2: Anwendung des Six-Step-Reframing im Business-Kontext

Der Ablauf des Six-Step-Reframings erscheint Ihnen zu aufwendig? Nun, Sie können schon viel erreichen, wenn Sie bei schwer nachvollziehbaren Aussagen, Einwänden, Vorschlägen oder Verhaltensweisen die Beweggründe klären und einfach fragen: »Was ist die positive Absicht deines Vorschlags? Was willst du mit deinem Vorschlag erreichen?«

Sie werden damit neue Chancen für Ihre Zukunft öffnen!

Literatur

Bandler R, Grinder J (2005) Reframing. Ein ökologischer Ansatz in der Psychotherapie (NLP). Junfermann Paderborn
Mohl A (2006) Der große Zauberlehrling Teil 1. Junfermann Paderborn

Kontaktadresse des Autors für Austausch und Anfragen:
richard.krebs@gmx.de

Vera Reithmeier

Der Nutzen der Logischen Ebenen im Projektmanagement

Abstract

Dieser Beitrag beschäftigt sich damit, wie im Projektmanagement das von Robert Dilts entwickelte Konzept der Logischen Ebenen eingesetzt werden kann. Es werden Methoden und Wege beschrieben, die helfen, ein Projekt erfolgreich zu bearbeiten. Ein Beispiel aus einem Unternehmen der Automobil-Zulieferindustrie veranschaulicht die Ausführungen.

Sachwortindex

Logische Ebenen Projektmanagement Projektziele Werte
Kick-off Automobilbranche Großunternehmen Risiken
Arbeitsblatt zur Selbstpräsentation Entscheidungs-Matrix
Teamentwicklung Aktionsplan Magisches Dreieck

1 Voraussetzungen für erfolgreiche Projekte

Zwei zentrale Punkte bilden die Grundlage für erfolgreiche Projekte:

1. Es ist eine Vertrauensbasis nötig, um offen und wirkungsvoll kommunizieren zu können.
2. Erfolgreiche Mitarbeit in Projekten setzt umfassende Kenntnis der Projektziele und des Umfelds voraus, ebenso wie ein tiefes Verständnis für die Abhängigkeiten zwischen den Teilaspekten.

Außerdem brauchen das Management, der Projektleiter und das Team die Bereitschaft, mit Stolpersteinen (pro)aktiv umzugehen.

Vor diesem Hintergrund leiste ich meine Arbeit, und mit diesen Überzeugungen habe ich den im Folgenden vorgestellten Auftrag übernommen und durchgeführt.

Veröffentlichungen belegen: »Nur ca. 70 Prozent der definierten Projekte enden erfolgreich. Der Anteil der erfolgreichen Projekte könnte viel höher sein, wenn zentrale Erfolgsfaktoren, Klarheit der Ziele, ausreichende Ressourcen, Abbau von Egoismen, gute Kommunikation (Platz 1–4) gestärkt werden würden.« (Projektmagazin 19/2008)

●●●●●● **Nur ca. 70 Prozent der definierten Projekte enden erfolgreich.**

2 Die Ausgangslage: »Alles muss jetzt schnell gehen«

Der Kunde, um den es im Folgenden geht, ist ein großer Zulieferbetrieb für die Automobilbranche. Am konkreten Projekt waren zwei deutsche und drei internationale Standorte beteiligt und insgesamt rund 80 Mitarbeiterinnen und Mitarbeiter involviert. Mein Auftrag lautete folgendermaßen: »Alles ist bestens. Wir wollen ein bisschen Teamentwicklung und eine intensive Feinplanung durch Sie unterstützen lassen, damit das bereits gut laufende, sehr komplexe Projekt noch besser wird. Nehmen Sie einfach Kontakt mit dem Projektleiter auf und vereinbaren Sie einen Termin.«

Nach einigen Anläufen gelang der erste Kontakt mit dem Projektleiter Herrn Zander. »Alles muss jetzt schnell gehen«, war eine seiner Hauptaussagen. Er zeigte sich sehr kooperativ und war dankbar für die Unterstützung. Die Umstände des ersten Kontaktes und das Telefonat ließen in mir jedoch die Ahnung aufkommen, dass da noch einige Überraschungen auf mich zukommen würden.

Das erste Zusammentreffen wurde auf das nächste Regelmeeting der Projektgruppe gelegt. Es stellte sich heraus, dass nicht alles so gut lief, wie vom Management angenommen. Abwarten und zuschauen waren die vorherrschenden Haltungen. Im Laufe meiner Arbeit wurden daraus Entschlossenheit, Mut und Vertrauen der Beteiligten. Ich begleitete das Projektteam insgesamt vier Tage im Verlauf von sechs Monaten. Mit dem Projektleiter führte ich im selben Zeitraum außerdem sechs telefonische Coachings von je 1,5 Stunden durch. Es gelang, Fahrt aufzunehmen, das Projekt erfolgreich voranzubringen und zu beenden. Der Einsatz von Business NLP bildete neben Projektmanagement den methodischen Rahmen.

2.1 Das erste Treffen mit dem Projektteam – Regelmeeting oder Kick-off?

Anderthalb Stunden vor Beginn des Team-Meetings informierte mich Herr Zander:

- Das Projekt laufe seit sechs Monaten (aber nicht so richtig offiziell).
- Er sei seit drei Monaten Projektleiter und habe bisher nur einzelne Teilprojektleiter getroffen.
- Seit acht Wochen finde eine wöchentliche Telefonkonferenz statt, zu der sich jeder Verantwortliche einwählen könne. Daraus resultierende Aufgaben würden im Anschluss per E-Mail an die Teilprojektleiter geschickt.
- Das Meeting heute sei der erste gemeinsame Kontakt der Teilprojektleiter und das solle der offizielle Start sein, »so etwas wie ein richtiges Kick-off«.

Zitat aus der Einladung, die ich erhalten hatte: »Hallo an alle, unser Meeting findet dieses Mal in der Zentrale in Buxtehude, im Raum 3.03 statt. [...] Es wird zusätzlich ein externer Projekt-Coach, Frau Reithmeier, dabei sein, die uns bei der Teamentwicklung und Feinplanung unterstützen wird. [...] mfg Zander.«

Die Grundlagen für ein erfolgreiches Projekt mussten demnach erst noch gelegt werden. Das hieß, für dieses verspätete Kick-off brauchten wir Zeit

- für eine ausführliche Teamfindung
- zur Klärung der Zusammenarbeit und
- für einen allgemeinen Teil zum Gesamtprojekt

2.1.1 Ad hoc-Vorbereitung – »Mit heißem Stift die Agenda anpassen«

Eine vorliegende Präsentation zum Gesamtprojekt war von Herrn Zander bisher nur auf Managementebene gezeigt worden. Ob diese genutzt werden konnte, war noch abzuklären. Herr Zander kümmerte sich darum, ich schrieb die »neue« Agenda auf ein Flipchart, während die ersten Teilnehmer eintrafen.

Um 9.35 Uhr waren wir vollständig: sieben Teilprojektleiter, ein Vertreter für den Projekteinkauf, ein Vertreter des Projektcontrollings, ein Qualitätsbeauftragter, Herr Zander und ich.

2.1.2 Der Einstieg

Nach einer kurzen Vorstellung meiner Person präsentierte ich die neu erstellte Agenda.

Agenda 1. Tag, Stand 9.30 Uhr:

Tagesordnungspunkt 1. Tag Kick-off	Ziel	Verantwortlich	Zeit Soll	Zeit Ist im Verlauf zu ermitteln	Korrektur in Abhängigkeit zu Ist?
Ankommen, Vorstellung	– Orientierung und breite Wissensbasis der Teilnehmer übereinander herstellen – Wünsche und Erwartungen an das Kick-off – Logische Ebenen einführen – Pause	Zander/ Reithmeier	09.30– 11.45		
Information zum Projekt	– Anlass, Hintergrund, Ziele, Rahmen, aktueller Stand: Update für alle Beteiligten – Pause	Zander	12.00– 13.30		
Projektteam	– Miteinander aktiv werden – Zusammenarbeit festigen – Stolpersteine erkennen – Logische Ebenen anwenden	Reithmeier	14.30– 17.15		

Offene Punkte Liste erstellen	– Unbearbeitete Themen zur Bearbeitung bis zum 2. Tag eindeutig adressieren	Zander/Team	17.15– 17.30		
2. Tag Kick-off Feinplanung	– Die nächsten Schritte auf der Basis des Rahmenplans und der bereits laufenden Bearbeitung – Überblick zum Gesamtablauf gewinnen	Zander/ Reithmeier	09.00– 16.00		
Offene-Punkte-Liste aus dem ersten Tag	– Ergebnisse vorstellen	Zander/Team	??		
Offene-Punkte-Liste aus dem zweiten Tag erstellen	– Die unbearbeiteten Themen zur Bearbeitung bis zum nächsten Treffen eindeutig adressieren	Zander/Team	17.15– 17.30		

Es gab weder Fragen noch Anmerkungen zu diesem Vorgehen. Als ein Handy klingelte und die aufgeklappten Laptops zweier Teilnehmer surrten, bat ich die Teilnehmenden, Handys und Laptops erst in der Pause wieder einzuschalten. Jetzt sei ihre volle Aufmerksamkeit notwendig.

Von den Teilnehmern wurde nun eine ausführliche persönliche Präsentation mit Wünschen und Erwartungen an das Projekt und an das Projektteam vorbereitet. Außerdem wurde eine Information zu den Logischen Ebenen ausgegeben und dazu ein Arbeitsblatt zur Selbstpräsentation mit den Logischen Ebenen (siehe Arbeitsblatt 1 auf S. 218).

Vor dem Start der Ausarbeitung erläuterte ich den Ansatz von NLP im Business und ordnete die Logischen Ebenen in einen Überblick zu zentralen Annahmen von Business NLP ein.

2.1.3 Die Vorstellung – Nachfragen und Tiefe erwünscht

Während der ersten beiden Selbst-Präsentationen gab es zunächst kaum Nachfragen. Nach Aufforderung zum Hinterfragen wurde es lebendiger. Es gab vertiefende Fragen zu fast allen Oberpunkten, und die Bereitschaft der Befragten, sich mitzuteilen, war groß. Fast jede Frage wurde von den Präsentierenden beantwortet – und die vorgesehene Zeit reichte gerade für sieben von elf Teilnehmern. Nach 80 Minuten und sechs Teilnehmern wurde mithilfe einer spontanen Entscheidungs-Matrix entschieden, dass die Vorstellung in gleicher Ausführlichkeit weitergeführt werden sollte. Die Zeit sollte an anderen Punkten eingespart werden.

Danach die Rückmeldung von Herrn Zander: Noch nie sei bei ihnen so viel gelacht worden und im Übrigen sei es sonst üblich, während der Meetings »nebenbei« zu telefonieren und am Laptop zu arbeiten.

2.1.4 Resümee der ausführlichen Vorstellungsrunde

Die Stimmung war jetzt gut bis ausgelassen. Es war viel gelacht worden und die Zusatzfragen machten sehr deutlich: Einige Teilnehmer hatten sich bis dahin gar nicht, die meisten nur wenig gekannt.

Die Fragen zum jeweiligen Zuständigkeitsbereich im Projekt »Neu-Entwicklung« hatten gezeigt, dass das gemeinsame Wissen über die verschiedenen Teilaspekte/Teilprojekte besonders gering gewesen war.

Die Frage nach den individuellen Werten hatte bei fast allen Teilnehmern positive und negative Korrelationen hervorgebracht. Einerseits gab es durchgängig Aussagen wie: »Loyalität«, »Zuverlässigkeit« und »Dabei sein« sind wertvoll und wichtig für mich –

und bei vielen gleichzeitig: »Ich kann in meinem Privatleben meine gewünschte Verlässlichkeit nicht mehr leben, weil das Projekt mich auffrisst.«

Bemerkenswert und sehr hilfreich war die große Offenheit von Herrn Zander. Im Rahmen seiner Vorstellung hatte er auch einige kritische Fragen sehr bereitwillig beantwortet und so erheblich zu einer wertschätzenden und entspannten Atmosphäre beigetragen.

Insgesamt war es eine sehr gelungene Vorstellung, die die Atmosphäre veränderte. Die Teilnehmer waren sich deutlich nähergekommen.

2.1.5 Wünsche/Erwartungen an das Kick-off

Die Wünsche und Erwartungen an das Kick-off wurden Oberpunkten zugeordnet. Im Anschluss wurde entschieden, wann welche Punkte bearbeitet werden sollten bzw. wie mit ihnen umzugehen sei.

Oberpunkte und die dazugehörigen Nennungen:
Meetings: weniger Meetings (3 ×), mehr Meetings (4 ×), technische und allgemeine Meetings trennen (3 ×)
Projektorganisation des Unternehmens: Wer ist mit wem wie verbunden? (3 ×), Wie funktioniert unsere Projektorganisation? (5 ×), Eskalation (7 ×), Ressourcenprobleme (5 ×)
Das Projekt: Informationen zum Projekt (9 ×), Gesamtverständnis zum Projekt (9 ×), Verstehen: Wer macht was? (1 ×)
Zusammenarbeit: feste Vereinbarungen (6 ×), Regeln (1 ×), richtig loslegen (2 ×), netzwerken (4 ×), feste Zeiten, zu denen Herr Zander erreichbar ist (5 ×), Zusammenarbeit stärken (2 ×), Entscheidungen durchziehen (3 ×)
Sonstiges: Wieso ist Herr Schneider, der ehemalige Projektleiter, nicht mehr dabei? (2 ×), Gerüchteküche (2 ×), netzwerken – in den Pausen (4 ×)

Drei Möglichkeiten der »Bearbeitung« wurden festgelegt:

1. Punkte, die heute und beim nächsten Termin mit Frau Reithmeier bearbeitet werden sollten: »Das schafft mehr Arbeitsfähigkeit und -freude, das muss sofort drankommen.«

2. Offene-Punkte-Liste (OPL) für demnächst: »Dafür gibt es jemanden oder etwas, das Klärung schaffen kann.«

3. Abwarten/Gelassenheit/Geduld: »Damit können/müssen wir vorerst leben.« bzw. »Dazu können wir im Moment nichts beitragen, außer uns zu ärgern oder zu jammern.«

Wir waren nun über eine Stunde im Zeitverzug. Es wurde entschieden, die Mittagspause mit einer Pizza im Konferenzraum zu verbringen. Die ursprüngliche Agenda wurde den neuen Erkenntnissen angepasst.

2.1.1 Informationen zum Projekt – Ad hoc-Präsentation des Projektleiters

Die Informationen von Herrn Zander über das Gesamtprojekt brachten Überraschendes zutage. Niemandem außer ihm war die technologische Komplexität des Projektes bisher klar gewesen. Zusätzlich lieferte die Präsentation wichtige Informationen zur internen Organisation. Viele der am Vormittag formulierten Fragen, Wünsche und Erwartungen konnten beantwortet werden. Die Ergebnisse wurden an den Wänden auf Meta-Plan-Papier dokumentiert und es war jederzeit sichtbar, was abgearbeitet war und was noch offen blieb.

2.1.2 Resümee zur Präsentation der Projektinformationen

Nach der Präsentation zum Projekt waren die meisten Fragen aus der Erwartungsrunde geklärt. Vereinbarungen wurden festgehalten und offene Punkte in die OPL (Offene-Punkte-Liste: Was-Wer-Wann) aufgenommen. Die Stimmung war nun etwas gedämpft, Erschöpfung und teilweise Verwirrung waren spürbar.

Einerseits waren viele Erwartungen und Wünsche an das Kick-off erfüllt worden, andererseits konnte noch kaum jemand erkennen, wie es nun konkret weiter gehen würde. Die Überleitung zum konkreten Tun im Team hatte jetzt Priorität. Dazu nutzte ich, wie vorgesehen, die Logischen Ebenen.

3 Das Team in Bewegung setzen, die Logischen Ebenen zur Teamentwicklung nutzen, Einfluss auf Stolpersteine nehmen

Exkurs: Die Logischen Ebenen für den Einsatz im Projektmanagement und in Teamentwicklungsmaßnahmen

Die Logischen Ebenen bezeichnen ein NLP-Modell, das Robert Dilts mit Bezug auf die Lerntypen von Gregory Bateson erstmalig entwickelt hat. Es gibt verschiedene Variationen. So hat zum Beispiel Bernd Isert im Jahr 2000 die Ebene »Zugehörigkeit« hinzugefügt. Die Logischen Ebenen eignen sich für verschiedene Anwendungsmöglichkeiten, zum Beispiel für die umfassende Analyse, Hypothesenbildung und Handlungsplanung in komplexen Systemen.

Ganz allgemein bilden die Logischen Ebenen ab, wie Menschen intern organisiert sind. Die höheren Ebenen wirken dabei in der Regel stark auf die unteren Ebenen ein. Die unteren Ebenen wirken nur schwächer auf die oberen ein.

Diese Aussagen gelten für »normale« Situationen. Jedoch können plötzliche Ereignisse im Umfeld völlig überraschende Wirkungen auf oberen Ebenen zeigen. (Beispiel: Wenn das eigene Kind in Gefahr ist, ist man in der Lage, Dinge zu tun, die sonst außerhalb der eigenen Fähigkeiten liegen. Etwa aus dem Stand vier Meter weit springen, um das Kind vor einem nahenden Auto zu retten. Ohne Not wäre dies nicht möglich.)

Anwendung der Logischen Ebenen:
Wozu? Vertrauen aufbauen. Verstehen ermöglichen. Mit schwierigen Situationen umgehen.
Was? Sich selbst und andere besser kennenlernen. Höher gelegenen Ansatzpunkt (Ebene) für verändertes Vorgehen finden.
Wie? Im Team oder für sich allein die Fragen in Bezug auf das Thema je Ebene beantworten. Die Ergebnisse diskutieren, gemeinsames Verstehen finden, nächste Schritte miteinander klären und vereinbaren.
Wann? In allen möglichen Situationen, um zu einer umfassenden Sicht zu gelangen. Für Einzelarbeit und in Teams, die von offener Kommunikation und Vertrauen profitieren. Fallweise Anwendung wie im Beispiel zur Bearbeitung von Stolpersteinen.
Wer? Jede und Jeder. Allein oder in der Gruppe.

3.1. Entwicklung des Projektteams und Umgang mit Stolpersteinen

Die folgenden 75 Minuten nutzen wir zur konkreten Teamarbeit mit Bearbeitung der Fragen:

1. Wie beschreibt sich unser Team auf der Basis der Logischen Ebenen?
2. Welche Stolpersteine sehen oder befürchten wir?
3. Wie können wir diese mithilfe der Logischen Ebenen erforschen und verstehen?
4. Welche neuen Möglichkeiten des Umgangs mit den Stolpersteinen finden wir?

Ablauf:
Folgende Arbeitsblätter standen zur Verfügung:
Arbeitsblatt 1: Logische Ebenen zur individuellen Bearbeitung (Beispielhaft ausgefüllt), für Team-Fragen »ich« in »wir« abgeändert

Arbeitsblatt 2: Logische Ebenen zur Bearbeitung von Stolpersteinen (Beispielhaft ausgefüllt)

In zwei Untergruppen wurde zunächst je ein Bogen bearbeitet. Mit der Bearbeitung fanden die Teilnehmer so zu einer Beschreibung ihrer Teilgruppe. Die Ergebnisse der beiden Teilgruppen wurden im Plenum zu einem gemeinsamen Papier »Die Logischen Ebenen für unser Projektteam« zusammengefügt.

Anschließend wurde ein Aktionsplan erarbeitet, um die gemeinsame Werteebene im Alltag stärker zu berücksichtigen. Es waren kaum erläuternde Worte dazu nötig, wie zentral gerade die Passung von Werten und Wichtigkeiten zu den anderen Ebenen ist.

3.1.1 Resümee: Logische Ebenen als Team

Nach der erfolgreichen Anwendung zur Vorstellung war es für die Teilnehmer selbstverständlich, ihre individuelle Erfahrung nun in die Beschreibung ihrer Teams zu übertragen. Beim Aktionsplan wurde darauf geachtet, kleine, realistische Schritte zu formulieren, um den weiteren Projektverlauf zu sichern. Diese Erfahrung der schnellen Adaption und sinnhaften Verknüpfung von NLP mit Anforderungen im Business ist die Regel.

●●●●●● **Die pragmatischen Ansätze und lösungsorientierten Strategien des NLP sind in nahezu jedem Kontext nutzbar.**

Die pragmatischen Ansätze und lösungsorientierten Strategien des NLP sind in nahezu jedem Kontext nutzbar. Natürlich erfordert die Anwendung von NLP im Business das passgenaue Vorgehen und die zielgerichtete Auswahl der Methoden an die Zielgruppe.

3.1.2 Logische Ebenen für die Beschreibung von Stolpersteinen

Wiederum in zwei neu gemischten Untergruppen wurden jetzt noch Stolpersteine mit dem gleichen Vorgehen wie für die Logischen

Ebenen des Teams bearbeitet. Die Teilgruppen hatten Zeit, zunächst relevante Themen zu definieren und dann ein Thema für die Übung zu priorisieren. Im Anschluss beschrieb jede Untergruppe ihren »Stolperstein« auf allen Ebenen. Die Ergebnisse wurden wiederum in der Gesamtgruppe vorgestellt. Die Gruppe formulierte als Abschluss einige erste Schritte, um mit den beschriebenen Stolpersteinen angemessen umzugehen. Wir achteten auch in diesem Fall auf überschaubare, realistische Maßnahmen.

3.1.3 Resümee: Logische Ebenen zur Bearbeitung von Stolpersteinen

Bei der Arbeit mit Stolpersteinen kann man Zusammenhänge zwischen offensichtlichen Schwierigkeiten und den meist unberücksichtigten Hintergründen erkennen. Es wird möglich, sich auf Lösungen zu konzentrieren, anstatt Schuldige zu suchen. So kann aktiv mit den nötigen Handlungen begonnen werden, ohne Zeit zu verschwenden.

Diese frühzeitige Bearbeitung bekannter Stolpersteine und die schnelle Reaktion auf spontane Schwierigkeiten sind zentrale Themen in jedem Projekt. Je weniger im Projektverlauf (pro)aktiv mit diesen Schwierigkeiten umgegangen wird, desto negativer wird die Wirkung, auf das Magische Dreieck aus Aufwand, Ergebnis und Zeit. Definitionsgemäß bergen Projekte außerdem Risiken und Herausforderungen und bewegen sich innerhalb knapper Ressourcen. Deshalb ist die Nutzung vielseitiger Methoden, wie Business NLP sie bieten kann, besonders hilfreich.

Arbeitsblatt 1) Logische Ebenen zur individuellen Vorstellung
»Ich« durch »wir« ersetzt bei Fragen für Teamnutzung
Beispiel – Vorstellung der Trainerin (zu lesen von unten nach oben) Selbstpräsentation in der Vorstellungsrunde. Wer bin ich? Was ist mir wichtig?

Ebenen	Fragen auf jeder Ebene	Mögliche Antworten auf jeder Ebene
Sinn/Mission Auftrag/Quelle	Wofür das Ganze? Was ist der höhere Sinn für mich? Woraus beziehe ich meine Energie?	Beitragen zu Vertrauen und Offenheit im Kontext Arbeit. Aus dem Gefühl, Sinnvolles zu tun und wertgeschätzt zu werden.
Zugehörigkeit	Zu welcher Gruppe gehöre ich, wem fühle ich mich verbunden, wenn ich hier aktiv bin?	Systemisch arbeitende Trainer und Coaches
Identität	Wie sehe ich mich, welches Selbstbild habe ich?	Ich bin eine Frau, die andere Menschen aktivieren kann und der andere Menschen vertrauen können.
Werte/Wissen Überzeugungen	Wovon bin ich überzeugt, was ist mir wichtig?	Jeder Mensch hat alle Fähigkeiten, die er braucht. Gleichwürdigkeit im Umgang miteinander ist wichtig.
Fähigkeiten	Was kann ich/habe ich gelernt, um mich so verhalten zu können?	Umfassende Ausbildung und Erfahrung in Projekten und systemischen Methoden des Lehrens und Aktivierens.
Verhalten	Was tue ich? Wie verhalte ich mich? Was ist von außen beobachtbar?	Ich behandle die Teilnehmer gleich. Ich achte auf Gleichwürdigkeit untereinander. Ich nehme Einwände ernst. Ich gehe strukturiert vor.
Umgebung/ Situation	Wo, wann, in welchem Zusammenhang?	Projektcoaching in Buxtehude, in diesem speziellen Unternehmen mit seiner besonderen Unternehmenskultur.

Abb. 1: Arbeitsblatt 1 »Logische Ebenen zur individuellen Vorstellung«, nach Robert Dilts 1985 und Bernd Isert 2000

Arbeitsblatt 2): Logische Ebenen zur Bearbeitung von Stolpersteinen

Beispiel: Stolperstein – Zeitverzug in der Projektbearbeitung.
Ablauf: Eine mögliche Ursache für Verzug auf der untersten Ebene
eintragen, dann Ebene für Ebene eine Antwort finden (zu lesen von
unten nach oben).

Ebenen	Fragen auf jeder Ebene	Mögliche Antworten auf jeder Ebene
Sinn/Mission Auftrag/Quelle	Wofür das Ganze? Was ist der höhere Sinn für mich? Woraus beziehe ich meine Energie?	Wenn ich Karriere mache, bin ich abgesichert und anerkannt.
Zugehörigkeit	Zu welcher Gruppe gehöre ich, wem fühle ich mich verbunden, wenn ich hier aktiv bin?	Ich spiele in der Oberliga, weil ich nicht alles sage, was ich weiß.
Identität	Wie sehe ich mich, welches Selbstbild habe ich?	Ich bin ein Einzelkämpfer oder muss zuerst an mich denken.
Werte/Wissen Überzeugungen	Wovon bin ich überzeugt, was ist mir wichtig?	Ich will gut dastehen, ich achte mehr auf mich als auf das Gesamte. Nur wer fehlerfrei ist, ist angesehen.
Fähigkeiten	Was kann ich/habe ich gelernt, um mich so verhalten zu können?	Mich bedeckt halten, damit ich nicht der Schuldige bin. Verzögerung oder die halbe Wahrheit schaffen manchmal Vorteile.
Verhalten	Was tue ich? Wie verhalte ich mich? Was ist von außen beobachtbar?	Ich zögere bei der realistischen/termingerechten Rückmeldung.
Umgebung/ Situation	Wo, wann, in welchem Zusammenhang?	Keine rechtzeitige Meldung von Fertigstellungsgraden der Arbeitspakete.

Abb. 2: Arbeitsblatt 2 »Logische Ebenen zur Bearbeitung von Stolpersteinen«, nach Robert Dilts 1985 und Bernd Isert 2000

Die übliche Reaktion auf verspätete Rückmeldungen ist die Schuldzuweisung: »Weil du nicht rechtzeitig die zugesagten Zahlen bzw. Ergebnisse lieferst, sind wir jetzt verspätet. Der nächste Statusbericht steht an und da kann ich nur melden, dass ich von dir nicht die Zuarbeit erhalte, die ich brauche.« – Ob sich daraus ein verändertes Verhalten ergibt, bleibt fraglich.

Es wird also Druck aufgebaut, ohne zu überprüfen, wie die Verzögerung zustande kam. Es gibt jedoch vielfältige Möglichkeiten, warum es zu Verspätungen und/oder Verschleppung kommen kann. Einige Beispiele: Persönliche Hemmnisse, mangelnde Klärung dessen, was genau erreicht werden sollte, unrealistische Zeiteinschätzung, technische Risiken, Altlasten zwischen Bereichen und/oder Personen, Missverständnisse usw.

Wenn es darum gehen soll, in Zukunft besser im Plan zu liegen, muss also herausgearbeitet werden, unter welchen Umständen, welches Ergebnis erzielt werden kann und wie die einzelnen Beteiligten persönlich dazu stehen.

Um den persönlichen Bezug zum Stolperstein darzustellen, sind die Logischen Ebenen ein sehr geeignetes Instrument. Als Nebenwirkung der Arbeit mit den Logischen Ebenen stellt sich eine erweiterte Wahrnehmung bezüglich komplexer Zusammenhänge ein.

In unserem Beispiel führte die Untersuchung des Stolpersteins mit den Logischen Ebenen zu den oben notierten Ergebnissen und zu einem erheblichen Erkenntnisgewinn hinsichtlich der Vielschichtigkeit der möglichen Ursachen. Es entstanden neue Handlungsalternativen, aber auch die Erkenntnis, dass manche Rahmenbedingungen zumindest kurzfristig nicht zu ändern waren. Oberstes Ziel dieser Arbeit ist Lösungsorientierung, anstatt Schuldige zu suchen.

4 Fazit

Für die Erkundung neuer Situationen, als Individuum oder als Team, ist es vor allem hilfreich, die Überzeugungen und Werte der Beteiligten zu kennen. Das beobachtete Verhalten verrät nur selten, was jemanden tatsächlich antreibt. Die Missverständnisse, die aus der Reaktion auf Verhalten entstehen, kann man deutlich vermindern und stattdessen Vertrauen schaffen, wenn man sich Zeit nimmt, sich selbst und einander im Team besser kennenzulernen. Außerdem sind die Logischen Ebenen sehr gut für die Suche nach und Bearbeitung von Stolpersteinen, zur Teamentwicklung, als Analysetool und zur Aktionsplanung nutzbar.

Erfolgreiche (Team-)Arbeit braucht die zielführende Passung von Personen und Personen-Systemen an ein bestimmtes Umfeld bzw. eine bestimmte Situation. Damit dies erfolgreich und nachhaltig erreicht werden kann, müssen folgende Aspekte gestärkt werden:

• Werte und Überzeugungen
• die wahrgenommene eigene Identität
• das Wissen um Zugehörigkeit und
• der höhere Sinn, der »Auftrag«, die Quelle

In meiner Beobachtung scheitert die Zielerreichung häufiger an mangelnder Berücksichtigung der Logischen Ebenen als an den Herausforderungen, die die Projektziele an sich bieten. Besonders im klassischen Projektmanagement wird bei Problemen eher versucht, auf der Verhaltens- und Fähigkeitenebene zu intervenieren, anstatt die Passgenauigkeit aller beteiligten Ebenen zu überprüfen.

Die Arbeit mit den Logischen Ebenen an sich selbst, mit dem Team und für den Umgang mit Stolpersteinen liefert Informationen, die vorher nur unbewusst oder gar nicht zur Verfügung standen. Sie ist kein Allheilmittel zur Bewältigung anstehender Probleme, jedoch eine Basis, auf der es möglich ist, vertrauensvoll und offen mit der Realität umzugehen.

Deshalb ist es durchaus anzuraten, die Arbeit mit den Logischen Ebenen als Teil der Teamentwicklung gelegentlich zu wiederholen. Veränderungen werden deutlich und die Basis gestärkt. Nach meiner Erfahrung ist die Suche nach Antworten auf den verschiedenen Ebenen unmittelbar erleichternd und sinnstiftend, vor allem in schwierigen Situationen.

Der Anspruch nach vollständiger Steuerbarkeit, Eindeutigkeit, Klarheit und vorhersagbarer Wirkung im Umgang mit Mitarbeiterinnen und Mitarbeitern, führt eher zu Vermeidungsstrategien und zum Verdecken schwieriger Situationen. Menschliche Systeme folgen ihrer eigenen, immer wieder überraschenden Psycho-Logik. Dem wird die Arbeit mit den Logischen Ebenen eher gerecht. Es tritt das Verbindende, das Mögliche, das Sinnvolle und Machbare in den Vordergrund.

Die Logischen Ebenen als eine Methode des Business NLP können an vielen Stellen im Unternehmen nachhaltig und wertorientiert eingesetzt werden. Je nach Zielstellung und Rahmenbedingungen bietet NLP im Business ein reichhaltiges Angebot an Modellen und Methoden für lösungsorientierte und wirksame Beratung sowie für Training und Coaching.

Literatur

Dilts RB, Bandler R, Grinder J, DeLozier J, Cameron-Bandler L (1985) Strukturen subjektiver Erfahrung. Ihre Erforschung und Veränderung durch NLP. Junfermann Paderborn

Dilts RB (2005) Professionelles Coaching. Mit dem NLP-Werkzeugkasten geniale Lösungen ansteuern. Junfermann Paderborn

Isert B, Rentel K (2000) Wurzeln der Zukunft. Lebensweg-Arbeit, Aufstellungen und systemische Veränderung. Junfermann Paderborn

Kontaktadresse der Autorin für Austausch und Anfragen:
info@vera-reithmeier.de

...... 5

Change Management und Unternehmensberatung

Dr. Frank Görmar und Markus Happersberger

Effektives Change Management in KMUs: Ein Praxisbericht

Abstract

Im folgenden Beitrag geht es um ein mittelständisches Unternehmen, das die Komplexität anspruchsvollerer Kundenwünsche nicht mehr bewältigen kann. Zu viele Schnittstellen, zu viele Varianten, zu viele unbewältigte Altlasten und Konflikte. Deshalb sollte die funktionale Struktur durch eine Prozessorganisation abgelöst werden. Insgesamt waren von diesem Projekt 120 Mitarbeiter direkt betroffen. Der Veränderungsprozess von der Ankündigung bis zur Umsetzung der neuen Struktur wurde mithilfe von Business NLP in nur acht Wochen bewältigt. Unsere Business NLP Haltung ermöglichte es, die Vielfalt, der von uns eingesetzten Methoden zu einem lösungs- und zielorientierten Prozess zu verdichten und dies auch zu jeder Zeit motivierend zu kommunizieren.

Sachwortindex

Change Management Veränderungsprozess Talking Stick
Restrukturierungsprojekt Großgruppen-Intervention
Großgruppen-Workshop Großgruppen-Dialog Trance
Logische Ebenen Real Time Strategic Change Feedback-Zirkel
Six-Step-Reframing soziometrische Fragen Ressourcen-Arbeit
positive Absicht NLP-Grundannahmen KMU Preframing
Instant Teamcoaching Führungstraining on the Job
wohlgeformte Zielbestimmung Explorers' Dialogos

1 Vorbemerkung

»Mobil-Drive, mein Name ist Clara Weber, wie kann ich helfen?«
»Becker, guten Tag. Ich bin nicht sicher, ob ich bei Ihnen richtig bin ...«
»Wie ist Ihre Kundennummer?«
»Mein Problem ist, dass ich nicht sicher bin ... Mein Überlaufbehälter vom Kühler ist geplatzt und ich bin mir gar nicht sicher, ob Sie da überhaupt etwas für mich machen können.«
»Lassen Sie uns erst einmal *alle* Ihre Daten aufnehmen ...«

Diesen Dialog habe ich genauso erlebt. Ich kam mir vor, als würde ich mit einer Maschine sprechen. Ich habe dieses Telefonat abgebrochen. Mein Gefühl war, dass die Service-Mitarbeiterin ihre Rolle zu 100 Prozent mechanisch und gleichzeitig zu 0 Prozent mit Leben erfüllt hatte. Dann lieber automatische Ansagen! Vieles im Unternehmen wird automatisiert – auch Führung. In diesem Beitrag zeigen wir, wie solche festgefahrenen Prozesse, wenn nötig, wieder zum Leben erweckt werden – durch gelungene Kommunikation.

Kann NLP wirkungsvoll in Veränderungsprozessen von Organisationen eingesetzt werden? Wir meinen: Ja! Und wir werden dies anhand unseres Beratungsprojektes bei einem mittelständischen Industrieunternehmen darstellen. Im Vordergrund stehen dabei nicht die angewandten NLP-Formate, sondern die ressourcen- und zielorientierte bzw. lösungsfokussierte Haltung des Business NLP.

Wir haben für die folgende Darstellung den »Kernveränderungsprozess« im Rahmen einer Restrukturierung ausgewählt. Dieser umfasst den Zeitrahmen von der Information aller Mitarbeiter bis zum Abschluss der offiziellen Projektarbeit nach einem Jahr. Unser Beratungsansatz verstand sich als Prozessberatung. Sie umfasste Projektstrukturen, Vorgehensweisen und konkrete Interventionen. Inhaltliche Lösungen hatten wir nicht im Gepäck. Vielmehr waren nach dem Start des Projektes die Betreuung der Projektbeteiligten, die Bearbeitung und Nutzung von Widerständen und die Erzeugung von »Sog« unsere zentralen Beratertätigkeiten.

1.1 November 2007: Ausgangssituation

Das Unternehmen beschäftigt knapp 300 Mitarbeiter. Es gehört der verarbeitenden Industrie an. Die Kundenbasis ist neben großen Stammkunden im Inland zu 50 Prozent international geprägt. Über die letzten Jahre ist eine eindeutige Tendenz zu kleineren Serien und Stückzahlen nachweisbar. Die Folge ist, dass die Fertigungs- und Auftragsprozesse der funktional gegliederten Organisation stärker mit vielen kleinen Aufträgen belastet werden. Erschwerend kommt hinzu, dass nach einer Fusion vor zehn Jahren ein neues Produktprogramm geschaffen wurde, ohne die alten Programme konsequent abzuschaffen. Das zentrale Problem auf den Punkt gebracht: Die funktionale Organisationsstruktur konnte die Komplexität, die mit den anspruchsvolleren Kundenwünschen einherging, nicht mehr bewältigen. Es gab zu viele Schnittstellen, zu viele Varianten, zu viele unbewältigte Altlasten und Konflikte.

Im Unternehmen herrschte Unzufriedenheit und der dringende Wunsch, etwas zu ändern. Allerdings war unklar, was genau geändert werden sollte. Das Management entschloss sich nach einer Strategieklausur, ein Restrukturierungsprojekt mit unserer Unterstützung durchzuführen. Ein Kernteam erarbeitete in wenigen Workshops die Leitplanken und Kernpunkte des Projektes. Die Umsetzungsteams, die sich aus den unmittelbar betroffenen Mitarbeitern zusammensetzten, entwickelten anschließend die konkreten Inhalte.

Die funktionale Struktur sollte durch eine Prozessorganisation abgelöst werden. Insgesamt betraf das Projekt 120 Mitarbeiter direkt und wurde in nur acht Wochen von der Verkündung bis zur Umsetzung der neuen Struktur bewältigt. Die übrige Projektarbeitszeit wurde für das »Einschwingen« der neuen Struktur und das »Aufarbeiten« von überfälligen Themen verwendet. Wesentlich war von Anfang an, die Mitarbeiter einzubinden und in die Verantwortung zu nehmen. Das Ganze sollte auch ihr »Baby« werden.

Das Projekt und einige der eingesetzten Elemente werden im Folgenden chronologisch beschrieben.

2 Phase I

2.1 Projektarchitektur

Die Strukturelemente des Projektes sind in Abbildung 1 dargestellt. Der Steuerkreis bestand aus dem Management und verstand sich als Auftraggeber und oberstes Entscheidungsgremium. Das unabhängige Feedbackteam hatte die Aufgabe, der Projektleitung und dem Steuerkreis regelmäßig Rückmeldungen zur Akzeptanz und zur aktuellen Stimmung unter den Mitarbeitern zu geben. Dies erhöhte zum einen die Glaubwürdigkeit, dass die Meinung der Betroffenen gehört und berücksichtigt wird. Zum anderen ist ein

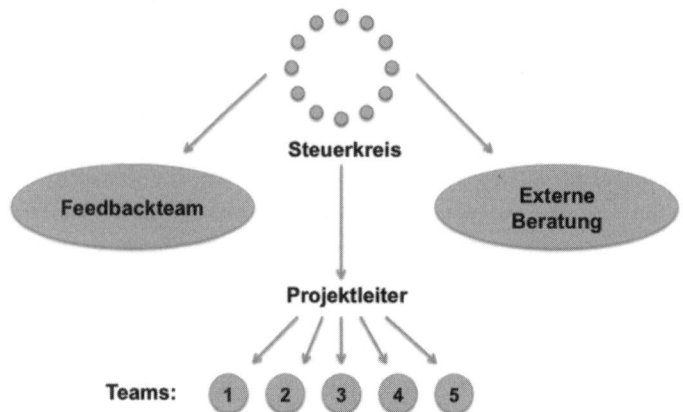

Abb. 1: Strukturelemente des Projektes

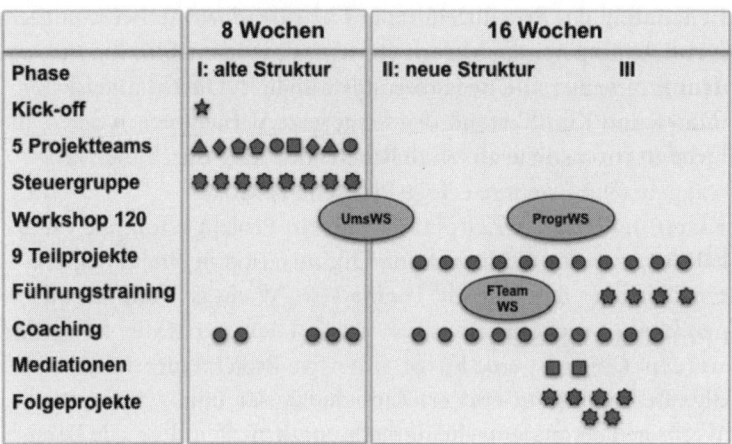

Abb. 2: Meilensteine des Projektes

zusätzlicher Reflexionsmechanismus installiert, der schnelle Reaktionen ermöglichte.

Abbildung 2 zeigt die drei wesentlichen Meilensteine des Projektes. Dies waren die Mitarbeiter-Information und die beiden Großgruppen-Interventionen. Die inhaltliche Arbeit an der Restrukturierung erfolgte in Phase I.

2.2 Dezember 2007 bis März 2008: Projektstart

Der Projektstart umfasste die Aufgaben Mitarbeiterinfo, Start der Arbeitsgruppen, Erfolgsparameter festlegen (enger Zeitplan, klare Strukturen, permanenter Kontakt) und Teilprojektleiter-Coaching.

Weitreichende Veränderungen in Organisationen können nur mit großer Konsequenz aller Beteiligten erfolgreich umgesetzt werden. Der Projektstart und die damit verbundene Kommunikation sind von außerordentlicher Bedeutung. Dazu gehören unter anderem:

- **Benennung des Projektleiters:** Entscheidend ist hierbei weniger fachliche Expertise, sondern vor allem die Identifikation mit dem Projektziel, die Begeisterungsfähigkeit, Durchhaltevermögen und Konfliktfähigkeit. Eine gute Vernetzung in der Organisation sowie absolute Rückendeckung durch die Auftraggeber sind weitere erfolgskritische Faktoren.
- **Klarer und straffer Zeitplan:** Wenn ein Projekt erfolgreich sein soll, muss es für die betroffene Organisation in einem begrenzten Zeitraum das zentrale Thema sein. Wichtige Veränderungen können nicht als eines von vielen Themen parallel bewältigt werden. Daher ist eine kurze, intensive Projektlaufzeit notwendige Bedingung für eine erfolgreiche Umsetzung.
- **Wichtige Personalentscheidungen vorab treffen:** Für alle Beteiligten soll von Anfang an plausibel sein, wer die Schlüsselpositionen nach der Reorganisation besetzt. Dies demonstriert merklich den Willen zu einer Veränderung und hilft, die Projektarbeit auf die Inhalte zu fokussieren.
- **Starkes Commitment des zuständigen Managements:** Die eindeutige Positionierung, Ansprache und ausreichende Aufmerksamkeit verdeutlichen den klaren Willen aller Verantwortlichen.

Nach dem Start des Projektes nahmen die Teams sofort ihre Arbeit auf. Die verfügbaren acht Wochen wurden in Wochenarbeitspakete strukturiert. Die Teams hatten zum Wochenbeginn jeweils eine vierstündige Arbeitssitzung und konnten bis zum Wochenende zusätzliche Arbeiten oder Abstimmungen frei koordinieren. Ab Donnerstag wurde mit der Projektleitung und den Teilprojektleitern (TPL) der Stand der Arbeitsgruppen besprochen. Neben der Abstimmung der notwendigen Entscheidungen wurde auch der Arbeitsprozess im Team geklärt.

Freitags wurden in der wöchentlichen Steuerkreis-Sitzung der Projektstand erörtert, das Feedbackteam angehört und die notwendigen Entscheidungen beziehungsweise Interventionen beschlossen. Auf diese Weise konnten der enge Zeitplan gehalten und die Umsetzung der neuen Struktur auf dem sogenannten Umsetzungsworkshop planmäßig durchgeführt werden. Am 14. April 2008 wurde die Belegschaft informiert.

2.3 Juni 2008: Umsetzungsworkshop

2.3.1 Vorbereitung

Der Umsetzungsworkshop war die wichtigste Intervention des gesamten Projektes. Hier sollte in Anlehnung an die Großgruppen-Techniken des Real Time Strategic Change (RTSC) und unter Nutzung von NLP-Techniken die gesamte betroffene Organisation in den Strukturwandel einbezogen und mobilisiert werden. Ein wichtiges Element der RTSC besteht darin, dass alle Aktivitäten in einem Raum stattfinden, sodass viel in Kleingruppen gearbeitet wird und gleichzeitig eine gemeinsame Atmosphäre entsteht.

Im Business NLP ist es uns besonders wichtig, dass die Gruppe der Mitarbeiter ihren eigenen »Gruppengeist« spüren kann. Dazu achten wir gerade zu Anfang darauf, dass nicht der Moderator seine eigene Haltung in den Mittelpunkt stellt, sondern dass er seine Business NLP Erfahrung nutzt, um die vielen Strömungen in der Gruppe zu erkennen. So kann er bereits vorhandene Ressourcen der Mitarbeitergruppe verstärken, und der Workshop kommt bei sich »selbst« an und nicht bei der Laune des motivierten Moderators. Der Moderator wird zum »Scout«. Er führt die Gruppe durch ein Gebiet, das er selbst nicht kennen muss. Er liefert den Prozess, in dessen Verlauf die Landkarten erst entstehen.

●●●●●● **Im Business NLP ist es uns besonders wichtig, dass die Gruppe der Mitarbeiter ihren eigenen »Gruppengeist« spüren kann.**

231

Am Umsetzungsworkshop nahmen alle betroffenen Mitarbeiter sowie Vertreter der angrenzenden Abteilungen teil. Insgesamt waren es 120 Menschen, die zwei Tage lang am geplanten Wandel arbeiteten und auf diese Weise zu Beteiligten wurden. Besondere Wertschätzung erfuhr der Workshop durch die Teilnahme des Präsidenten der Firmengruppe.

Neben den klassischen Arbeitsaufträgen, die vor allem am zweiten Tag auf die Erarbeitung von Maßnahmen für die neu formierten Gruppen zielten, haben wir ein klassisches NLP-Format, das Six-Step-Reframing, abgewandelt und als Grundlage unserer Moderation genutzt. Es galt, das »Alte« zu würdigen und gebührend zu verabschieden sowie das »Neue« zu begrüßen und dabei die Sorge vor dem Unbekannten zu verringern. Gleichzeitig sollten alle Mitarbeiter des Unternehmens auf den gleichen Wissensstand gebracht werden und es sollte die Gelegenheit geben, dass »Altlasten« zur Sprache kommen. Auf diese Weise konnte die Energie des anfänglich spürbaren, aus Befürchtungen genährten Widerstands in wachsender Unternehmungslust frei werden.

2.3.2 Durchführung

Der eigentliche Wandel hin zur neuen Struktur fand im Umsetzungsworkshop statt. Am ersten Tag würdigten und verabschiedeten die Mitarbeiter die alte Struktur. Am zweiten Tag arbeiteten sie schon in der neuen Prozessorganisation miteinander. Diese wurde ab diesem Zeitpunkt auch nach dem Workshop beibehalten.

Der Workshop machte aus den 120 teilnehmenden Mitarbeitern Akteure, die den Wandel ihrer Organisation selbst in die Hand nahmen. Außerdem waren zu jeder Zeit alle Mitarbeiter im selben Raum, sodass der Gruppengeist der Organisation zu jeder Zeit spürbar war.

Wir starteten den Workshop mit soziometrischen Fragen. Das lockerte sofort die Atmosphäre auf und wir konnten mit den Menschen sehr schnell eng am Thema arbeiten. Zum »Warmwerden«

begannen wir mit den Fragen: »Wie lange arbeiten Sie schon im Unternehmen?« und »Wo im Unternehmen arbeiten sie derzeit?« Die Teilnehmer verteilten sich im Raum und gaben so körperlich Antwort auf diese Fragen. Diese Soziometrie-Prozesse sind sehr kommunikativ, weil die Gruppe dabei durchmischt wird und mehrfach neue Gesprächsgruppen entstehen.

Im zweiten Teil der Soziometrie adressierten wir brisante Fragen, zum Beispiel: »Wie stark stehen Sie augenblicklich hinter den Zielen des Veränderungsprojekts?« oder »Wie stark glauben Sie daran, dass dieser Umsetzungsworkshop von Erfolg gekrönt sein wird?« Wir markierten eine Linie im Raum, die Prozentzahlen von 1 bis 100 abbildete, und forderten die Teilenehmer auf, Stellung zu beziehen. Die Atmosphäre war so offen, dass sich auch einige sehr nahe bei Null positionierten. Zum Glück! Die Interviews mit diesen Personen waren besonders wichtig, um von Anfang an auch die Interessen hinter den kritischen Stimmen zu integrieren.

Jetzt war es an der Zeit, Input zu den Möglichkeiten von Wandel in großen Gruppen zu geben. Mit einer kleinen Tischtennisball-Übung machten wir für alle Teilnehmer die Macht unbewusster Widerstände erlebbar. Hierbei hindert die Befürchtung, sich zu verletzen, die Teilnehmer daran, einen Tischtennisball von einer halbgefüllten Wasserflasche zu schnicken. Der Finger weicht, scheinbar »ferngesteuert«, bei circa 115 der 120 Beteiligten aus. Das Ergebnis ist umso erstaunlicher, da keiner vorhatte, auszuweichen. Das Experiment hob die Stimmung und öffnete gleichzeitig alle Anwesenden für unbewusste Prozesse in Kommunikation und Projekten.

Nun durften sich die Mitarbeiter zum ersten Mal setzen. Das war gleichzeitig der letzte Teil der Soziometrie. Alle sollten an diesem Tag in ihren alten Teams sitzen bleiben. So bildete die Sitzordnung die Zusammenarbeit vor dem Wandel eins zu eins ab.

2.3.2.1 Ressourcen-Arbeit

Wir baten die Mitarbeiter um ihre besten Geschichten aus ihrem Arbeitsleben. Bevor man Altes loslässt, ist es gut zu wissen, welche Aspekte dennoch für die Zukunft wertvoll und erhaltenswert sind. Die Mitarbeiter setzen sich zu zweit zusammen und suchten nach Geschichten, in denen sie ihre Vorstellung von Zusammenarbeit – auch in der Zukunft – verwirklicht sahen. Dabei war es unerheblich, bei welchem Arbeitgeber sie das erlebt hatten.

Danach arbeiteten die Mitarbeiter zunächst in Vierergruppen, dann in Achtergruppen, sodass alle in diesen Gruppen zumindest die Kurzform jeder Geschichte gehört hatten. Jede Gruppe wählte dann die, die die meiste Kraft entfaltete. Hierzu wurde pro Gruppe ein Flip-Chart gezeichnet und die besten Geschichten so im Plenum vorgestellt. Dabei verbesserte sich die Stimmung im Raum sehr deutlich. Jeder spürte: Das Alte wurde wertgeschätzt und das Positive darf mitgenommen werden.

2.3.2.2 Explorers' Dialogos

In der Kaffeepause stellten wir die Stühle in konzentrische Kreise. So konnte jeder der 120 Mitarbeiter zahlreiche Kollegen direkt sehen, ohne sich umdrehen zu müssen. Von den Rändern gingen strahlenförmig Wege zum Zentrum, damit jeder leicht die innerste Reihe erreicht. Dieses Setting, den »Explorers' Dialogos« hatte Frank Görmar, damals noch 1. Vorstand des DVNLP, für den DVNLP-Kongress »Wurzeln und Ethik des NLP« entwickelt. Damals ging es darum, David Bohms Dialogos, den er für bis zu 40 Personen erfunden hatte, mit viel NLP zu einer Großgruppen-Technik umzufunktionieren.

Es geht dabei um Entschleunigung. In normalen Diskussionen bleibt oft wenig Zeit, über das Gesagte nachzudenken. Hier liegt der Fokus mehr darauf, das eigene Argument durchzubringen, die anderen zu überzeugen und am Ende »siegreich« aus der Diskussion zu gehen. So werden jedoch nicht die bestmöglichen Ergebnisse erzielt, besonders nicht solche, die eben nur in einer Gruppe entstehen können. Keiner irrt zu 100 Prozent: Mit den NLP-Grundannahmen als Basis kann der Scout leicht einen Kontext erzeugen, in dem sich die Ideen, Wünsche, Strategien und Konzepte, die im Raum sind, übersummieren. Erfolgreiche Explorers' Dialoge erkennen wir daran, dass die Teilnehmer Ideen entwickeln, die keinen anderen Autor haben als eben die Gruppe der Teilnehmer selbst.

An dem ersten Explorers' Dialogos nahmen 190 NLPler teil – hauptsächlich Lehrtrainer, Master, Coaches und Trainer. In der Zeit kurz nach der Fusion des DVNLP aus zwei Vorgängervereinen war die Stimmung zwischen den NLP Lehrtrainern, Instituten und einigen Vereinsaktiven sehr angespannt. Auch Kommunikationsprofis menscheln, wenn es um krasse Veränderungen geht! Ziel dieses ersten Großgruppen-Dialogs war es, die gemeinsame Basis und die Zukunft des DVNLP wieder für alle erlebbar zu machen. Viele Stimmen sagten danach, dass zum ersten Mal seit langer Zeit der Geist des NLP spürbar aufgewacht war. Seitdem habe ich sehr viele erfolgreiche Großkunden-Dialoge durchführen dürfen. Nach meiner Erfahrung zeigt sich in diesen Veranstaltungen die Kultur der Organisation selbstbestimmt und authentisch. (F.G.)

2.3.2.2.1 Der Dialog im Umsetzungsworkshop

Nachdem die 120 Mitarbeiter ihre Plätze eingenommen hatten, wurde die Gruppe sofort sehr intensiv spürbar. Die ersten Minuten nutzten wir, um die Dialogregeln zu erklären und das Vorgehen anhand einiger Beispiele zu illustrieren. Das wichtigste Entschleunigungselement des Dialogs ist der Talking Stick, ein circa ein Meter langer Holzstab. Es ist den Dialogteilnehmern nur erlaubt zu sprechen, wenn sie sich zuvor den Talking Stick aus der Mitte der

Sitzkreise genommen haben. Ich legte also den Talking Stick in die Mitte und der Dialog begann (Abb. 3).

Abb. 3: Sitzordnung im Explorers' Dialogos

Die ersten Sekunden eines Großgruppen-Dialogs sind immer ein spannendes Ereignis. Durch viele anwesende Köpfe geht der Gedanke: »Und was ist, wenn keiner spricht?« Auch wenn es oft befürchtet wird – es passiert nie! Stattdessen steigt die gruppendynamische Hitze ein wenig. Das sorgt dann dafür, dass die ersten Beiträge noch gehaltvoller werden. Es gab einige Beiträge zum Verlauf des Workshops und zu den Hoffnungen, die damit verknüpft waren. Nach etwa einer Viertelstunde gab es eine lange Pause. Ein bisher unausgesprochenes Thema lag in der Luft: die »Angst vor der Veränderung«. Noch aber wurde es nicht ausgesprochen.

Dann kam aus der hinteren Reihe ein junger Mann und nahm mit bebenden Händen den Talking Stick. Er setzte sich in den inneren Kreis und begann: »Ich glaube, alle spüren das hier – nicht alle sind glücklich mit dieser Veränderung. Ich selbst bin erst seit einem halben Jahr in dieser Firma. Gerade habe ich mich gut eingearbeitet und endlich alle im Team gut kennengelernt. Dann wird hier alles umgeworfen! Jetzt weiß ich, dass ich mit keinem aus meiner Gruppe mehr zusammenarbeiten werde und ab übermorgen mit völlig anderen Menschen und in anderer Funktion und Rolle zusammenarbeite ...« Der junge Mann konnte die Tränen nicht mehr unterdrücken. Er fuhr fort: »Das macht mich einfach sehr unsicher

236

und traurig. Entschuldigt – ich musste das ja einfach mal sagen!« Er legte den Talking Stick zurück in die Mitte.

Der Dialog folgte in dieser Phase sehr stark der tatsächlichen Veränderungskurve: Es ging jetzt um Trauer und Loslassen. Dann nahm ein älterer Mitarbeiter den Talking Stick. Auch er habe Angst, nicht mehr wirklich gebraucht zu werden. Deshalb könne er nicht einfach so funktionieren und gute Miene zum bösen Spiel machen. Gleichwohl werde er im Workshop und in der Zukunft sein Bestes versuchen.

Diese beiden Mitarbeiter haben die von vielen Kollegen geteilten Ängste benennen können. Damit haben sie für die ganze Gruppe Gutes getan, denn es ermöglichte, diese Ängste direkt zu adressieren und in die weitere Workshop-Arbeit zu integrieren.

Von da an verlief der Dialog ziel- und lösungsorientiert. Das war möglich, weil die Mitarbeiter, die für sie sehr wichtigen Themen selbst eingebracht und dabei erlebt hatten, dass die Ängste nicht nur gewürdigt, sondern sich auch inhaltlich und produktiv in die weitere Arbeit einbezogen wurden. Die Führung konnte nun darauf reagieren und verdeutlichen, dass auch sie nicht schmerzfrei sind und gleichzeitig die Notwendigkeit sehen, den Weg noch schneller und konsequenter zu gehen.

Im Verlauf des Dialogs greift der Scout in der Regel nicht mehr ein. Die Arbeit wird vor dem Dialog und in seiner Einleitung erledigt. In allen Moderationen nimmt der Scout Stimmungen aus der Gruppe auf. Die so entstehenden Intuitionen und Bilder nutzt er in seinen Redeteilen, um Ressourcen der Unternehmung, mögliche Lösungsrahmen und Interpretationsvarianten zum Veränderungsprozess anzusprechen. Damit sind »für alle Fälle« schon ein paar Suggestionen auf den Weg gebracht. Wichtig ist dabei, dass die Suggestionen nicht nur in eine Richtung »manipulieren«, sondern eher viele Lösungsvarianten breit eingestreut werden. Im Dialogos werden dann auf natürliche Weise viele Ideen aufkommen, denn der Erlaubnisrahmen für gute ziel- und lösungsorientierte Ideen wurde

schon längst geöffnet. Der Scout hat auf diese Weise Kreativität ka-
talysiert: Es kostet den Einzelnen viel weniger Aktivierungsenergie,
sich vor dem Plenum zu öffnen und zu äußern. Im Business NLP
nennen wir dieses Vorgehen Preframing. Gruppenprozesse werden
damit viel einfacher in Gang gesetzt.

2.3.3 Und was geschah noch?

Der nächste Tag startete in einer neuen Sitzordnung, die die neue
Linien-Organisation eins zu eins abbildete. Ab jetzt arbeiteten alle
in ihren neuen Teams. Der Wandel wurde innerhalb des Workshops vollzogen. Der zweite Tag war bestimmt davon, sich kennenzulernen und die neuen Strukturen innerhalb der Linien feiner
abzustimmen. Außerdem wurden die Schnittstellen zwischen den
neuen Teams in einer Simulation erprobt. Den Abschluss bildete
das Actionfoto der »durchstartenden« Großgruppe (Abb. 4).

Abb. 4: Abschluss des Workshops

3 Juni 2008: Phase II

Nach dem Großgruppen-Workshop erfolgte der räumliche Umzug, und die Arbeit in der neuen Aufstellung begann unmittelbar. Durch die weiterhin begleitende wöchentliche Abstimmung im Steuerkreis konnten alle noch notwendigen Klärungen schnell erfolgen. Es war ausdrücklich erwünscht, Anpassungsbedarfe, die erst beim praktischen Arbeiten erkannt wurden, zu benennen und gegebenenfalls daraus Änderungen im Konzept abzuleiten.

Innerhalb weniger Wochen hat sich die Organisation in der neuen Struktur eingeschwungen und andere Themen traten wieder in den Vordergrund. In dieser Phase wurden neue Teilprojekte gestartet, die alte Probleme endgültig aufarbeiten sollten oder die das Konzept der neuen Struktur stützten.

Auch wurden einzelne Mitglieder der Führungsriege gezielt durch NLP-Coachings auf ihre neue Aufgabe vorbereitet oder bei der Bewältigung, der persönlich als bedrohlich empfundenen Veränderung unterstützt. Vereinzelt waren auch Mediationen erforderlich.

Das Besondere am Business-Coaching mit NLP ist die Möglichkeit, hochstrukturierte Trance-Prozesse ein-

●●●●●● **Das Besondere am Business-Coaching mit NLP ist die Möglichkeit, hochstrukturierte Trance-Prozesse einzusetzen.**

zusetzen. Die Führungskraft kann die Zukunft in Gedankenexperimenten simulieren. NLP verfügt über eine Veränderungsgrammatik: Der Coachee erzeugt so »Erinnerungen an die Zukunft«. Da Worte allein hier nicht hinreichen, begleitet der Business NLP Coach diesen Prozess mit tiefen Trancen, die mit Reflektionsphasen in dichter Folge wechseln.

3.1 Programmworkshop

Den Abschluss dieser Umsetzungsphase bildete der Programmworkshop. Ziel des Workshops war es, die intensive Projektarbeit zu reflektieren. Die zukünftige Ausrichtung sollte mit weiteren inhaltlichen Zielen der einzelnen noch jungen Organisationseinheiten fokussiert und abgestimmt werden.

An dieser eintägigen Veranstaltung nahmen im September 2008 wiederum die circa 120 betroffenen Mitarbeiter teil. Am Abend war das gesamte Unternehmen zu einem Marktplatz der Projekte und einer gemeinsamen Feier eingeladen.

Aus externer Sicht war zur Absicherung eines nachhaltigen Veränderungsprozesses das teilweise neu zusammengesetzte Management-Team das erfolgskritische Element. Deshalb wurde entschieden, ein als Prozess angelegtes integriertes Führungstraining durchzuführen.

4 November 2008: Phase III

Nach einem zweitägigen Kick-off für das Führungstraining starteten wir die Instant Teamcoaching-Module.

4.1 November 2008: Instant Teamcoaching/Führungstraining on the Job

»Arbeit verhält sich wie ein ideales Gas – sie füllt jeden Raum!« Da die Führungskräfte die wenige Zeit, die sie zusammen sind, effektiv nutzen wollten, schlugen wir vor, das Führungstraining als »Instant Teamcoaching« zu gestalten. Das Coaching ist auf einfache Weise in jedes mindestens halbtägige Meeting des Teams zu integrieren. Es setzt sich zusammen aus folgenden Bausteinen:

1. Beobachtung der Arbeitsweise des Teams
2. Feedback geben
3. Team-Intervention und/oder inhaltlicher Input
4. Direktes Weiterarbeiten des Teams am gleichen Tag ohne Berater

Wir beschreiben diese vier Bausteine im Folgenden anhand unseres ersten Coachings.

4.1.1 Baustein 1: Beobachtung der Arbeitsweise des Teams (1 bis 2 Stunden)

Als wir das erste Mal als Beobachter dabei waren, saßen wir mit dem vollständigen Führungsteam, sieben Direktoren und dem CEO zusammen. Wir teilten unsere Aufmerksamkeit in zwei Bereiche: Einer von uns betrachtete die ganze Sitzung ausschließlich unter dem Filter Beziehungsmuster, Pacing-Leading, Sprachmuster, Gruppengeist etc. Viele Informationen ließen sich gut in einer Grafik festhalten. Es entstand eine Mischform aus Mindmap, Soziogramm und Clustern von Kommunikationsmustern. Der andere konzentrierte sich auf alles, was mit dem Thema Führung zusammenhing.

4.1.2. Baustein 2: Feedback geben

In dieser Phase geht es darum, ungefiltertes Feedback zu geben. Hierbei ist es wichtig, einen »unschuldigen« Blick zu nutzen. Solange man nicht Teil des Teams geworden ist, können blinde Flecken noch leicht erkannt werden. Die Rolle entspricht der eines Hofnarren: Er kann Dinge benennen, die sich kein anderer mehr zu sagen traut – oder die viele Beteiligte schon gar nicht mehr wahrnehmen.

Uns war aufgefallen, dass es im Führungskreis zuging wie in einer Schule des letzten Jahrhunderts. Fast alle Redeanteile lagen beim CEO. Entscheidungen wurden nicht getroffen. Die anderen Anwesenden hielten sich zurück und wirkten insgesamt brav und gebremst. Wir hatten nicht den Eindruck, dass das eine natürliche

Haltung dieser Personen war, vielmehr schienen die Kommunikationsmuster nur typisch für ihr Verhalten im Führungsteam zu sein. Insgesamt wurde mehr »verkündet« als zusammengearbeitet. Die Führungskräfte kamen im Grunde nur zu Wort, wenn sie aus ihren Abteilungen berichteten. Diese Berichte waren in der Regel vorbereitet und wurden mit überladenen Powerpoint-Folien dargeboten.

Um überhaupt etwas von den Mitarbeitern zu hören, wurden sie vom CEO einzeln »abgefragt«. Alle Bewertungen kamen vom CEO, genauso wie die Umsetzungsvorschläge. Die Finanzchefin und Prokuristin fiel dadurch auf, dass sie sich scheinbar innerlich lustig machte über diese Szenerie. Dabei verblieb sie aber, abgesehen von einigen zynischen Bemerkungen, in der Beobachterrolle gefangen. Insgesamt wurden Entscheidungen durch das Team eher verhindert oder zumindest verschleppt.

4.1.3 Baustein 3: Team-Intervention und/oder inhaltlicher Input (1 bis 2 Stunden)

Im Blitzlicht (alle Beteiligten gaben nacheinander ein Feedback zum Ablauf des Meetings) wurde rasch deutlich, dass sich alle unserer Sicht der Dinge gut anschließen konnten. Der CEO sagte, er käme sich vor, als würde er in einem professionellen Orchester mit seinen gut ausgebildeten Spitzenmusikern Triangel spielen. Er meinte, da wäre mehr drin. Tatsächlich leistete er in diesem ersten von uns reflektierten Meeting die Arbeit fast ganz allein. Im Verlauf unseres Coachings sollte sich das drastisch ändern.

Wir gaben gleich im Anschluss an das erste Modul folgende Empfehlungen:

- Die Leitung der Management-Meetings sollte von den Führungskräften abwechselnd übernommen werden. So kann der Chef aus dem Fokus genommen werden.
- Das Protokoll sollte mit einem zweiten Beamer für alle sichtbar vom Protokollanten geführt werden. Das hatte den Vorteil,

dass alle das Protokoll ergänzen oder berichtigen konnten.
- Der jeweilige Protokollant leitete das nächste Management-
Meeting.

Im ersten Modul waren unser Feedback, das Blitzlicht und die
Empfehlungen die einzigen Interventionen.

4.1.4 Baustein 4: Direktes Weiterarbeiten am gleichen Tag ohne Berater, um die gewonnenen Erkenntnisse direkt umzusetzen und zu verankern

Wir bekamen die Rückmeldung, dass es schon nach diesen ersten
zwei Stunden Teamcoaching nicht mehr möglich gewesen war, voll-
ständig an den alten Kommunikationsmustern festzuhalten. In den
folgenden Instant Teamcoaching-Modulen setzten wir zahlreiche
Elemente des Business NLP ein – als Lehrinhalt und/oder Inter-
vention:
- Körpersprache und nonverbale Kommunikation
- Positive Absichten – Interessen und Einwandbehandlung bzw.
Konflikt-Coaching
- Wohlgeformte Zielbestimmung und Führung
- Vorannahmen zum Unternehmen und zur Führung austauschen
- Integration auf den Logischen Ebenen fürs Führungsteam
- Feedback-Zirkel: Jeder gibt jedem lösungsorientiertes Feedback
- Ressourcen-Arbeit und Führungstechniken
- Lösungsfokussierte Fragetechniken
- Begleitend: NLP-Coaching des CEO und einzelner Mitglieder
des Führungskreises

4.2 Juli 2009: Feedback des Führungsteams zum Coaching

Das letzte Instant Teamcoaching-Modul diente der Zusammenfassung der Ergebnisse und dem Feedback an uns. Hierzu haben wir
wieder einen Dialogos durchgeführt. Hier einige Stimmen aus dem

Managementteam zur Wirkung unseres Instant Teamcoachings:
- Der Ablauf der Meetings ist mittlerweile strukturierter.
- Das »Realtime-Protokoll« ist während der Sitzung fertig und von allen abgesegnet.
- Die Führungskräfte haben sich viel besser kennengelernt. Sie fühlen sich im Führungskreis wohl. Die Teamregeln funktionieren.
- Unvergleichlich: Neben Respekt sowie einer echten Vertrauensbasis ist ein gemeinsames Führungsbewusstsein entstanden.
- Weg von »Papa spricht«! Nun sind alle sind involviert und es ist leichter, Entscheidungen zu treffen, da Vorannahmen geklärt und die gemeinsame Wertebasis klar ist.
- Gravierende Veränderung: Das Managementteam handelt lösungs- und zielorientiert.
- Die Managementverantwortung stieg deutlich.
- Mehr Reflexion – jede Menge Interaktion
- Das Management-Meeting kommt im Hause signifikant besser an. Die Entscheidungen werden zügig getroffen und obendrein mit »einer Stimme« vermittelt.

Alle begrüßten, dass trotz der Krise des Jahres 2009 eine spürbare Weiterentwicklung des Unternehmens und der eigenen Kompetenz gelungen war. Am Ende des letzten Instant Teamcoaching-Moduls verließen alle den Raum und wussten, was zu tun ist – ganz ohne Worte.

Literatur

Bohm D (2008) Der Dialog – Das offene Gespräch am Ende der Diskussionen. Klett-Cotta Stuttgart

Brinkmann M (2008) Erfolgreiche Praxis-Tools. Die Hard Facts der Soft Facts im beruflichen Alltag. Professionelle Kommunikation mit NLP. Junfermann Paderborn

Dannemiller Tyson Associates (2000) Whole-Scale Change Toolkit.
McGraw-Hill New York

Doppler K, Lauterberg C (2008) Change Management. Campus Frankfurt/
New York

Jacobs RW (2000) Real Time Strategic Change. Berrett-Koehler
San Francisco

Königswieser R, Hillebrand M (2009) Einführung in die systemische
Organisationsberatung. Carl-Auer Verlag Heidelberg

Königswieser R, Keil M (2003) Das Feuer großer Gruppen. Klett-Cotta
Stuttgart

Laborde GZ (1998) Kompetenz und Integrität. Junfermann Paderborn

Schein EH (2008) Führung und Veränderungsmanagement. EHP Bergisch
Gladbach

Stamm M (1999) Probleme lösen im Team. VCW Offenburg

Titscher S, Stamm M (2006) Erfolgreiche Teams. Linde Wien

Kontaktadresse der Autoren für Austausch und Anfragen:
frank.goermar@explores-akademie.de, markus@happersberger.net

Thomas Schlüter

Business NLP und Unternehmensfitness

Abstract

Unternehmenswachstum ist oftmals eng mit der persönlichen Entwicklung und der Veränderungsbereitschaft der Führungskräfte verbunden. Dies gilt insbesondere für kleine und mittlere Unternehmen sowie für Familienunternehmen. Hier prägen die lenkenden und entscheidenden Menschen – sprich: die Führungskräfte – ein Unternehmen sehr stark. Ein professioneller Umgang mit Veränderungen entsteht in Unternehmen durch lösungsorientiertes Denken und Flexibilität im Handeln der Führungskräfte.

Dieser Beitrag beschreibt ein umfassendes Einzel- und Teamcoaching der Geschäftsführerin Martina R. mit ihrem Führungsteam einschließlich betriebswirtschaftlicher Fachberatung in einem Familienunternehmen. Wie hat Martina R. das Unternehmen sicherer und ertragreicher gemacht und gleichzeitig ihre Work-Life-Balance ins Lot gebracht?

Sachwortindex

Unternehmensberatung Führungkräfte-Coaching Ziele
Industrie Werte Wohlgeformtheitskriterien Erfolgskontrolle
Unternehmenswachstum Veränderungsbereitschaft Führung
kleine und mittlere Unternehmen KMU Familienunternehmen
Einzelcoaching Teamcoaching Work-Life-Balance Kennzahlen
Präsentationsproblem Glaubenssätze Unternehmenswert
Balanced Scorecard

1 Notwendigkeit von Fitness für Unternehmen

»Fitness« beschreibt nach Darwins Evolutionstheorie den Grad der Anpassung an die Umwelt und damit die Überlebensfähigkeit bei Veränderungen der äußeren Bedingungen. Auch Unternehmen benötigen ökonomische Fitness, um am Markt zu bestehen – insbesondere in Zeiten einer Wirtschaftskrise wie in den Jahren 2009/2010.

Strategische und persönliche Themen haben in kleinen und mittleren Unternehmen (KMU) und in Familienunternehmen häufig wenig Aufmerksamkeit. Gleichzeitig sind KMU stark vom Engagement der Führungskräfte geprägt. Das ist Chance und Hemmnis zugleich, denn häufig lassen die Führungskräfte sich zu stark in operative Prozesse einbinden.

Für Mittel- und Großunternehmen entwickelte betriebswirtschaftliche Methoden wie die Balanced Scorecard oder Führungskonzepte wie zum Beispiel das St. Galler Managementmodell lassen sich KMU und Familienunternehmen nur schwer nahe bringen. Dies liegt zum einen an der ausschließlich fachspezifischen Qualifikation der meisten KMU-Führungskräfte. Damit fehlt der theoretische Zugang zu solchen Modellen. Zum anderen liegt dieser Widerstand an dem Glauben, eine zu geringe Menge an operativen Vorgängen für die Anwendung dieser Konzepte zu haben.

●●●●●● Häufig lassen die Führungskräfte kleiner und mittelständischer Unternehmen sich zu stark in operative Prozesse einbinden.

Mittelstandsberatung ist aus den genannten Gründen eher problemorientiert und daher weniger konzeptorientiert. Dabei könnten auch KMU von den empirisch bewiesenen Wirkmechanismen strategisch ausgerichteter Beratungsansätze profitieren. Eine Lösungsmöglichkeit dieses Dilemmas zwischen dem Anspruch der theoretischen Fundierung und der pragmatischen Arbeitsweise, ist ein modulares Beratungskonzept. Dies ist zum Beispiel das »Fitnessprogramm für KMU und Familienunternehmen«, das inhaltlich der Problemlage des Unternehmens angepasst werden kann.

Aus der langjährigen Erfahrung in der Arbeit mit KMU und Familienunternehmen wurde zudem deutlich, dass Veränderungen in Unternehmen oftmals mit den persönlichen Entwicklungsschritten und der Bereitschaft zu persönlichen Veränderungen der Führungskräfte in den Unternehmen zusammengehen. Business NLP ist somit ein wichtiges Werkzeug in der Unternehmensberatung – insbesondere bei KMU und Familienunternehmen.

2 Ausgangssituation

Ende des Jahres 2009 erreicht unser Büro die Anfrage eines langjährigen Kunden. Es geht um die Bearbeitung der Auswirkungen der Wirtschaftskrise des Jahres 2009 für ein mittelständisches Familienunternehmen. Die Ertragssituation hatte sich deutlich verschlechtert und das unternehmerische Risiko war aufgrund des geringeren Auftragsvolumens deutlich gestiegen. Hier sollte dringend für Abhilfe gesorgt werden.

Die vierzigjährige Geschäftsführerin des Unternehmens Martina R. hat vor etwa fünf Jahren das Maschinenbauunternehmen des Vaters übernommen – engagiert und mit hohem persönlichen Einsatz. Das Unternehmen beschäftigt im Jahre 2009 insgesamt etwa 200 Mitarbeiter und ist im Wesentlichen im Bereich der spanenden Metallbearbeitung als Lohnhersteller für größere Unternehmen tätig. Die im ersten Telefonat mit Martina R. geschilderten Probleme lassen sich wie folgt stichwortartig zusammenfassen:

- nur noch 60 Prozent Auslastung bei einer schwankenden Auftragslage
- seit mehreren Monaten Kurzarbeit für die Belegschaft
- mangelnde Motivation der Mitarbeiter und dadurch schlechtes Betriebsklima
- schlechte Produktivität, auch wenn die Auslastung durch einzelne Aufträge temporär ansteigt

Die private Situation der Geschäftsführerin Martina R. stellt sich folgendermaßen dar:

Sie ist glücklich verheiratet und hat zwei Kinder. Wohnung und Firma liegen eng beieinander, sodass sich Berufs- und Privatleben relativ gut miteinander verbinden lassen. So ist Martina R. in der Mittagspause schnell zu Hause und kann dann »mal eben« in die Firma rübergehen, falls etwas Dringendes anliegt.

3 Das persönliche Vorgespräch

Mit der Geschäftsführerin Martina R. wurde ein persönliches Vorgespräch vereinbart, in dem noch einmal die oben aufgelisteten Probleme vertieft besprochen wurden. Martina R. schilderte zusätzlich ein diffuses Gefühl der Unzufriedenheit. Der Bedarf und Anlass der Anfrage richtete sich also nach Meinung von Martina R. zunächst auf eine reine betriebswirtschaftliche Fachberatung bezüglich der Probleme innerhalb des Unternehmens und mit den Mitarbeitern.

In dem persönlichen Gespräch mit Martina R. wurde jedoch schnell klar, dass das diffuse Gefühl der Unzufriedenheit eher darauf zurückzuführen ist, dass sie den Eindruck hat, mit ihrem zeitlichen Engagement weder der Firma gerecht zu werden noch sich in ihrem Privatleben zeitlich angemessen einzubringen. Die wirtschaftlichen Probleme des Unternehmens in den letzten Monaten bezog Martina R. auf ihr mangelndes Engagement im Unternehmen und suchte nun nach einem Ausweg.

Wie so oft ergibt sich in einem Vorgespräch, dass ein zunächst geschildertes Problem ein sogenanntes Präsentationsproblem ist. Dieses ist zwar das vom Klienten wahrgenommene Problem, jedoch wird durch systematisches Hinterfragen und geeignetes Abstrahieren (Chunken) das dahinterliegende Problem freigelegt. Präsentationsprobleme stellen sich oftmals völlig anders dar als die ursächlichen Probleme des Klienten. Auch in diesem Fall stellte sich heraus, dass der Wunsch nach betriebswirtschaftlicher Fachberatung in ein umfassendes Coaching zum Thema Werte und Work-Life-Balance sowie in ein betriebswirtschaftliches Teamcoaching mündete.

4 Coaching – Die Situationsschilderung

Nachdem im Vorgespräch festgestellt wurde, dass es sich um ein persönliches Thema der Geschäftsführerin Martina R. *und* um eine betriebswirtschaftliche Fragestellung handelt, wurde vereinbart, zunächst mit einem persönlichen Coaching für Martina R. zu beginnen.

Der Fokus lag in diesem zweiten Termin darauf, zu klären, welches tiefere Problem vorliegt und wie eine mögliche Lösung gestaltet sein sollte. In dem Treffen grenzten wir daher zunächst das Problem möglichst klar ein und formulierten gemeinsam die grundsätzlichen Ziele für das Coaching von Martina R. Die Phase der Problemschilderung sollte dabei nicht zu lang gestaltet werden, da der Klient gegebenenfalls in eine Problemtrance gerät. Dies wird vermieden durch geeignetes Abstrahieren (Hochchunken) der Aussagen des Klienten.

Auszug aus dem Gespräch:

Thomas Schlüter (TS): »Bitte schildern Sie doch noch einmal die derzeitigen Probleme im Unternehmen.«

Martina R. (MR): »Nun ja, aufgrund der Wirtschaftskrise hat sich die folgende Situation im Unternehmen ergeben: Wir haben nur noch 60 Prozent Auslastung bei einer schwankenden Auftragslage. Seit mehreren Monaten ist unsere Belegschaft zum Teil in Kurzarbeit. Dies führt zu einer mangelnden Motivation der Mitarbeiter und in der Folge zu einem schlechten Betriebsklima. Wir haben eine sehr schlechte Produktivität, insbesondere wenn die Auslastung durch einzelne Aufträge temporär ansteigt.«

Martina R. schildert die Probleme sichtlich angespannt und sehr problemorientiert.

TS: »Um die Lage des Unternehmens zu bewerten, brauche ich noch weitere Informationen. Wie sind die derzeitige Ertragslage und die Liquidität?«

MR: »Eigentlich haben wir ganz gut auf die zurückgehende Auftragslage reagiert. Die Kosten haben wir dank Kurzarbeitergeld deutlich senken können. Die Ertragssituation ist nicht gut, aber insgesamt ok. Auch die Liquidität stimmt, da wir als Familienunternehmen einen hohen Eigenkapitalanteil haben. Unser Cash Flow ist mehrheitlich positiv in den letzten Monaten.«

TS: »Ok, dann gibt es also akut keinen dringenden Handlungsbedarf, zum Beispiel in Richtung drohender Überschuldung oder Zahlungsunfähigkeit?«

MR: »Nein, Gott sei dank nicht. Jedoch ist die Situation belastend, da ich mich täglich mit der negativen Situation auseinandersetzen muss.«

TS: »Was genau belastet Sie?«

MR: »Na ja, ich werde zu allen Themen eingebunden und bin in sehr vielen Besprechungen zu allen möglichen Themen. Das sind so viele Besprechungen, dass ich kaum zu operativen Themen komme. Aber da ich schon 50 bis 60 Stunden die Woche in der Firma bin, ist meine Grenze erreicht. Meine Kinder und mein Mann beschweren sich schon, dass ich keine Zeit mehr für sie habe.«

TS: »Was wollen Sie denn stattdessen? Was wäre eine gute Situation?«

MR: »Meines Erachtens sollte ich mich mehr um die wesentlichen und wichtigen Dinge kümmern.«

TS: »Und wozu wäre das gut?«

MR: »Dann könnte ich mir schnell einen Überblick verschaffen und mich um die wichtigen Themen kümmern?«

TS: »Was sind denn die wichtigen Themen?«

MR: »Nun ja, dass wir unser Unternehmen sicherer steuern und immer einen klaren stabilen Kurs haben?«

TS: »Was ich da raushöre, ist Wirksamkeit und Effizienz, aber auch Sicherheit, Stabilität und Klarheit. Ist das richtig so?«

MR: »Ja, wobei es auch darum geht, den Weg klar zu haben und ihn auch zu kontrollieren.«

TS: »Ok, das ist der Wert Kontrolle. Ist dieser Wert wichtig? Wie steht der Wert Kontrolle in Bezug auf die anderen Werte?«

MR: »Kontrolle ist schon wichtig, jedoch sind Wirksamkeit und Sicherheit sehr viel wichtiger.«

TS: »Wenn Sie die Werte in eine Reihenfolge bringen müssten, wie würde die Liste aussehen?«

Martina R. erstellt die folgende priorisierte Werteliste:
1. Wirksamkeit
2. Sicherheit
3. Stabilität
4. Kontrolle

Ihre persönlichen Probleme hat die Geschäftsführerin Martina R. wie folgt geschildert:
- Ich muss bei allen Besprechungen anwesend sein, damit auch ein gutes Ergebnis entsteht, da ich Geschäftsführerin bin.
- Alle Entscheidungen müssen mit mir persönlich diskutiert werden, damit es sich in die »richtige« Richtung entwickelt.

- Es darf nicht zu viel gleichzeitig im Unternehmen verändert werden.
- Meine Kinder und mein Mann haben einen Anspruch darauf, mich oft und intensiv zu sehen. Ich muss eine gute Mutter und Ehefrau sein.
- Alle Menschen in meinem privaten Umfeld müssen zufrieden sein und dies mit ihrer Wertschätzung zum Ausdruck bringen.
- Es ist wichtig, ständig an sich zu arbeiten und sich weiterzuentwickeln.

In dieser Phase geht es im Wesentlichen darum, dass der Klient das Problem, bezogen auf die grundsätzliche Zielsetzung, besser zu verstehen lernt. Die Aufgabe des Coaches ist es, herauszufinden, welche Verhaltensmuster, Werte und Glaubenssätze möglicherweise dem Problem zugrunde liegen bzw. das Problem hervorrufen. In Anlehnung an das lösungsorientierte Kurzzeitcoaching basierte die Zielformulierung auf der Frage: »Was müsste im Rahmen des Coachings geschehen, damit sich die Gesamtsituation nachhaltig verbessert?«

Die Antwort der Geschäftsführerin war eindeutig. Es ging ihr um
- **eine klarere und einfachere Führung** des Unternehmens
- **bessere Zusammenarbeit** mit den Führungskräften
- **mehr Zeit für sich und ihre Familie** bei besserer Abgrenzung zu ihrer Firma

Mittels lösungsorientierter Fragen nach der grundsätzlichen Zielsetzung und flexiblem Abstrahieren (Hochchunken) wurde zusätzlich die folgende Wertestruktur (Tab. 1) ausgearbeitet:

254

Kernwerte im Job	Kernwerte Privatleben
– Wirksamkeit	– Nähe
– Sicherheit	– Zufriedenheit
– Stabilität	– Wertschätzung
– Kontrolle	– Weiterentwicklung

Tab. 1: Kernwerte der Geschäftführerin

5 Formulierung konkreter persönlicher Ziele

Die Wertehierarchie der zweiten Sitzung wurde genutzt, um grobe Ziele zu erarbeiten. Die groben Ziele werden anschließend immer weiter konkretisiert und verfeinert.

Ziele sollten nach den Kriterien der »Wohlgeformtheit« formuliert werden. Dies beinhaltet folgende Punkte:
› Positive Formulierung des Ziels, es ist dann sehr viel einfacher, sich auf etwas zuzubewegen
› Darlegung und Beschreibung der aktiven Beteiligung, beweisbare Umsetzbarkeit
› Festlegung der Ressourcen, die für das Erreichen des Ziels notwendig sind
› Angemessene Größe des Ziels
› Kosten-Nutzen-Prüfung (Ökocheck)

In der Diskussion über die konkreten, detaillierten Ziele des Coachings wurde nochmals sehr deutlich, dass es um viel mehr als eine reine betriebswirtschaftliche Fachberatung ging. Die Geschäftsführerin strebt ein ausgewogenes und gutes Verhältnis zwischen der Zeit und Wirksamkeit an, die sie für Beruf und Familie investiert. Auch stellte sich heraus, dass sie für ihre eigenen Ziele und ihre persönliche Entwicklung kaum Zeit aufwendet und sich dadurch ein relevanter Anteil der diffusen Unzufriedenheit ergibt. Martina R. fühlte sich ständig unter Druck. Alle »zerrten« an ihr, insbesondere ihre Kinder, ihr Mann und ihre engsten Mitarbeiter, das heißt ihr Führungsteam. In vielen Situationen machte sie zeitliche Kompromisse, die sie als schmerzhaft empfand. Ihr gesamtes Umfeld empfand sie als positiv und wertschätzend, jedoch auch als etwas zu fordernd.

Somit wurden die folgenden konkretisierten Zielsetzungen ausgearbeitet:

- ein gutes Gefühl gegenüber ihrer Familie erreichen
- klare Abgrenzung und hohe Wirksamkeit in beruflichen Situationen
- bessere Abstimmung und höhere Eigenverantwortlichkeit der Führungskräfte innerhalb ihres Unternehmens
- klare Abgrenzung und eindeutige Zeitfenster für berufliche und private Aktivitäten
- Freiräume schaffen für persönliche Entwicklungen

Auf Basis des Vorgesprächs und der geklärten Zielkonflikte ergaben sich folgende Aufgabenstellungen für das Coaching:

1. Klärung der beruflichen Unzufriedenheit zur Erreichung einer höheren Wirksamkeit
2. Klärung der familiären Situation, insbesondere im Hinblick auf die Zeit, die mit dem Partner und den Kindern verbracht wird
3. Klärung der eigenen Wünsche und Freiräume, insbesondere in Richtung persönliche Entwicklung

6 Erarbeitung der Lösungen

6.1 Die berufliche Situation

Zunächst hatte die Geschäftsführerin den Wunsch, an der Gestaltung der beruflichen Themen und der möglichen Lösungen zu arbeiten. Auf Basis der entwickelten Kernwerte im Job wurde herausgearbeitet, wie diese Werte in der Praxis gelebt werden können, das heißt, die genannten Werte wurden operationalisiert. Im Coaching hat Martina R. geklärt, was genau Wirksamkeit, Sicherheit und Stabilität sowie Kontrolle im Rahmen ihrer Tätigkeit als Geschäftsführerin beinhalten.

Wirksamkeit beschreibt die Grundlage optimaler Steuerung und Leitung des Unternehmens und der Ressourcen, die Fähigkeit zur Führung und das Einbringen der Persönlichkeit. Letztlich ist alles das wirksam, was als richtig empfunden wird und tatsächlich funktioniert. Dies äußert sich in dem wirtschaftlichen Erfolg des Unternehmens.

In der betriebswirtschaftlichen Beratung wird der Erfolg der Führung von Unternehmen in der Regel mit den folgenden Kennzahlen beschrieben:
› Steigerung des Unternehmenswertes (Wachstum)
› Erzielung eines angemessenen Gewinns (Sicherheit)
› Erwirtschaftung einer angemessenen Umsatzrendite (>5 Prozent) und Eigenkapitalrendite (>15 Prozent)
› Positiver und steigender Cash-Flow (Liquidität)

Zu diesem Aspekt wechselte das Coaching in die betriebswirtschaftliche Fachberatung, um ein Kennzahlen-Cockpit mit betriebswirtschaftlichen Spitzenkennzahlen für das Unternehmen aufzubauen. Diese wurden mit weiter heruntergebrochenen Kennzahlen für die einzelnen Abteilungen im Hause ergänzt (in Anlehnung an das Konzept einer Balanced Scorecard).

6.2 Teamcoaching der Führungskräfte

Die Einführung eines Kennzahlen-Cockpits in ein Unternehmen kann nur gelingen, wenn die Führungskräfte und Mitarbeiter eingebunden werden. Die ausgearbeiteten Werte Wirksamkeit, Sicherheit, Stabilität und Kontrolle wurden im Führungsteam, bestehend aus der Geschäftsführerin, dem Prokuristen und kaufmännischen Leiter sowie den Abteilungsleitern Einkauf, Verkauf, Produktion, Arbeitsvorbereitung und dem Entwicklungsleiter diskutiert. Diese moderierte Diskussion war ein wichtiger Schritt des Coachings. Erstmals wurde über Werte und deren Umsetzung im Unternehmen gesprochen. Diese Transparenz sowie die Offenheit aller Beteiligten führten zu einer nachhaltigen Nähe. Die persönlichen Beziehungen zwischen allen Beteiligten verbesserten sich und das Team traf gute und verbindliche Absprachen zur Zusammenarbeit.

Die einzelnen Maßnahmen sind für sich genommen sicherlich nicht spektakulär, wie zum Beispiel Tagesordnungen erstellen, Protokolle von Besprechungen schreiben und die vereinbarten Maßnahmen umsetzen (Follow-up). Jedoch haben alle Teammitglieder ein verbindliches Commitment abgegeben, aktiv und mit persönlichem Engagement an der Entwicklung des Unternehmens mitzuwirken.

Die von der Geschäftsführung vorgegebenen Spitzenkennzahlen wurden wie folgt runtergebrochen: für den Einkauf das Einkaufsvolumen, für den Verkauf den vorliegenden Auftragsbestand, für die Produktion die Produktionszeiten und Nutzgrade der Maschinenzentren sowie eine Vielzahl weiterer Kennzahlen. Diese Vorüberlegungen wurden gemeinsam entwickelt und in einigen weiteren Sitzungen mit den Führungskräften besprochen. Im Anschluss wurden diese Vorüberlegungen in Form eines Kennzahlen-Cockpits im Unternehmen etabliert.

Die Transparenz und Ausrichtung des Unternehmens wurde mit diesem Kennzahlen-Cockpit verbessert, da klare Ziele formuliert wurden, an denen sich die Mitarbeiter und Führungskräfte im Unternehmen orientieren können. Durch regelmäßiges Follow-up wurde eine effiziente Besprechungskultur im Unternehmen eingeführt, da in Einzelgesprächen sowie in Teamgesprächen eine klare Struktur geschaffen wurde, wann welche Kennzahlen besprochen werden. Somit ist zu jeder Zeit transparent erkennbar, wie es um die aktuelle wirtschaftliche Situation des Unternehmens bestellt ist.

Mittels der Einführung des Kennzahlen-Cockpits durch die Geschäftsführerin Martina R. in enger Zusammenarbeit mit dem Führungsteam wurden die Kernwerte Sicherheit, Stabilität und Kontrolle in Form einer klaren Führungsstruktur umgesetzt.

6.3 Intensive Zeit für die Familie und den Partner

Nachdem eine klare Führungsstruktur ausgearbeitet und die Anzahl der Besprechungen, an denen Martina R. in der Vergangenheit teilgenommen hat, deutlich reduziert wurde, entstand mehr Raum für die Gestaltung der privaten Situation. Als wesentliche private Werte hatte Martina R. Nähe und Zufriedenheit benannt. Im Rahmen des Coachings wurde daran gearbeitet, wie sich die beruflichen und privaten Zeitfenster klar abgrenzen lassen. Es wurde ein detaillierter Zeitplan ausgearbeitet, in dem genaue Zeiten genannt wurden, in denen sich Martina R. selbst, die Kinderbetreuerin und der Ehepartner um die Kinder kümmern. Weiterhin wurden diese Zeitfenster so gestaltet, dass sie nicht durch viele andere Tätigkeiten unterbrochen oder gestört werden (z. B. Telefonaten der Firma). So kann Martina R. ihre Aufmerksamkeit in diesen Zeiten voll ihren Kindern widmen und ein hohes Maß an Nähe leben.

Insgesamt führt dies zu mehr Abgrenzung und Klarheit. Sowohl bei den Kindern wie bei dem Ehepartner und auch bei ihr selbst erlebt Martina R. deutlich mehr Zufriedenheit. Ergänzend hierzu hat die Geschäftsführerin mehrere Zeitfenster in der Woche festgelegt, an denen sie mit ihrem Partner Zeit zu zweit verbringt.

6.4 Eigene Wünsche und Freiräume

Eine weitere wichtige Erkenntnis während der Auftragsgestaltung war, dass der Wert Weiterentwicklung, insbesondere die persönliche Weiterentwicklung, in der derzeitigen Lebenssituation von Martina R. zu kurz kommt. Indem die berufliche Situation sehr deutlich geklärt und auch ein hohes Maß an Klarheit für die familiäre Situation geschaffen wurde, widmeten wir uns im Coaching der persönlichen Situation von Martina R.

Es wurde sehr schnell deutlich, dass dies über zwei Maßnahmen gelingen kann. Zum einen war Martina R. in ihrer Jugend eine sehr begeistere Reiterin gewesen. Dies hatte sie während ihres Studiums aufgegeben. Zum anderen sind ihr Vater, ihr Bruder und ihr Partner leidenschaftliche Jäger, sodass sich viele Gespräche im Familienkreis um das Thema Jagd drehen. Gemeinsam mit ihrer Familie hat Martina R. Zeitfenster abgesprochen, in der sie sich ausschließlich um ihre persönliche Weiterentwicklung kümmert. Sie hat sich einen in der Nähe liegenden Reitstall gesucht und geht inzwischen einmal pro Woche mit wachsender Begeisterung und hoher Zufriedenheit reiten. Zum anderen hat sie sich zur Freude ihrer gesamten Familie dazu entschlossen, den Jagdschein zu machen.

7 Erfolgskontrolle

Kein Coaching ohne Erfolgskontrolle. Im konkreten Fall hat das Coaching zu Verbesserungen in beruflichen und privaten Situationen geführt, die sich nicht immer konkret messen oder benennen lassen. Die diffuse Unzufriedenheit von Martina R. ist beseitigt. Sie hat erkannt, dass sie sich aufgrund der vielen Anforderungen von außen letztlich selbst in diese Situation hineinmanövriert hat. Als wichtigste Erkenntnis hat sie die Selbstwirksamkeit bei der Umsetzung von Veränderungen gewonnen. Ihr ist auch deutlich geworden, was geschieht, wenn einzelne Aspekte des Lebens überhandnehmen, wie zum Beispiel die berufliche Einbindung ins Unternehmen.

Das Unternehmen hat sich seit dem Coaching deutlich positiv entwickelt. Die Reaktionen auf schwankende Auftragslagen wurden schneller und flexibler. Dadurch haben sich die Unternehmensrisiken, ausgedrückt durch die schwankende Ertragslage, stabilisiert. Die Führungskräfte haben durch die höhere Transparenz ein größeres Maß an Eigenverantwortlichkeit. Dies wird positiv bewertet und äußert sich in höherer Motivation und guter Stimmung. Das Betriebsklima hat sich nachhaltig verbessert.

●●●●●● **Kein Coaching ohne Erfolgskontrolle**

Die private und persönliche Situation von Martina R. ist durch die Klärung und Abgrenzung entspannt und ihre Stimmung ist gelassen. Insgesamt also ein sehr positives Ergebnis durch den Einsatz von Business NLP.

8 Business NLP in der Unternehmensberatung

An dem Beispiel wird deutlich, dass Business NLP-Methoden einen wirksamen Ansatz bei der Umsetzung von Veränderungen in kleinen und mittleren Unternehmen ermöglichen.

Die Besonderheiten dieses Ansatzes waren:
› Ganzheitliche Wahrnehmung von Problemen und nicht die Arbeit an Präsentationsproblemen
› Einbeziehung der privaten Lebenssituation, d. h. Partner, Kinder, aber auch persönliche Zielsetzungen

> Wertearbeit zur Klärung der Prioritäten und Absicherung des Umsetzungserfolges des Coachings
> Betriebswirtschaftliche Fachberatung im Teamcoaching zu Werten und zu einem Kennzahlen-Cockpit (Balanced Scorecard)
> Einzel- und Teamcoaching auf den höheren Logischen Ebenen (Ebene 5 – Werte und Glaubenssätze; Ebene 6 – Identität) zur Erarbeitung nachhaltiger und wirksamer Problemlösungen

Literatur

Jäger R (2001) Praxisbuch Coaching. Gabal Offenbach

Königswinter R, Exner A (2001) Systemische Inerventionen. Klett-Cotta Stuttgart

O'Connor J, Seymour J (2000) NLP: Gelungene Kommunikation und persönliche Entfaltung. VAK Freiburg

Radatz S (2002) Beratung ohne Ratschlag. Verlag Systemisches Management Wien

Schlüter T (2007) Fitnessprogramm für KMU und Familienunternehmen. Diplomica Hamburg

Kontaktadresse des Autors für Austausch und Anfragen:
thomas.schlueter@korff-schlueter.de

Matthias Patzelt

Die Unternehmenspyramide als Vermittlerin zwischen Marketing-, Strategie- und Personalbereich

Abstract

Im folgenden Beitrag geht es um das Modell der Unternehmenspyramide als Basis für ein integriertes Management- und Führungssystem. Mithilfe der fünf Pyramidenebenen Mission/Identität, Werthaltungen, Strategien, Fähigkeiten/Ressourcen sowie Maßnahmen/Umsetzung werden Tätigkeiten, Stile, Modelle und Eigenschaften der Unternehmensführung erläutert. Anschließend lässt sich die Formulierung und Kaskadierung von Zielen ableiten. Anhand eines Beispiels aus der Praxis wird aufgezeigt, wie die Unternehmenspyramide zur Gestaltung eines Veränderungsprozesses genutzt werden kann. Seine Wirkung entfaltet das Modell vor allem als Verständigungsmittel für Veränderungsmanager in verschiedenen Fachbereichen.

Sachwortindex

Change Management Führung Leitbildprozess Ziele
Werte Führen-durch-Zielvereinbarungen FdZ-Prozess
Dienstleistungsbranche Großunternehmen Logische Ebenen
Unternehmenspyramide Management- und Führungssystem
Unternehmensführung Führungsprozesse Steuerungssysteme
Veränderungsprozess Managementmodell Steuerungs-
instrumente Führungskompetenzen Kompetenzmanagement

1 Menschen und Unternehmen im Wandel

Krisen, Umbruchphasen und persönliche Sackgassen drängen uns dazu, uns neu zu erfinden. Dies gilt auch für Organisationen in der Wirtschaft. Aufgrund verschiedener Einflüsse werden manchmal aus sehr erfolgreichen Unternehmen »Problemfälle«. Diese durchlaufen dann einen Veränderungsprozess, schaffen im besten Falle den Umschwung und verfolgen anschließend einen anderen Erfolgsweg. Eine erneuerte Marke, eine revidierte Corporate Identity und gegebenenfalls auch veränderte Unternehmenswerte dokumentieren dies. Business NLP hilft den Unternehmen dabei, solche Veränderungsprozesse zu bewältigen und effektive Lösungsstrategien zu entwickeln.

In der Phase nach der bewältigten Krise sind die Parallelen zum Individuum offensichtlich: Oft wechseln wir nach einer Beziehungskrise das Outfit oder ändern nach einer Midlife-Crisis unser soziales Umfeld oder den Job. Wir definieren alles um, was uns wichtig erscheint. Auch ein Unternehmen verändert sein Erscheinungsbild, seine Produkte und seine Märkte. Und wie wir uns als Einzelpersonen dabei von Coaches helfen lassen können, so kann Business NLP eine Hilfe für das gesamte Unternehmen sein. Denn nur wenn ein System – sei es ein Mensch oder ein Unternehmen – einen tiefgreifenden Veränderungsprozess durchläuft, besteht die Chance, auch schwere Krisen zu meistern. Für die Krisenbewältigung benötigen wir genügend Schwung und Stärke. Daher fokussieren wir uns bei persönlichen Umbruchphasen auf das, was uns wirklich wertvoll ist und uns entsprechend Kraft gibt. Wir spüren dies selbst ganz klar, fühlen es mit dem Herzen – doch oft erst, wenn wir im Begriff sind, etwas Wertvolles zu verlieren.

Nun stellt sich aber die Frage: Wer ist dafür zuständig, dass wir die Unternehmens- oder Markenwerte fühlen und ausdrücken (lernen)? Welche Rolle spielen sie bei der Neuerfindung des Unternehmens? Und was passiert, wenn sie innerhalb (und außerhalb) der Organisation nicht offen kommuniziert werden?

2 Viele Veränderungskonzepte und kein Wandel

Man kann Werte vielleicht nicht »nicht kommunizieren«, aber ebenso schwer ist es, sie nachhaltig in den Köpfen von Führungskräften, Mitarbeitern und Kunden zu etablieren. Hier ein Beispiel: Die Marketingeinheit eines großen Dienstleistungsunternehmens erhält von der Unternehmensführung den Auftrag, die Unternehmensmarke zu erneuern, um das Ende einer wirtschaftlichen Talfahrt nach außen zu dokumentieren. Die Marketingspezialisten entwickeln daraufhin – unterstützt von einer auf Markenerneuerung spezialisierten Agentur – neue Farben, Formen und Bildwelten, die sich im Logo und auf den Broschüren des Unternehmens wiederfinden. Das Unternehmen erhält einen neuen Namen. Eine neue Unternehmensmarke wird erschaffen. Der Vollständigkeit halber – oder weil es die externe Agentur so vorgeschlagen hat – werden dabei neue Unternehmenswerte definiert, etwa: Kundennähe, Souveränität, Energie. All das teilt die Marketingeinheit schließlich bei einem großen Event und mithilfe einer aufwändigen Broschüre den Kollegen im Unternehmen mit. Sonst passiert nichts.

Nach der Marken- und Eventagentur kommen deshalb die Marketing-, Kultur- und Werte-Berater ins Unternehmen: Sie stellen fest, dass die neue Marke und die Werte bei den Kunden und den Vertriebseinheiten nicht angekommen sind. Auch bei allen anderen Mitarbeitern bemerken sie keine Veränderungen. Die Berater bieten viele neue Modelle, neue Begriffe und neue Methoden an, das Problem wird immer größer.

Als ich in der Rolle eines internen Beraters diese Situation vorfand, hatte ich keine fertige Lösung für die Marketingkollegen zur Hand. Die Präsentationen der Beratungsunternehmen stapelten sich, die Vertriebseinheiten der Berater waren unseren Vorgesetzten auf den Fersen und unser interner Auftraggeber begann, nervös zu werden. Er war das hohe Umsetzungstempo der Marketingeinheit gewohnt und wollte rasche Fortschritte sehen.

Ich beschloss, zunächst keine schnellen Maßnahmen einzuleiten, sondern forderte Freiraum. Wir brauchten Zeit zum Denken, Diskutieren und für einen Neuanfang. Mir fiel auf, dass in Großunternehmen oft getrennte Funktionskulturen bestehen, die von unterschiedlichen Sprachnormen, Lernerfahrungen und Ausbildungsrichtungen geprägt sind. Gleichzeitig sind die Verantwortlichkeiten für sogenannte weiche Themen wie Führung, Kommunikation, Werte, gesellschaftliche Verantwortung und Marken auf unterschiedliche Einheiten verteilt. Die Folge ist, dass Veränderungsprojekte in diesen Themenbereichen nicht an alle bestehenden Werkzeuge, Steuerungssysteme und inneren Realitäten andocken können und nicht alle Beteiligten dort abholen, wo sie stehen. Stattdessen schaffen sie meist nur wieder Teilkulturen.

3 Die Unternehmenspyramide als Wandlungshilfe

Das beschriebene Unternehmen hatte schon mehrere große Veränderungswellen hinter sich. Daher wollte ich einen integrativen Ansatz finden.

3.1 Die Logischen Ebenen von Dilts als Ausgangspunkt

Nachdem ich mich intensiv mit der Literatur über wertebasierte und normative (Unternehmens-)Führung sowie mit zahlreichen Präsentationen externer Berater beschäftigt hatte, stieß ich zufällig auf die »Logischen Ebenen des Lernens« von Robert Dilts. Ausgehend von Überlegungen Gregory Batesons über die Stufen des Lernens, entwickelte Dilts einen Ansatz, der ein durchgehendes Bearbeitungsmodell vom Verhalten des Menschen bis hin zu seinen spirituellen Wurzeln bietet. Ich sah schnell, dass hier ein übergreifendes Konzept geboten wird, das sich sehr gut auf den Charakter eines Unternehmen übertragen lässt.

3.2 Basismodell der Unternehmenspyramide

Aus den Ebenen des Lernens entwickelte ich ein fünfstufiges Modell, dessen einzelne Ebenen ich den im Unternehmen verbreiteten Begriffen anpasste. Das Ergebnis war die folgende Unternehmenspyramide (vgl. Abb. 1).

Modell der Unternehmenspyramide

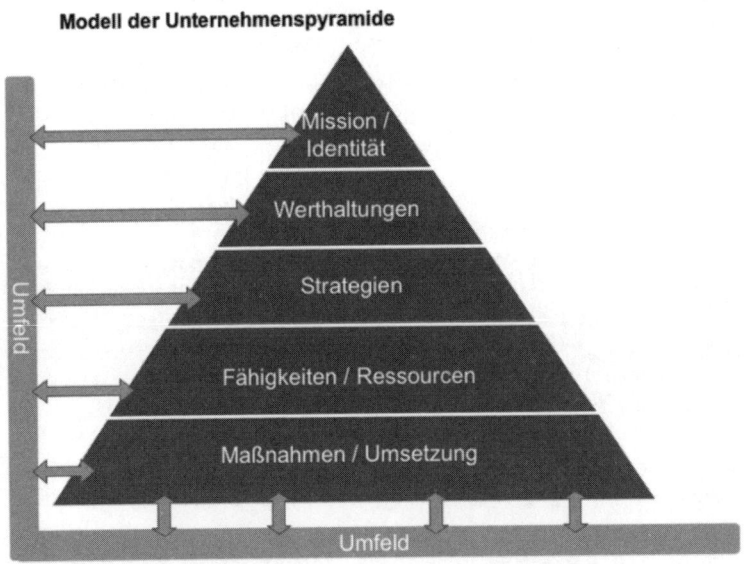

Abb. 1: Unternehmenspyramide

In der folgenden Tabelle 1 werden die einzelnen Ebenen der Unternehmenspyramide erläutert.

Ebene	Kernfrage	Beispiele
Mission/Identität	Was ist unser Auftrag? Wer sind wir?	Unternehmenszweck, Daseinsgrund/ Selbstverständnis, Rolle
Werthaltungen	Was ist für uns wichtig?	Orientierungen, (unbewusste) Entscheidungsregeln und -hilfen, Markenwerte
Strategien	Wie glauben wir, ist der beste Weg, unser Geschäft zu betreiben?	Strategieprozess, Unternehmens- und Marktanalysen, Überzeugungen, Erfolgsregeln, Wirklichkeitskonstruktionen
Fähigkeiten/ Ressourcen	Was/wen brauchen wir dafür?	Vermögen, Befugnisse, Humanressourcen, Werkzeuge
Maßnahmen/ Umsetzung	Was tun wir?	Handlungen, Aktionen, Arbeit, Verhalten, konkretes Tun
Umfeld	Worin leben wir?	Umwelt, alles außerhalb der Systemgrenze (keine Ebene innerhalb der Pyramide; hier nur zur Vervollständigung)

Tab. 1: Die Ebenen der Unternehmenspyramide

Das Modell sieht das Unternehmen als eine Persönlichkeit. Die darin agierenden Menschen sind Ressourcen und bilden die verschiedenen Ebenen in ihrem psychischen Innenleben ab bzw. setzen durch ihre Tätigkeiten die Maßnahmen um. So ist das kollektive Gefühlsleben der Nährboden für die Werthaltungen. Im kollektiven Denken und Entscheiden finden die Wirklichkeitskonstruktionen statt, aus denen Strategien werden.

Die möglichen anderen Sichtweisen, die das Modell für bestimmte Bereiche des Unternehmens und seine Mitarbeiter liefert, werden im Folgenden hauptsächlich in Form von Tabellen dargestellt. Für die Konstruktion von eigenen Ansätzen hat es sich bei meiner Arbeit bewährt, nur die linke Spalte und die erste Zeile vorzugeben, dann begann der Findungsprozess. Dieses Vorgehen ist ein Teil der Krisenbewältigung selbst.

●●●●● **Im kollektiven Denken und Entscheiden finden die Wirklichkeitskonstruktionen statt, aus denen Strategien werden.**

Genauso wie es für private Krisen sinnvoll sein kann, bestimmte Werkzeuge wie Mediation, Coaching, Ansätze aus dem NLP etc. als neuen Kompass zu verwenden, um sich einen Pfad durch das vermeintliche Chaos zu suchen, so kann die Unternehmenspyramide als Orientierungshilfe dienen. Der Weg, den ein Unternehmen damit beschreitet, wird also jeweils anders aussehen. Die folgenden Ausführungen sind somit als eine Art »Reisebericht« zu verstehen.

3.3 Funktionsbereiche der Unternehmenspyramide

Die hier geschilderte Reise ist eine Art Rundweg um einen Gipfel. Je nachdem, von welchem Punkt man auf die Pyramide schaut, gibt sie den Blick auf andere Aspekte des Unternehmens frei. Dies hilft denen, die nur einen begrenzten Teil des Ganzen sehen, ihre Erfahrungen auszutauschen.

Hauptsächlich soll das Modell die Zusammenhänge von Steuerungs- und Führungsprozessen auf verschiedenen Ebenen zeigen bzw. das Herstellen von Zusammenhängen erleichtern. Das war das Grundproblem, mit dem das Unternehmen und vor allem die Marketingeinheit konfrontiert waren. Das von mir entwickelte Modell ist daher – im Gegensatz zum Ansatz von Manuela Brinkmann – weniger ein Steuerungsinstrument, sondern es dient eher dem Verständnis der Abhängigkeiten von Steuerungsinstrumenten und -vorgängen. Das Modell vermittelt, auf welcher Ebene Entscheidungen und Umsetzungsprozesse notwendig sind, und verortet auch die horizontalen Managementzyklen und die Ableitungen von Zielen und Strategien.

3.3.1 Managementmodell

Um das Thema Management mithilfe des Modells zu erläutern, sind zunächst drei Definitionen sinnvoll: Wenn wir innerhalb des Modells von Steuerung oder Steuern sprechen, ist damit die Gestaltung, Organisation und Strukturierung von Prozessen gemeint. Es geht also darum, das Unternehmen auf den fünf Ebenen zu steuern. Führen und Führung umfasst die personale Sicht, das Anleiten und Transformieren, also die Führung von Mitarbeitern.

•••••• **Ein durchgehendes Management schafft ein stimmiges Gesamtkonzept von der Mission bis hin zu den Einzelmaßnahmen.**

Führung und Steuerung ergeben zusammen das Management. Management hilft, das Unternehmenssystem auf den verschiedenen Ebenen ins Laufen zu bringen und am Laufen zu halten. Dafür sind konstruktive Entscheidungsprozesse und Managementwerkzeuge (etwa der Standardzyklus Planen – Zielvorgabe – Umsetzung – Erfolgskontrolle) einzurichten und es ist für die Umsetzung von Entscheidungen entlang der Steuerungsebenen zu sorgen. Management beinhaltet auch die Kommunikation dieses Prozesses. Ein durchgehendes Management schafft ein stimmiges Gesamtkonzept von der Mission bis hin zu den Einzelmaßnahmen.

3.3.2 Blaupause für einen Leitbildprozess

Ein Leitbildprozess dient der »Erstbefüllung« des Unternehmens mit Steuerungsinstrumenten entlang der Unternehmenspyramide. Dies ist unter idealtypischen Bedingungen nach dem Erstellen eines Business-Plans die erste Managementhandlung in einem Unternehmen. Die einzelnen Ebenen werden dabei mit Prämissen belegt, die beschreiben, wie auf diesen Ebenen agiert werden kann bzw. soll. Bestehende oder von außen übernommene Steuerungssysteme werden aneinander angepasst, neu gestaltet oder gegebenenfalls abgestellt.

Die Einführung von Markenwerten hätte also mit einem Leitbildprozess verbunden werden sollen – diese Erkenntnis wirkte zunächst eher lähmend für die weiteren Überlegungen zu unserem »Problem«. Denn die Entwicklung und Einsetzung eines Leitbildes ist sozusagen der erste Zielbildungsprozess, der die oberen Ebenen (Mission/Identität und Werthaltungen) aktiviert und sie über die Strategiebildung mit den unteren Ebenen verknüpft. In dem schriftlich fixierten Unternehmensleitbild werden Aussagen zu verschiedenen Ebenen, zu den entsprechenden Zielen und Verfahrensbeschreibungen formuliert. Auf dieser abstrakten Ebene sind Ähnlichkeiten des Leitbildes zur Unternehmenspyramide sehr offensichtlich (vgl. Tab. 2).

Ebene	Ebene/Zeithorizont	Leitfragen/Beispiele
Mission/Identität	Unternehmensführung 5–10 Jahre	Wer sind wir? Woher kommen wir? Was wollen wir? Auftrag, Identität, Geschichte, Selbstverständnis
Werthaltungen	Kulturgestaltung 3–5 Jahre	Was wollen wir für wichtig nehmen? Wie gehen wir miteinander um? Anspruch, Werte, Betriebsklima, Arbeitsstil Kommunikation, Kooperation, Führungsverhalten
Strategien	Strategische Steuerung 1–3 Jahre	Wo liegen unsere Erfolgspotenziale? Für wen tun wir was? Planungsprozess, Strategieprozess
Fähigkeiten/ Ressourcen	Taktische Ressourcensteuerung 1–12 Monate	Was können wir tun und mit wem bzw. mit welchen Mitteln? Qualitätskriterien, Kernkompetenzen, Stärken- und Schwächenanalysen

Maßnahmen/ Umsetzung	Operative Steuerung/ Aufträge vergeben und kontrollieren 1–30 Tage	Wie genau tun wir es? Wann? Leistungen, Angebot, Zielkunden
Umfeld	Umweltgestaltung kein Zeithorizont	Wie gehen wir außerhalb unserer operativen Geschäftätigkeit mit unser Umwelt um? Gesellschaftliches Engagement, Betriebsökologie

Tab. 2: Der Leitbildprozess

Der Leitbildprozess ist der größte denkbare Veränderungsprozess, den ein Unternehmen eingehen kann. Er findet im Sinne des hier gezeigten Modells zunächst von oben nach unten in folgenden Phasen statt:

> Phase 1 »Selbstverpflichtung«: Verständnis und Bewusstsein des Kernteams und der Betroffenen für die Veränderung und ihren Nutzen schaffen
> Phase 2 »Integration«: Beteiligte benennen; klare Verantwortlichkeiten, Rollen, Aufgaben, Ziele und Zuständigkeiten definieren; für verbindende Motivation sorgen
> Phase 3 »Operationalisierung«: Rahmenbedingungen, Ressourcen und Prozesse für die Implementierung der Veränderung festlegen
> Phase 4 »Einbindung«: Dialogorientierte Vermittlung der Veränderung unter Einbindung der Mitarbeiter; für eine Vergrößerung der Gruppe der Beteiligten und das individuelle Abholen der Beteiligten sorgen
> Phase 5 »Institutionalisierung«: Dauerhaftigkeit und notwendige Controllinginstrumente implementieren

273

Es hat sich gezeigt, dass spätestens ab der vierten Phase nicht mehr die Pyramide als solche thematisiert werden sollte, da Mitarbeiter (und Manager) davon oft überfordert sind. Nun folgt die Verankerung von Kontrollschleifen.

In der praktischen Arbeit erwies sich das in Tabelle 2 gezeigte Leitbildschema auch als gutes Mittel zur Bestandsaufnahme, um zu erheben, wie benachbarte Unterabteilungen innerhalb einer größeren Einheit geführt und gesteuert wurden. Schnell findet man heraus, wenn Einheiten nicht geführt wurden, denn dann wird die eigene Tätigkeit als »Werthaltung« dargestellt. Sie wird zum Selbstzweck ohne Anbindung an eine Mission. Auf diese Weise wird Scheinführung sichtbar, ohne dass dazu Konflikte oder aufwändige Methoden notwendig wären.

3.3.3 Führungskompetenzen

Anhand der Unternehmenspyramide ergibt sich, dass je nach Steuerungs- und Führungsebene unterschiedliche Führungstätigkeiten und entsprechende Voraussetzungen notwendig sind, um die Ziele dieser Ebene gut zu erfüllen und die Ebene erfolgreich zu steuern. Dazu sind verschiedene Typen von Führungskräften/-rollen und Führungsfähigkeiten anzuwenden (vgl. Tab 3).

Ebene	Voraussetzungen	Rolle und Tätigkeit
Mission/Identität	Weitblick, Integrationsfähigkeit	Visionär, Begleiter: gemeinsames Selbstverständnis vermitteln, Globalziele setzen
Werthaltungen	Authentizität, Motivationsfähigkeit	Mentor, Vorbild: (Leistungs-)Orientierungen emotional aufladen

Strategien	Unternehmerisches Denken, Selbstreflexion, Entscheidungsfähigkeit	Stratege: Stärken und Schwächen analysieren, für strategische Ziele sorgen, den Führen-durch-Ziele-Prozess nutzen
Fähigkeiten/ Ressourcen	Kommunikations-, Konflikt-, Teamfähigkeit, planender Überblick, Marktverständnis, Menschenkenntnis, Erwachsenenbildung	Lehrer, Anreger, Organisator: für richtige Ressourcenabstimmung sorgen, kurzfristig Ressourcen steuern, Mitarbeiter entwickeln
Maßnahmen/ Umsetzung	Fachkenntnisse, Prozessmanagement, Delegation, Kontrolle	Pragmatiker, Wegweiser: Prozesse managen, Leistungsprozesse ermöglichen, variieren

Tab. 3: Führungskompetenzen

Diese Überlegungen führten zu fruchtbaren Diskussionen mit den zuständigen Kollegen der Führungskräfteentwicklung. Weitere Anregungen finden sich dazu in der Führungsliteratur zum Thema situatives Führen – allerdings muss jedes Unternehmen für sich herausfinden, welche Eigenschaften auf welcher Ebene die richtigen sind. Wie bereits angedeutet, ist die Pyramide auch ein Werkzeug zur Freisetzung von Kreativität. Lohnend ist an dieser Stelle die Überlegung, was die negative Rolle einer Führungskraft auf welcher Ebene bedeutet.

3.3.4 Führen durch Ziele

Nach dem einleitenden Leitbildprozess, der nur zu besonderen Gelegenheiten (Fusionen, Rebranding etc.) des Unternehmens angewendet wird, sollte von und für die Führungskräfte der Prozess Führen-durch-Zielvereinbarungen, kurz FdZ-Prozess, eingerichtet werden. Er sorgt dafür, dass aus den großen Unternehmenszielen Jahr für Jahr konkrete Umsetzungsziele werden. So bleibt eine Fokussierung auf die wesentlichen Ziele erhalten und eine Anpassung auf neue Gegebenheiten wird möglich.

Ziele sind konkrete zukünftige Zustände, die durch Umsetzungsmaßnahmen erreicht werden sollen. Jedes Ziel kann auf einer höheren Ebene als Mittel zum Erreichen eines anderen Zieles betrachtet werden. Aus gemeinsamen übergeordneten strategischen Zielen entsteht der Zielerreichungsprozess. Hierbei wird im Unternehmen in Kaskaden vorgegangen, also in Wellen, die von oben nach unten fließen und sich immer weiter aufspalten. Dabei kommt es auf jeder Ebene zu einem ähnlichen Umwandlungsprozess: Jedes Ziel auf jeder Ebene ist an sich eine Mission, die sich aus den übergreifenden Unternehmenswerten die passenden Werte »dazunimmt« und dann eigene Strategien erarbeitet. Damit werden auf derselben Ebene Ressourcen, soweit vorhanden, abgerufen und Ziele umgesetzt und kontrolliert. Auf der (den) tieferen Ebene(n) werden Ressourcen, soweit benötigt, durch die Formulierung eines eigenen Zieles (im Strategieprozess der höheren Ebene) abgerufen, das heißt, das System greift über die Vergabe von Zielen auf die hierarchisch tiefer liegenden Ressourcen zu. Die Klammer bildet das Leitbild.

Der FdZ-Prozess findet vereinfacht auf verschiedenen Zielebenen statt (vgl. Tab. 4).

Ebene	Zielart	Konkretisierungen
Mission/Identität	Globalziele zeigen eine Entwicklungsrichtung, die das Unternehmen fortlaufend anstrebt.	Was ist das oberste Ziel all unseres Handelns und Denkens, das uns unser Überleben garantiert? Wie werden wir uns selbst in zehn Jahren sehen? Die Vision als Gesamtzielbild des Unternehmens ist sozusagen ein Ziel für die künftige Identität und die Mission.
Werthaltungen	Leitziele geben dem Handeln Orientierung, Grundwerte.	Was sind die drei wichtigsten Werte, Haltungen, Fixpunkte, die uns wesentliche Energie geben? Meist sind die hier dargestellten Wertorientierungen eine Mischung aus tatsächlichen und angestrebten Werten.
Strategien	Strategische Ziele fungieren als Scharnierstelle von der Mission zur Umwelt, von aktueller Praxis zu langfristigen Zielen.	Was ist das jeweilige Ziel von operativen und unterstützenden Einheiten? Wie gehen wir mit darin begründeten Konflikten um (z. B. Marketing vs. Vertrieb)? Bereichs-, Abteilungs- und Teamziele werden hier heruntergebrochen und orientieren sich am Leitbild.

		Hier startet der regelmäßige FdZ Prozess, auf den oberen Ebenen ist eher der Leitbildprozess relevant.
Fähigkeiten/ Ressourcen	Leistungsziele geben Qualität vor und schaffen Strukturen, Budgets etc.	Mit welchem Einsatz (Menschen, Budgets, Maschinen etc.) und mit welchem Qualitätsanspruch machen wir was? Hier setzen oft Qualitätsmanagement-Prozesse (TQM, Kaizen etc.) und Planungsprozesse an.
Maßnahmen/ Umsetzung	Umsetzungsziele sollen unmittelbar durch die unternehmerische Tätigkeit erreicht werden.	Wer macht was bis wann? Im FdZ-Gespräch werden Individualziele vereinbart und anschließend wird die Zielerreichung überprüft.
Umwelt	Wirkungsziele auf die Umwelt werden nur mittelbar erreicht.	Wie gestalten wir unsere Umwelt mit? Im Bereich Nachhaltigkeitsmanagement werden Ziele der Betriebsökologie (Wasserverbrauch eindämmen) oder der gesellschaftlichen Verantwortung (regionale Kultur fördern) formuliert.

Tab. 4: Der FdZ-Prozess

Anhand der gezeigten Ziel-Ebenen lässt sich auch eine Balanced Scorecard oder ein EFQM-Modell befüllen. Business NLP hilft dabei, Ziele zu formulieren. Sie sollen im hier vertretenen Sinne vor allem an die Steuerungsebene und den Kontext, also das Zusammenwirken der Ebenen, angepasst sein. Insgesamt entsteht daraus folgender vereinfachter FdZ-Prozess, der das Führungsgeschehen zwischen Führungskraft und Mitarbeiter wiedergibt (vgl. Abb. 2).

3.3.5 Marketing

Mit den dargestellten Überlegungen ergaben sich konstruktive Ansatzpunkte zur Diskussion mit der für die Unternehmensstrategie zuständigen Abteilung. Gleichzeitig bekamen wir von den Strategen die Empfehlung, vor weiteren Gesprächen mit anderen Einheiten zunächst die Aufgabe der Marketingeinheit zu klären. Nach dem Modell ist das Setzen von Markenwerten einem Leitbildprozess und dem Einsetzen eines FdZ-Prozesses nachgelagert – im vorliegenden Fall hätte man die Einführung von Markenwerten in

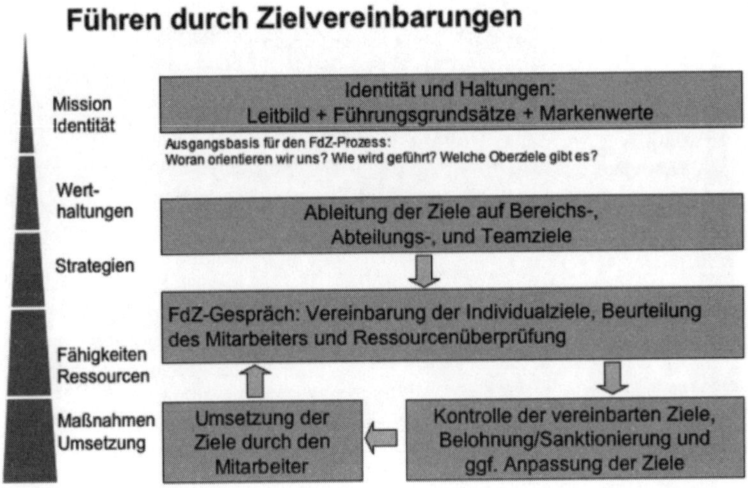

Abb. 2: FdZ-Basismodell

einen Leitbildprozess integrieren sollen. Anhand der Pyramide machten wir uns die Aufgabe der Marketingeinheit vereinfacht klar (vgl. Abb. 3).

Es wird deutlich, dass der Marketingeinheit aufgrund ihrer originären Aufgabe keine Ressourcen zur Verfügung stehen, um Markenwerte umzusetzen – sie kann lediglich auf den oberen Ebenen Ideengeber und Motivator sein. Zur Umsetzung bedarf es eines Leitbildsystems und eines FdZ-Prozesses, damit diese Ideen auf die unteren Ebenen transportiert werden.

3.3.6 Personalwesen

Für die Etablierung neuer Werte braucht die Marketingeinheit den Personalbereich. Der zugehörige Steuerungsprozess und der tatsächliche Beitrag des Personalbereiches zu Veränderungsprozessen können analog zum Modell wie in Tab. 5 dargestellt werden.

Abb. 3: Marketingaufgaben

Ebene	Beispiele für Personalprozesse	Interventions- und Unterstützungs- möglichkeiten des Personalbereiches
Mission/Identität	Personal-Marketing Personal-Auswahl	Events zur Integration (neuer) Mitarbeiter und Förderung der Gemeinschaft/ Identitätsbildung, Massenevents, Groß- gruppeninterventionen
Werthaltung	Personal-Integration (z. B. Personal- entwicklung)	Motivationsveran- staltungen zur Werte- förderung, Orien- tierungsworkshops
Strategien	Personalbeurteilung	Diskussion oder Workshops im Sinne von Überzeugungsarbeit, Open Space- Veranstaltungen, World Café, Potenzialanalysen, Stärken-Schwächen- Analysen
Fähigkeiten/ Ressourcen	Personalentwicklung	Skill-Training, Fachausbildung, Mentoring
Maßnahmen/ Umsetzung	Personaleinsatz	Leistungsorientierte Vergütung, Sanktions- und Intensivierungs- maßnahmen Verhaltenstraining, Rollenspiele

Umfeld	Personalfreisetzung	Outplacement, räumliche Veränderung des Arbeitsplatzes

Tab. 5: Personalprozesse

3.3.7 Kompetenzmanagement

Die Personaleinheit hatte bereits verschiedene Abläufe und Methoden im Unternehmen etabliert und daher war es günstig, diese entsprechend der Pyramide zu ordnen. So konnten wir die Konsistenz mit den neuen Markenwerten leichter überprüfen. Wir stellten fest, welche Fixpunkte durch das Führungsleitbild, das allgemeine Skill-Modell für Mitarbeiter und Führungskräfte etc. bereits gesetzt waren und wie diese Ziele durch Personalmaßnahmen angeregt und gefördert werden konnten. Auch hier erwies sich die Pyramide als gutes Ordnungstool (vgl. Tab. 6).

Ebene	Eigenschaften	Beispiele für Maßnahmen
Mission/Identität	traditionsbewusst, souverän, individuell, veränderungsbereit	Selbstbewusstsein des Unternehmens fördern, Wandel als Selbstverständnis akzeptieren, unternehmerisches Denken und Handeln unterrichten
Werthaltung	leistungsorientiert, verantwortungsbewusst, kundenorientiert, teamorientiert	Kundenorientierung, Leistungsorientierung und Ergebnisorientierung als Haltungen etablieren

Strategien	problemlösend, dialog-fähig, kritik- und konfliktfähig, entscheidungsfähig, Innovationen vorantreibend	Ableiten von Zielen, schulen, Urteilsvermögen fördern
Fähigkeiten/ Ressourcen	energievoll, belastbar, kooperationsfähig, delegationsfähig, planend	Ressourcenmanagement fördern, Skill-Management einrichten, Lernfähigkeit erhöhen
Maßnahmen/ Umsetzung	handlungsbereit, vorausschauend, planend, dokumentierend, kontrollierend	Prozessdokumentation verbessern, Know-how-Verlust vorbeugen
Umfeld		räumliche Veränderungen vornehmen

Tab. 6: Kompetenzmanagement

4 Der Weg durch das Unternehmen

Insgesamt erwies sich die Unternehmenspyramide als hervorragendes Kommunikationsmedium und als Konstruktionshilfe, vor allem in der Marketingabteilung. Die Pyramide half uns, Mitarbeiterveranstaltungen zu gestalten, Marketingkampagnen zu konzipieren und sogar ein Corporate Wording-Handbuch zu entwickeln. Benachbarte Einheiten überprüften mit dem Modell ihr Selbstverständnis und planten damit Teamworkshops. Die Abteilung hat dadurch insgesamt eine stärkere strategische Ausrichtung bekommen und darauf aufbauend entsprechende Entscheidungsgremien geschaffen, zum Beispiel ein unternehmensweites »Steuerungsboard

283

Marketing«. Wir sahen, dass die Unternehmenspyramide bei konsequenter Umsetzung eine Professionalisierung bewirken konnte.

Ohne den klaren Auftrag für einen Leitbildprozess sind jedoch die fruchtbaren Diskussionen mit anderen Abteilungen nach einiger Zeit erlahmt.

5 Ausblick: Der Wandel der Unternehmenspyramide

Durch meine weitere Beschäftigung mit dem Thema Leistung und Kompetenz stellte ich fest, dass sich mit der Pyramide einige generelle Probleme lösen lassen, die klassische Lern- und Kompetenzmodelle mit sich bringen: Teamorientierung wird zum Beispiel oftmals als eine Sozialkompetenz betrachtet – aber sie stellt eigentlich keine Tätigkeit dar, sondern wird als gewinnbringend gefühlt. Nach den Umwandlungen des Modells von Dilts und Bateson in ein Managementmodell erkannte ich, dass das gesamte Modell noch weiter verändert werden konnte. Die Pyramide entwickelte sich weiter, je nachdem, welche Fragen wir an sie stellten und inwiefern wir bereit waren, mit ihrer Hilfe nach Lösungen zu suchen.

So führte mich dies zu grundsätzlichen Erkenntnissen über das menschliche Verhalten, sowie zu den Themen Lernen und Arbeiten. Dazu musste ich die Pyramide allerdings umdrehen. Denn hier zeigte sich, wie die untere Ebene jeweils in der höheren enthalten war. Tabelle 7 veranschaulicht das zunächst in der Kurzform: Vielfältiges Tun setzt sich zu Verhalten zusammen, wenn sich dieses Verhalten wiederholt und oftmals beobachtet wird, entsteht daraus Handeln usw.

Ebene	Aktionssystem/ Beispiel	Lernergebnis
Umwelt	Tun/ein Messer auf einer Arbeitsplatte bewegen	Fertigkeiten, Kenntnisse
Maßnahmen/ Umsetzung	Verhalten/Gemüse schneiden	Qualifikation
Fähigkeiten/ Ressourcen	Handeln/Kochen	Kompetenz
Strategien	Tätigkeit/Speisepläne entwerfen und umsetzen	Handlungskompetenz
Werthaltungen	Arbeit/Koch sein	Arbeitsfähigkeit
Mission/Identität	Leistung/Spitzenkoch sein	Leistungsfähigkeit

Tab. 7: Aktionsebenen und Lernergebnisse

5.1 Tun verschmilzt mit der Umwelt

Beim Tun ist der Eigenanteil des agierenden Systems bzw. des Akteurs zur Aktivität kaum vorhanden (vgl. auch umgangssprachlich »ich tu dir das jetzt nur einmal sagen« bzw. im Englischen »I do not know...«). Das Tun grenzt uns kaum zur Umwelt ab, die Aktivität stellt den Akteur nicht in einen deutlich wahrnehmbaren Bezug zur Umwelt. Das Gegenteil dazu ist das totale Sein im Hier und Jetzt, das aber hier nicht näher behandelt wird.

Lernen geschieht hier durch Beobachtung der Umwelt und in Reaktion auf eigenes Verhalten, durch Nachahmung, ohne Reflexion. Lernergebnisse sind Fertigkeiten oder Kenntnisse (Ortskenntnisse), sie werden einfach vermittelt und angeeignet.

5.2 Verhalten zeigt sich in Umsetzung

Verhalten ist von außen oder innen beobachtetes oder beobacht-
bares Tun oder Unterlassen (aktives Nichttun) oder Dulden (passi-
ves Tun). Es setzt damit eine Unterscheidung zwischen den Träger
des Verhaltens (den Akteur) und eine Situation, ein Umfeld, in dem
das Verhalten beobachtet werden kann. Das Verhalten verändert
meist etwas am Umfeld oder am Akteur. Das beobachtete Verhalten bringt also den, der sich verhält, in ein Verhältnis zur Situation.
Auch das innerhalb des Pyramidenmodells verwendete Wort Umsetzung verdeutlicht diesen Wechsel der Position.

Das Lernen erfolgt durch die Beobachtung desjenigen, der sich
verhält, und den Folgen in der Umwelt, durch Feedback, Versuch
und Irrtum oder Belohnung und Bestrafung. Das Lernergebnis ist
Qualifikation, also Verhaltensfähigkeiten und Wissen, die Verhalten ermöglichen und beeinflussen. Soziale Verhaltensfähigkeiten
bestimmen das situationsgerechte Verhalten eines Mitarbeiters im
Umgang mit anderen und die erfolgreiche Umsetzung von Zielen
und Plänen in sozialen Interaktionssituationen. Bei vielen sozialen
Verhaltensfähigkeiten handelt es sich um Konstrukte aus allgemeinen Kenntnissen und Fertigkeiten (z. B. Sprachkenntnisse) und per-
sönlichkeitsbezogenen Verhaltensfähigkeiten (z. B. die Fähigkeit,
andere zu motivieren).

5.3 Handeln beruht auf Fähigkeiten

Handeln ist ein verstandenes, Sinn tragendes Verhalten in einem
Bezugssystem. Dieses Handeln steht also in einem sinnvollen unter-
scheidbaren Bezug zu anderen Akteuren, deren Handeln zumindest
in der Interpretation dieses Handelns steht. Lernaktion und Ergebnis verschmelzen hier bereits teilweise.

Lernen erfolgt durch die bewusste Auswahl von alternativen
Verhaltensweisen. Es finden stufenweise Veränderungen sowie die

Flexibilisierung und Erweiterung der Verhaltensweisen und der Fähigkeiten statt. Das Lernergebnis Kompetenz bezeichnet die Fähigkeit, Verhaltensfähigkeiten zu realisieren und gleichzeitig selbst zu gestalten, das Verhalten in ein Bezugssystem zu setzen und dadurch anschlussfähig zu machen. Kompetenz bringt die als Disposition vorhandenen Selbstorganisationspotenziale eines Individuums zum Ausdruck, ist also Handlungsfähigkeit. Kompetenz kann entsprechend als eine Art Metaverhaltensfähigkeit bezeichnet werden. Diesem Verständnis entsprechen ausgearbeitete Definitionen der Kompetenzbereiche Fach-, Methoden-, Soziale und Personale Kompetenz. Kompetenz ist ein Interpretationsphänomen. Weiter gefasst ist Kompetenz die Fähigkeit, ein vom Beobachter als sinnvoll interpretierbares und damit letztlich akzeptiertes Verhalten zu zeigen.

5.4 Tätigkeiten brauchen Strategien

Tätigkeit setzt eine zeitliche Dauer voraus und wird als eine Gesamtheit von wahrgenommenen Handlungen verstanden, die auf einen Zweck ausgerichtet ist. Mit Tätigkeit ist daher meist eine gewisse Wiederholung gemeint, wodurch sie als Gesamtheit bzw. Gestalt wahrgenommen wird. Auf dieser Ebene steht der Begriff Job (= Paket von Handlungen) im Gegensatz zu Beruf.

Das Lernen auf dieser Ebene erfolgt durch die Veränderung der Art und Weise, Verhalten zu ändern, also auch durch das Erlernen neuer Lerntechniken. Dazu trägt auch die Veränderung von Grundannahmen bei, das heißt, man stellt bewusst infrage, was man sonst als gegeben und gesichert angenommen hat. Als Lernergebnis entsteht aus dem Zusammenwirken der einzelnen Kompetenzbereiche Handlungskompetenz, also die Fähigkeit zu erfolgreichem praktischen Handeln. Die Umgestaltung von Handeln zur Tätigkeit wird erst durch das zweckgerichtete Zusammenwirken der Einzelkompetenzen in der Handlungskompetenz möglich. Handlungskompetenz bezeichnet die Disposition, individuelle Absichten und Ziele selbstorganisiert, aktiv und willensstark umsetzen zu können und dabei andere Kompetenzen integrieren zu können. Handlungskompetenz bzw. Tätigkeitsfähigkeit ist somit eine Metakompetenz oder eine Meta-Metaverhaltensfähigkeit.

5.5 Arbeit gewinnt durch Werthaltungen

Arbeit setzt sich aus einzelnen Tätigkeiten zusammen. Arbeit beruht auf der Vergegenständlichung eines auf seine Umgebung Bezug nehmenden, Sinn tragenden und zeitlich dauernden zweckgerichteten, beobachteten Verhaltens. In der Sprache wird das deutlich durch Substantivierungen: Beratung, Finanzdienstleistung oder Coaching. Damit hat sie einen Wert, für den ein Gegenwert gefordert werden kann (Entlohnung, Honorar). Arbeit verlangt zudem nach einem inneren Wert, der durch ein Berufsethos verdeutlicht wird. Sie kann als Beruf erlernt werden. Arbeitsethos und Unternehmensethos müssen in Übereinstimmung gebracht werden.

Das Lernen auf dieser Ebene setzt voraus, dass man den Eigenwert der Summe der zusammengehörigen Tätigkeit wahrnimmt. So kommt es zur Neubewertung der den Tätigkeiten zugrundeliegenden Verhaltensweisen und Handlungen und zur Bewertung der eigenen Bewertungsweisen, des eigenen Selbst. Als Lernergebnis entsteht Arbeitsfähigkeit. Sie beinhaltet Merkmale, die den Einzelnen tauglich oder nicht tauglich für eine Beschäftigung sein lassen. Arbeitsfähigkeit (bzw. Beschäftigungsfähigkeit) ist die Fähigkeit, Handlungskompetenzen unter sich wandelnden Rahmenbedingungen zielgerichtet und eigenverantwortlich anzupassen und einzusetzen, um eine Beschäftigung zu erlangen oder zu erhalten. Damit befähigt sie Arbeitnehmende, ihren Wert auf dem internen und externen Arbeitsmarkt zu erhalten, zu festigen oder zu erweitern.

5.6 Keine Leistung ohne Mission

Leistung ist das Ergebnis der Bewertung von Arbeit an einem Maßstab, der vom Beurteiler und vom Beurteilten gesetzt wird. Erfolg
bedeutet eine (sehr) positive Leistungsbeurteilung und sichert daher auch das Fortbestehen. Leistung wird gewährleistet durch eine
Berufung des Einzelnen, der eine Arbeit ausführt.

Lernen findet hier durch Selbstbefragung statt: Passt diese Arbeit zu meiner Identität und zu meinen grundsätzlichen Orientie-
rungshaltungen? Bin ich das (noch) oder muss ich meine Identität
verlagern oder wollen nur andere etwas von mir? Aber auch ehr-
liche Vergleiche zu anderen sind förderlich und in bestimmten Bereichen wie dem Sport üblich.

Leistungsfähigkeit ist das Ergebnis dieses Lernens. Sie ist die
Fähigkeit, Arbeit als Leistung bewertbar zu machen und dabei eine
gewünschte Bewertung durch einen Bewerter zu erzielen. Leistungsfähigkeit gestaltet eigenes und fremdes Verhalten, da es ihr
darum geht, einem Beobachter zu vermitteln, dass das vergegen-
ständlichte Verhalten im Interpretationskontext des Beobachters
zu Wertschöpfungen beitragen kann. Das heißt, sie ist auch eine
zielgerichtete Verkaufsfähigkeit der eigenen Arbeitskraft, die zu
beruflichen Herausforderungen beiträgt. Sie gewährleistet durch
die entsprechenden Lernprozesse, dass dauerhaft durch Werthaltungen befeuerte Motivation vorhanden ist und Lernen auf allen
anderen Ebenen stattfindet.

6 Rückblick

Meine »Reise« brachte mich von eigenen Veränderungsprozessen
über das »weiche« Steuern von Unternehmen und die Komplexität
des Führungsgeschehens bis zu den verschiedenen Anforderungen

an Führungskräfte. So kam ich am Ende wieder bei den persönlichen Veränderungsprozessen an.

Durch die Umgestaltung des ursprünglichen Modells wurde deutlich, welche Tiefendimension das Thema Unternehmenswerte hat und wie stark es von jedem einzelnen Mitarbeiter des Unternehmens miterlebt werden kann bzw. sollte. Dafür muss den Mitarbeitern eigener Raum gegeben werden, damit sie sich den eigenen Werthaltungen öffnen und prüfen, ob diese mit den Unternehmenswerten übereinstimmen. Auch hier half die Beschränkung auf die fünf Ebenen, zu hohe Komplexität zu vermeiden.

Mir wurde auf dem Weg dahin deutlich, wie das Modell der vereinfachten Unternehmenspyramide nachvollziehbares Herunterbrechen von Zielen und die Konsistenzprüfung bestehender Steuerungssysteme (z. B. Werte, außerfachliche Kompetenzen, Führungsgrundsätze) unterstützt. Einfache Managementzyklen können auf Basis des Modells beschrieben werden. Die vereinfachte Pyramide zeigt auch auf, auf welcher Ebene welche Maßnahmen möglich sind und welche möglichen Oberthemen zwischen unterschiedlichen Organisationseinheiten vorliegen. Es stellt eine einfache Diskussionsgrundlage für Gestalter von Elementen einer konsistenten Unternehmenskultur dar. Das vereinfachte Modell ermöglicht es, leicht zu eigenen Erkenntnissen zu kommen, wenn man seine bisherigen Erfahrungen und Inspirationen daran orientiert, ordnet und sich traut, Gewohntes zu hinterfragen.

Literatur

Bateson G (1985) Ökologie des Geistes. 2. Aufl., Suhrkamp Berlin

Bongard B, Schwarzkopf F (2000) Viele Ideen – ein Profil. Methoden der Leitbildentwicklung und Zielbestimmung für engagierte Teams. Don Bosco München

Brinkmann M (2003) Strategieentwicklung für kleine und mittlere Unternehmen. Orelli-Füssli Zürich

Dilts RB (2005) Professionelles Coaching mit NLP. Mit dem NLP-Wekrzeug-kasten geniale Lösungen ansteuern. Junfermann Paderborn

Draksal M (2005) Psychologie der Höchstleistung. Dem Geheimnis des Erfolges auf der Spur. Leistungssport, Musik, Wissenschaft, Kunst, Wirtschaft. Draksal Leipzig

Fersch JM (2002) Leistungsbeurteilung und Zielvereinbarungen im Unternehmen – Praxiserprobte Instrumente zur systemorientierten Mitarbeiterführung. Gabler Wiesbaden

Feustel B, Komarek I (2006) NLP-Trainingsprogramm. Südwest München

Frieling E, Kauffeld S, Grote S (2000) 15 Thesen zur Kompetenz(-ent-wicklung). In: Frieling E, Kauffeld S, Grote S (Hrsg.) Flexibilität und Kompetenz – schaffen flexible Unternehmen flexible und kompetente Mitarbeiter? Waxmann Münster

Graf P, Spengler M (2004) Leitbild und Konzeptentwicklung. 4. Aufl., ZIEL Augsburg

Hornstein E von, Rosenstiel L von (2000) Ziele vereinbaren, Leistung bewerten: 360 Grad Beurteilung, Feedback-Führerschein, Personal-entwicklung. Langen/Müller München

Kauffeld S (2000) Das Kasseler-Kompetenz-Raszer (KKR) zur Messung der beruflichen Handlungskompetenz. In: Frieling E, Kauffeld S, Grote S (Hrsg.) Flexibilität und Kompetenz – schaffen flexible Unter-nehmen flexible und kompetente Mitarbeiter? Waxmann Münster

Kirchhöfer D (2004) Lernkultur Kompetenzentwicklung. o. V.

Kofman F (2005) Meta-Management. Der neue Weg zu einer effektiven Führung. Kamphausen Bielefeld

Magretta J (2004) Basic Management. Alles, was man wissen muss. Deutscher Taschenbuch Verlag München

Malik F (2001) Führen, Leisten, Leben – Wirksames Management für eine neue Zeit. 2. Aufl., Campus Frankfurt/New York

Mayrhofer W (1993) Motivation und Arbeitsverhalten. In: Kasper H, Mayrhofer W (Hrsg.) Personalmanagement, Führung, Organisation. Linde Wien

Neuberger O (2002) Führen und führen lassen. 6. Aufl., UTB Stuttgart

Ortmann K (2004) Planung der Humanressourcen – funktionales Design eines Entscheidungsunterstützungssystems für die strategische Personalplanung. Duisburg

Rosenstiel L von (2003) Grundlagen der Organisationspsychologie – Basiswissen und Anwendungshinweise. 5. Aufl., Schäffer-Poeschel Stuttgart

Schettgen P (1996) Arbeit, Leistung, Lohn. Thieme Stuttgart

Simon FB (1999) Die Kunst, nicht zu lernen. 2. Aufl., Carl-Auer Verlag Heidelberg

Simon FB (2007) Einführung in die systematische Organisationstheorie. Carl-Auer Verlag Heidelberg

Spieker H (2004) Ansätze zur Förderung der Arbeits- und Leistungsfähigkeit für ein ganzes Erwerbsleben. In: Busch R (Hrsg.) Alternsmanagement im Betrieb – Ältere Arbeitnehmer zwischen Frühverrentung und Verlängerung der Lebensarbeitszeit. Hampp Stuttgart

Kontaktadresse des Autors für Austausch und Anfragen:
matthias.patzelt@gmx.de

Einzeltraining und Coaching

Dr. Jens Wilde

»Führungs-Menscheln« –
Wie man führt, so wird man geschätzt

Abstract

In einer mittelständischen Baufirma fiel eine Abteilung durch
Unruhe und hohe Fehlzeiten auf. Der Geschäftsführer bat mich,
das Problem mit dem Abteilungsleiter zu regeln. Mit Methoden des NLP im Business erarbeitete sich der Abteilungsleiter
mehr Wahlmöglichkeiten und eine offenere und freundlichere
Körpersprache. Es konnte wieder eine gute Arbeitsatmosphäre
hergestellt werden und die Kommunikation verbesserte sich.

Sachwortindex

Führung Coaching Einzeltraining KMU Stressreaktion
persönliche Veränderung Rapport Mitarbeitergespräch
Führungsstil Grundannahmen des NLP Augenzugangswege
Transfertag Wahrnehmungskanäle Motivation Fragetrichter
Pacing und Leading Kalibrieren Sorting Styles Reframing
Aktives Zuhören Körpersprache Reimprinting Dilts-Pyramide

1.1 Die Auftragsklärung

Im letzten Herbst erhielt ich einen Anruf von Herrn Müller, Geschäftsführer einer Baufirma, die Supermärkte errichtet. Ihm war
zu Ohren gekommen, dass die Mitarbeiter seines Bauleiters Herrn
Bär unzufrieden seien. Es gebe Unruhe in der Abteilung. Bei der

Prüfung der Fehltage war ein Anstieg zu erkennen. Mit den Worten »Bitte regeln Sie das« erhielt ich den Auftrag, mit dem Bauleiter zu sprechen.

Mein Auftragsziel beinhaltete, dass wieder Ruhe in die Abteilung einkehrt und die Fehltage sich verringern. Die Wiederherstellung der Ruhe sah ich gelassen, bei den Fehltagen hatte ich dezente Sorgenfalten. Wo lag die Ursache dafür? Eine Erkältungswelle oder ein verdeckter Arbeitsausstand? Ich vereinbarte mit dem Geschäftsführer ein Coaching für den Bauleiter mit Methoden des NLP im Business. Ich bat Herrn Müller, Herrn Bär mein Kommen anzukündigen, denn in der Vergangenheit gab es schon lustige Überraschungen, wenn ich unvermittelt bei Klienten aufgetaucht bin.

1.2 Herr Bär lernt mich kennen: Coaching – nein danke!

Leider »überraschte« ich Herrn Bär dennoch am nächsten Tag in seinem Büro. Sogleich durfte ich von Herrn Bär lernen, dass er zu den Menschen gehört, die Überraschungen nicht lustig finden. Er sagte nur kurz: »Es gibt hier keinen Anlass für ein Coaching, und es gibt keine Unruhe.« Mit einem belehrenden Unterton führte er weiter aus, dass es in seiner Abteilung schon immer Aufs und Abs bei den Fehltagen gegeben hatte. Nun war wieder ein »Auf« dran. Ich nahm seine Stimmung auf und antwortete kurz: »Nun bin ich hier und nun schauen wir einmal!« Die nachfolgende Pause nutzte ich, um mit NLP-Techniken einen tragfähigen Kontakt (Rapport) zu Herrn Bär aufzubauen. Der Kontakt gelang mir über die Werte-Ebene der Dilts-Pyramide mit der gemeinsamen Erkenntnis: »Wir wissen beide nicht, was los ist, und wir machen das Beste daraus.«

1.3 Viele Wege führen zum Coaching

Wir sprachen über die Firma, seine Tätigkeit, welche Fähigkeiten dazu benötigt werden, was seine beruflichen Ziele sind und wie er seine Rolle in der Firma sieht. Über das Coaching an sich verloren wir kein Wort mehr.

Nach einer Weile lenkte ich unser Gespräch zu seinen Mitarbeitern: »Wie laufen Mitarbeitergespräche bei Ihnen ab? Was ist Ihnen in letzter Zeit aufgefallen?« Herr Bär rückte zu mir heran und sagte: »Wo ich Sie schon einmal hier habe: Vor zwei Wochen habe ich mit Herrn Schwarz die Planungen für den neuen Supermarkt besprochen. Dabei ist Herr Schwarz so richtig still geworden, so kenne ich ihn gar nicht. Später sah ich ihn öfter in der Kaffeeküche stehen. Den Abgabetermin musste ich zweimal verlängern. Bisher hat Schwarz immer pünktlich geliefert.« Ich bedankte mich und informierte Herrn Bär, dass ich mit Herrn Schwarz über dieses Gespräch reden würde.

1.4 Der Coaching-Auftrag klärt sich

Herrn Schwarz fand ich in der Kaffeeküche und schlug eine gemeinsame Kaffeepause vor. Ich stellte mich und meinen Auftrag vor. Herr Schwarz kam sofort in Fahrt, seine Hände gestikulierten heftig: »Ich habe echt die Schnauze voll. Seit zehn Jahren arbeite ich hier, aber was zurzeit läuft, ist unbeschreiblich. Nur Druck, mein Schreibtisch liegt voller Arbeit und immer noch ein neuer Supermarkt oben drauf. Ich gehe in Arbeit unter.« »Hat Herr Bär nach Ihrem Auftragsstand gefragt?«, wollte ich wissen. »Das interessiert ihn nicht. Die ganze Abteilung interessiert ihn nicht«, kam sofort die Antwort. Herr Schwarz ärgerte sich immer noch darüber, wie Herr Bär ihm einfach einen weiteren Auftrag geben konnte, ohne nachzufragen, wie es ihm geht und was er noch alles zu tun hat. Herr Schwarz fühlte sich allein gelassen und überfordert.

Die Reaktion von Herrn Schwarz war erstaunlich im Vergleich zu der ruhigen Schilderung von Herrn Bär. Ich holte mir die Erlaubnis, Herrn Bär über seinen Arbeitsstand und die momentane Arbeitsbelastung der Abteilung informieren zu dürfen. Abschließend empfahl ich Herrn Schwarz, seine Gefühle mit Herrn Bär direkt zu besprechen.

Wieder zurück, erzählte ich Herrn Bär, wie Herr Schwarz sein Mitarbeitergespräch erlebt hat. »Das verwundert mich aber«, war seine erste Reaktion. Nach einer Denkminute erinnerte sich Herr Bär an weitere Details aus dem Gespräch. »Das Gesicht von Schwarz war leicht gerötet und die Verabschiedung war sehr kurz und sparsam. Jetzt, wo Sie es sagen, fällt es mir auf. Meine Mitarbeiter verhalten sich immer so. Ich dachte, das ist normal, schließlich trage ich die Verantwortung für die Abteilung, da erwarte ich keinen Beifall.«

Die Diagnose der Situation lichtete sich: Eine Abteilung, die im Vergleich zu anderen Abteilungen auffällig geworden ist. Ein Bauleiter, der sein Verhalten für situationsadäquat hielt und nicht wahrnahm, dass seine Mitarbeiter bereits mit Stressanzeichen reagierten.

1.5 Das Coaching kann beginnen: Ist Führen gleich Führen?

Aus der Diagnose ergab sich folgende Aufgabenstellung für mich: Herr Bär erkennt die Auswirkungen seines Verhaltens und ändert es. Dazu werden seine Fähigkeiten, Mitarbeiter zu führen, ausgebaut und sein Bewusstsein für die Sorgen und Motivation anderer Menschen erweitert. Das Coaching bestand aus zwei Teilen und wurde für einen Zeitraum von insgesamt 20 Stunden vereinbart. Im ersten Teil arbeitete ich mit Herrn Bär allein, im zweiten Teil begleitete ich ihn bei seinen Mitarbeitergesprächen.

Mein Vorgehen basierte auf den Methoden des NLP im Business und auf neurobiologischen Grundsätzen, die im Laufe der letzten

20 Jahre die Erkenntnisse des NLP bestätigt haben. Ich holte Herrn Bär ab, in dem ich die Funktion des Gehirns im Allgemeinen beschrieb. Ich verdeutlichte die Denkabläufe bei Herrn Schwarz mit dem Schwerpunkt auf den Stressreaktionen nach seinem Gespräch. Mit der Neurobiologie weckte ich das Interesse bei Herrn Bär, mehr über die menschlichen Funktionen zu hören, und erhielt damit auch von ihm den Auftrag, ein Coaching mit ihm zu beginnen.

Ich startete mit einer Analyse seiner Abteilung. Herr Bär beschrieb seine Mitarbeiter, hob Stärken und Schwächen hervor und fasste die Leistungen kurz zusammen. Dabei fiel auf, dass er seine Mitarbeiter selten für ihre Stärken und guten Leistungen lobte. Er betonte sogar: »Ich spreche Fehler und Schwächen zielsicher und direkt an.« Nach seiner Meinung sei ein sicherer Arbeitsplatz Anreiz genug, gute Leistungen zu bringen. Er führe mit Anweisungen und Kritik.

Behutsam führte ich Herrn Bär zur Einsicht, dass sein bisheriger Führungsstil eine der Ursachen für die Unruhe und den Leistungsabfall in seiner Abteilung sein könnte. Dazu entwickelte ich einerseits Metaphern und berichtete andererseits von Führungserfahrungen aus anderen Firmen. Herr Bär verstand langsam, dass es mehrere Führungsstile gibt und er nur einen davon anwandte. Hilfreich für diesen Schritt war meine Nutzenargumentation für ein Führungsverhalten, das die Verantwortung von der Führungskraft auf die Mitarbeiter verlagerte. Das entlastet die Führungskraft und verringert die Verantwortung für die Führung. »Mitarbeiter übernehmen auch Verantwortung?«, fragte Herr Bär nach und ich bemerkte auf meinem Nicken hin, wie ihm förmlich ein Stein von der Seele fiel. Nun war Herr Bär sehr interessiert daran, die Vor- und Nachteile der Führungsstile näher kennenzulernen. Danach gab er mir eine »direkte Vorlage« für das Coaching seiner Persönlichkeit: »Sie sind doch Coach. Meine Frau sagt, dass ich manchmal Dinge so verbissen sehe. Ich kann nicht loslassen. Was kann ich da machen?«

1.6 Der Weg zum Coaching ist frei: Wie man in den Wald hineinruft, schallt es auch wieder heraus

Ich veranschaulichte ihm die Grundannahmen des NLP, die ihm unter anderem Wahlmöglichkeiten für sein Verhalten geben. Als Beispiel nannte ich seinen Führungsstil, der in manchen Situationen sinnvoll ist, in anderen nicht. »Dann ist es gut, wenn man eine Auswahl an Führungsstilen zur Verfügung hat«, fasste ich zusammen und Herr Bär nickte.

Weitere Grundsätze sind, dass jeder Mensch in seinem eigenen Weltbild lebt und aus seiner Sicht bei jedem Verhalten eine positive Absicht hat. Herr Schwarz stimmte mir für sein Verhalten zu und bestätigte, dass er das Beste für seine Mitarbeiter möchte. Nach einigen stillen Minuten räumte er das Gleiche seinen Mitarbeitern ein. Wir näherten uns der Erkenntnis, dass alles, was er für sich in An-

●●●●●● **Hinter jedem Verhalten steht eine positive Absicht.**

spruch nimmt, auch anderen Menschen zusteht. Diese Brücken von sich zu anderen nutzte ich weiter. Ich setzte bei der Motivation an: »Herr Bär, was Sie motiviert, kann auch Ihre Mitarbeiter motivieren.« »Ja, das stimmt – aber«, antwortete er, »was mache ich bei den Fällen, auf die diese Regel nicht übertragbar ist?« Ich nahm den Zweifel gern auf. Wir befanden uns auf einem guten Weg zu den Bedürfnissen anderer Menschen: »Wie bekomme ich die Bedürfnisse heraus? Die erzählen mir doch nicht einfach, was sie brauchen, um motiviert zu sein!« Um das herauszufinden starteten wir das Kommunikationstraining mit NLP-Übungen zum Rapport: Pacing und Leading, Augenzugangswege, Wahrnehmungskanäle, Kalibrieren, Sorting Styles, Fragetrichter und Aktives Zuhören.

Das Ziel war nicht nur, die kommunikativen Fähigkeiten von Herrn Bär zu stärken, sondern auch seine Ausstrahlung weiterzuentwickeln. Ein Ansatzpunkt war sein strenger Blick – er fixierte seinen Gesprächspartner, kniff das rechte Auge zusammen und drehte leicht den Kopf nach hinten schräg oben. Dazu verschränkte er oft die Armen und wippte auf seinem Stuhl zurück. Diese Körpersprache schützte ihn vor zu viel Nähe mit anderen Menschen. Mit Übungen zum Selbstbewusstsein und dem NLP-Format Reimprinting eröffnete sich ihm die Möglichkeit, öfter mit geöffneten Armen zu sitzen, mehr zu lächeln und sogar mit seiner Körperhaltung auf den Gesprächspartner zuzugehen.

Herr Bär staunte, wie mit wenig Aufwand ein sympathisches, wertschätzendes Gespräch geführt werden kann. Es gelang ihm, seinen Aussagen mit seiner Körperhaltung mehr Glaubwürdigkeit und Sicherheit zu verleihen. Seine Mitarbeiter reagierten mit der Motivation, ihm zuzuhören und sich ihm anzuvertrauen. Die Gespräche wurden lebendiger

●●●●●● **Herr Bär staunte, wie mit wenig Aufwand ein sympathisches, wertschätzendes Gespräch geführt werden kann.**

und die Mitarbeiter erzählten von ihren Bedürfnissen. Herr Bär freute sich über die neue Offenheit und staunte über die positiven Rückmeldungen.

Schwer tat sich Herr Bär mit der NLP-Grundannahme, dass jeder Mensch eine positive Absicht hat. Seine Nachfrage lautete: »Was ist, wenn der andere Mensch eine böse Absicht hat?« Die Antwort lag in der Betonung, wessen Absicht gemeint war. Herr Bär verstand, dass die Absicht des anderen Menschen für eben diesen Menschen maßgeblich ist. Die Auswirkungen auf andere können durchaus negativ sein. Unterstützend beim Verständnis war auch hier die Metapher mit der Brücke. Herr Bär verstand, dass er für sich nur gute Absichten hat und er sich nicht selbst schädigen würde. So denkt jeder Mensch über sich. Indem er die Annahme der guten Absicht akzeptierte, gelang es Herrn Bär, seine zunächst negativen Interpretationen in positive Aussagen umzudeuten. Im

NLP sprechen wir in diesem Zusammenhang von Reframing: Er sah das Verhalten der anderen jetzt in einem anderen Rahmen, unter anderen Vorzeichen.

Den Abschluss des Coachings bildeten die vier NLP-Formate zu Verhandlungen:
1. Trenne den Menschen vom Problem
2. Finde Interessen statt Positionen
3. Frage nach positiven Absichten der Menschen für viele Optionen
4. Schließe eine klare Vereinbarung

Mit dem Erkennen und Zulassen von Emotionen konnten wir NLP-Formate trainieren, die die Aussagen des Mitarbeiters von seinen Gefühlen trennen. Mit diesen Werkzeugen konnte Herr Bär die manchmal hitzigen Gespräche auf ein kühleres Niveau herunterführen. Er lernte die positiven Absichten seiner Mitarbeiter kennen und schätzen.

1.1 Mein Auftrag nähert sich dem Ende

Mein Zeitkontingent war ausgeschöpft und mein Auftrag abgeschlossen. Ich vereinbarte einen Transfertag in drei Monaten, denn ich war gespannt zu erfahren, welche Erfolge das Coaching mittelfristig für Herrn Bär, für seine Mitarbeiter und für die Firma gebracht hat.

Mein erster Termin führte mich zum Geschäftsführer. Herr Müller berichtete mir, dass die Abteilung von Herrn Bär wieder im Normbereich arbeitete. Es herrschte wieder Ruhe und die Fehlzeiten lagen in dem Bereich der anderen Abteilungen. »Und das zum ersten Mal!«, betonte er. »Und was ich Ihnen unbedingt noch erzählen muss«, strahlte Herr Müller, »Herr Bär findet jetzt mehr Kontakt zu seinen Kollegen aus anderen Abteilungen. Bei der Weihnachtsfeier tanzte er sogar mit meiner Sekretärin. Das war früher undenkbar.«

Herr Bär erzählte mir, dass er daran arbeitete, mehr Verantwortung auf die Mitarbeiter zu verteilen. »Mir fällt es noch schwer, Vertrauen in meine Mitarbeiter zu haben«, war seine zentrale Aussage. Von den Kommunikationstechniken wendete er den Fragetrichter und das aktive Zuhören regelmäßig an – manchmal sogar, ohne bewusst darüber nachzudenken. Die Mitarbeitergespräche gestalteten sich zunehmend angenehmer. Neu für Herrn Bär war die lockere Stimmung, die nun hin und wieder zu spüren war. Wichtig für ihn war auch, dass Herr Müller seine Arbeit wieder anerkannte. Auch die Kennzahlen seiner Abteilung erreichten den grünen Bereich.

Zum Abschluss meines Transfertags besuchte ich Herrn Schwarz, der mich mit großen Augen anschaute: »Was haben Sie mit meinem Chef gemacht? Der hat neulich sogar über meinen Witz gelacht.«

Es ist immer wieder erstaunlich, wie die Veränderungen eines Menschen seine Umgebung verändern. Die neue offene Art von Herrn Bär ermöglichte eine vertrauliche Situation für lustige Geschichten. Ich erzählte Herrn Schwarz von den Grundannahmen im NLP und welchen Nutzen die so gewonnen Wahlmöglichkeiten bieten. Zusammen stellten wir fest, wie schön es ist, Wahlmöglichkeiten für eigene Entscheidungen zu haben. Nachdenklich verließ mich Herr Schwarz.

Ich verabschiedete mich von meinen Gesprächspartnern und fuhr zu meinem nächsten Auftrag.

Kontaktadresse des Autors für Austausch und Anfragen:
jens.wilde@institute4trainings.com

Annett Rosenblatt

Auf der Suche nach dem Glücklich-Sein
Wie man mit NLP im Business eine Prinzessin wachküsst

Abstract

Dieser Beitrag beschreibt einen Coachingprozess mit einer jungen Frau, die sich klein und minderwertig fühlt. Als Steuerberaterin steht sie zwar mitten im Leben, jedoch fühlt sie sich in Job und Partnerschaft häufig unzulänglich und entscheidungsschwach. Mithilfe eines einfachen NLP-Tools gelingt es ihr, sich ein Bild davon zu machen, wie es sein kann, einfach glücklich zu sein.

Sachwortindex

Coaching Steuerberaterin Doppelbelastung Selbstwert
persönliche Veränderung Auswirkungen auf die Umgebung
Coachingprozess Glaubenssätze Rapport Meta-Modell
Identitätsebene Chunking Submodalitäten Ressourcen

1 Das verlorene Glück

Vielleicht kennen Sie diese Gedanken: Es könnte doch alles so schön sein. Rundherum entwickelt sich alles bestens. Familie, Beruf – für alles könnte man dankbar sein. Und doch fehlt irgendetwas, lässt den eigenen Mut sinken. Man mag sich selbst nicht und hat das Gefühl, vor anderen nicht zu bestehen. – Manchmal sind sich Menschen einfach selbst im Weg.

Vielleicht ist es gut, sich an dieser Stelle zu erinnern, wer Sie irgendwann einmal sein wollten (oder zumindest in Gedanken bereits waren). Möglicherweise lässt sich aus diesem Bild der Erinnerung eine ganz bestimmte Stärke wiederbeleben und nutzen, die nur Ihnen allein innewohnt. Ein solcher Prozess wird im Folgenden beschrieben.

2 Was ist das Thema?

Eine junge Frau, Tina, kommt zu mir ins Coaching. Sie ist verheiratet, Mutter einer sechsjährigen Tochter und sorgt sehr gern für ihre Familie. Sie ist eine erfolgreiche Steuerberaterin. An ihrer Arbeit hat sie sehr viel Freude. Eigentlich alles bestens, oder?

Doch Tina fühlt sich zu Hause und auf ihrer Arbeit manchmal überfordert. Sie traut sich wenig zu, hat das Gefühl, sie wird »herumgeschubst« und kann ihren eigenen Standpunkt nicht kommunizieren. Unentschlossenheit in Entscheidungen bindet viel von ihrer persönlichen Energie und raubt ihr Kraft. Zudem hat sie das Gefühl, dass sie sowohl bei der Arbeit als auch durch ihren Ehemann zu Hause nicht gesehen und wertgeschätzt wird. Ins Coaching kam sie außerdem mit der konkreten Frage, ob sie ein attraktives neues Jobangebot annehmen soll oder nicht.

Bei all diesen inneren Unsicherheiten strahlt Tina etwas ganz anderes aus. Sie ist attraktiv, klug, besonnen und charismatisch. Sie hat ihrer Umgebung durchaus etwas zu sagen.

Im Gespräch stellt sich heraus, dass sie wenig Vertrauen zu sich selbst hat. Sie formuliert jede Menge einschränkender Glaubenssätze über sich selbst. Zum Beispiel: »Ich bin nicht gut genug.« »Ich bin zu dick und kein bisschen attraktiv.« Sie hat einen sehr starken, inneren »Antreiber«, es allen recht machen zu wollen. Das versetzt sie in einen enormen Stress. Tina nimmt ihre eigenen Bedürfnisse so gut wie gar nicht wahr. Und wenn doch, traut sie sich nicht, diese auszudrücken. Oft fühlt sie sich klein und minderwertig.

3 Wie soll es sein?

Das Coaching sollte in erster Linie Klarheit über ihre Entscheidungen bringen. Im Laufe des Gesprächs wurde zudem deutlich, dass es ihr auch darum ging, das eigene Selbstbewusstsein zu stärken. Tina möchte ihre eigenen Bedürfnisse erkennen und diese konsequent ausdrücken und vertreten können. Die junge Frau hatte bald ein klares Zielbild, das sich für sie stimmig und erstrebenswert anfühlte.

4 Der Weg dorthin

4.1 Spieglein, Spieglein an der Wand ...

Coaching mit NLP kannte die junge Frau noch nicht. Zunächst ging es deshalb darum, sich miteinander bekannt zu machen und Vertrauen zu gewinnen. Ziemlich schnell entstand eine gute Atmosphäre zwischen uns (Rapport). Das war die Grundlage dafür, die Themen zu sammeln und die Zielstellung des Coachings zu formulieren. Gern benutze ich eine bildreiche Sprache, um die Themen zu illustrieren. Damit konnte Tina viel anfangen. So beschrieb sie selbst ihr Gefühl, »es allen recht machen zu wollen« wie ein Gefängnis, das zwar sehr komfortabel, aber eben mit engen, starren Grenzen ausgestattet ist. Und so langsam gewöhnte sie sich daran, dass ich ihr ungewöhnliche Fragen stellte: »Woran würdest du merken, dass du selbstbewusst bist?« (Fragetechnik des Meta-Modells, Kurzintervention)

Die Arbeit miteinander verlief entspannt und leicht. Ihre Gedanken kreisten um das Thema Selbstwert und darum, dass sie sich nicht gesehen fühlt. Ich bat sie, in einen Spiegel zu schauen. Darin sollte sie sich eingehend betrachten und mir erzählen, was sie sah. Sie war zunächst erstaunt ob dieser »Methode«. »Wie jetzt, hier einfach so in den Spiegel schauen?« – So ging es los mit der Befragung eines Spiegels.

Zunächst schüchtern schaute sich Tina auf eine neugierige, vielleicht auch seit langem wieder einmal aufmerksame Art an. Sie wollte doch so gern gesehen werden. Auf meine Frage, wer wohl damit beginnen sollte, sie ganz aufmerksam anzuSEHEN, wurde sie sehr still. Sie erkannte etwas WESENtliches von sich selbst. Und sie kam auf die Idee, dass sie zuerst sich selbst sehen und wertschätzen darf, bevor es andere können.

4.2 Die Prinzessin

Das Thema der jungen Frau war zentral genug, um auf der Identitätsebene zu arbeiten. Auf dieser Ebene gehen Interventionen meist tief in den Kern einer Persönlichkeit. Auf der Verhaltensebene können Themen, die mit dem Selbstbewusstsein zusammenhängen, nicht bearbeitet werden.

Im NLP werden Größeneinheiten, in denen Informationen organisiert werden, Chunks genannt. Als großen Chunk bezeichnet man die Informationen, die allgemeiner oder abstrakter Art sind. Im kleinen Chunk geht es um spezifische und konkrete Einzelheiten. Ich fragte Tina, wie sie sich als kleines Mädchen gesehen hat. »Wovon hast du geträumt, wer du bist oder wer du sein möchtest?«

Erfahrungsgemäß hat jeder Mensch als Kind solch einen Traum. Jeder hat ein Ideal, zum Beispiel als Ritter, als Königin, als Elfe oder als Retter der Welt, der gegen das Böse kämpft, durch die Welt zu gehen. Der Phantasie des Kindes sind (noch) keine Grenzen gesetzt. Diese Bilder beinhalten einen WESENtlichen Teil von uns selbst. Diese besondere Gabe gestaltet sich für jeden Menschen einzigartig. Viele Menschen stellen dieses Licht unbewusst unter den Scheffel. Und doch begleitet uns dieses Phantasie-Bild von uns selbst unbewusst durch das gesamte Leben. Nur sprechen wir normalerweise mit niemandem darüber.

Tina überlegte einen Moment. »Das ist so eine ungewöhnliche Frage und überhaupt, hm, das ist mir jetzt schon etwas peinlich.« Dann, nach einem Moment des Nachspürens kam die Antwort. »Ja, es gibt so etwas. Ich habe mir mich immer als sorglose, würdevolle und angesehene Prinzessin in einem wunderschönen Kleid vorgestellt.«

Na bitte, war doch gar nicht so schwer! Ich ließ mir von Tina die Prinzessin noch genauer beschreiben. Es war ein sehr buntes und sehr kraftvolles Bild. Auch ich konnte die Prinzessin plötzlich vor meinem inneren Auge sehen.

»Wo sitzt denn die Prinzessin jetzt in deinem Körper?«, fragte ich. Ein erstaunter Blick von Tina. »Wie jetzt?« »Na, wo spürst du sie im Körper, wenn du sie dir vorstellst? Wo genau in deinem Körper würdest du die Prinzessin finden?«, hakte ich nach. Wieder spürte sie einen Moment in ihr Inneres hinein, um die Antwort zu finden. »In den Zehen«, sagte sie. Ihr Gesicht hellte sich merklich auf und ihre gesamte Körperhaltung bekam plötzlich Würde und Ausstrahlung. Hoch aufgerichtet und leicht lächelnd saß sie vor mir. Und ich saß heimlich staunend vor ihr.

Jetzt gingen wir an die Arbeit mit den Submodalitäten dieser Vorstellung. Damit wurde das schöne Bild der Prinzessin verstärkt. Als Modalität bezeichnet man im NLP die Unterscheidung zwischen den Sinneskanälen (Sehen, Hören, Fühlen, Schmecken und Riechen). Mit Submodalitäten sind die Unterscheidungen innerhalb der Sinneskanäle gemeint, beispielsweise die Helligkeit, Größe und Farbigkeit innerer Bilder. Submodalitäten sowie deren Kombination und Abfolge bilden im NLP die Grundbausteine des inneren Erlebens. Jeder persönliche Zustand kann mit ihrer Hilfe beschrieben werden. Die Veränderung der Submodalitäten führt zu einer Veränderung des Erlebens. Dieser Zusammenhang drückt sich häufig in unserer Alltagssprache aus: Nimm's leicht! Mach nicht so eine große Sache draus! Durch eine andere Brille sehen.

Die Prinzessin durfte sich also in Tinas ganzem Körper ausbreiten. Wir ließen sie wachsen, verstärkten die Farben, ihre würdevolle Haltung, ihre Kleidung, den Gesichtsausdruck, ihre Bewegungen. Wir gingen alles durch, was uns zum Thema Prinzessin einfiel und sie schöner, würdevoller, erhabener und leuchtender machte. Und genau so, wie sie die Prinzessin beschrieben hat, saß Tina dann vor mir. Da war ich für einen Moment sprachlos und ließ sie dieses innere Erleben genießen.

Im nächsten Schritt statteten wir die »Prinzessin« mit wichtigen Ressourcen aus, die Tina ihr zuschrieb: Würde, Kraft, Klarheit, Selbstbewusstsein, Ausstrahlung ... Ich fragte sie, woran sie die einzelnen Ressourcen erkennen würde. Gleichzeitig bat ich sie, diese der Prinzessin zuzuführen, bis sich alles wie ein wohliges Ganzes anfühlte und Tina auch so aussah. Sie strahlte!

Wir beide gingen noch einmal vor den Spiegel. »Wow!« Das kam von ihr. Lächelnd stand sie vor mir und wirkte etwas verwirrt darüber, was wohl in der letzten Stunde mit ihr passiert war. »Schau dich an«, sagte ich, »wie du da stehst. Und nimm dieses Bild und das Gefühl in dir auf. Die Prinzessin ist immer da, wenn du sie dir bewusst machst und wenn du sie brauchst.«

4.3 Konkrete Schritte

Danach war es ein Leichtes, über einige konkrete Schritte in Bezug auf ihre Arbeit und ihren Mann zu sprechen.
* Sie wollte sich eine Zeit nur für sich selbst reservieren und diese auch regelmäßig in Anspruch nehmen.
* Den starken Wunsch nach einem zweiten Kind wollte sie endlich in Ruhe mit ihrem Mann besprechen.

- Und sie wollte sehr zeitnah ein Gespräch mit ihrer Chefin über bessere Konditionen in ihrem Arbeitsverhältnis vereinbaren.

Vieles war ihr plötzlich wie von allein klar, und die Umsetzung schien ihr ganz leicht.

5 Und jetzt lebt sie!

Die folgenden E-Mail-Zeilen bekam ich einige Wochen nach unserem Gespräch von Tina.

> »Hallo Annett,
> ich wollt mich mal melden. Ich hoffe, dir geht es gut und du hattest eine schöne Zeit.
> Ich denke noch viel über das nach, was du mir gesagt hast. Aber mir geht es gut dabei. Ich weiß, ich muss mir noch über einiges klar werden. Aber zumindest wächst meine Prinzessin. Zwischendurch muss ich sie zwar manchmal auch suchen, aber wenn ich sie dann rufe, ist sie da. Vielen Dank noch mal. Selbst mein Mann hat gemerkt, dass ich mich positiv ändere und er ist zurzeit total lieb. (Ohne dass ich was gesagt habe.) Auch mit meiner Chefin läuft es momentan etwas besser. Ich habe keine Angst mehr vor ihr ...«

Zwischen ihr und ihrem Ehemann herrscht seitdem eine »viel versöhnlichere Atmosphäre«. Das waren Tinas Worte. Neben Familie und Beruf hat sie sich eine klare »eigene Zeit« reserviert, in der sie Dinge ganz allein tut und aus denen sie Kraft schöpfen kann.

Tina hat wenig später ihre eigenen Bedürfnisse in Bezug auf ihre Arbeit an ihre beiden Chefs kommuniziert und tatsächlich für sich positive Veränderungen herausgehandelt. Dazu gehörten neben einer kleinen Gehaltserhöhung flexiblere Arbeitszeiten und mehr

Freiheit im operativen Geschäft. Punkte, die sie vor dem Coaching nicht gewagt hätte, anzusprechen.

Sie kann sich selbst und ihre eigenen Bedürfnisse besser annehmen und diese auf angemessene Art kommunizieren. Tina hat Sicherheit in ihren Entscheidungen gewonnen. So hat sie nach wenigen Wochen ein neues Jobangebot zu wesentlich besseren Konditionen als in ihrer bisherigen Tätigkeit angenommen.

6 Fazit

Aufgrund der tiefgehenden Arbeit auf der Identitätsebene konnten sich für Tina weitreichende Veränderungen in ganz verschiedenen Lebensbereichen vollziehen. Es hat sich dabei bestätigt, dass das innere Bild eines Menschen von sich selbst und von der Welt sein Handeln und Erleben stark bestimmt. Wird diese persönliche Vorstellung zum Positiven verändert, können in der Folge verschiedene Verbesserungen im »Außen« geschehen. Ein sehr kraftvolles Bild aus der Vergangenheit ist dazu besonders gut geeignet. Eine Kindheitsvorstellung, die wir alle in uns tragen, kann sehr stärkend sein. Wir brauchen sie uns nur bewusst zu machen.

Kontaktadresse der Autorin für Austausch und Anfragen:
anne@rosenblaetter.de

Sachwortregister